人力資源管理
（第二版）

侯荔江　主編
鐘慧、曾之光、敬嵩　副主編

財經錢線

前言

人力資源管理是現代管理理論的重要內容之一，也是一名合格的管理者所應具備的重要知識和必須掌握的主要技能。

編寫本書旨在為成人（網絡教育）提供一本人力資源管理的基礎教材。所謂基礎教材，應包含如下四層含義：首先，它是一本入門教材。使用者無須具有預備知識，就可以把這本教材作為學習人力資源管理的起點。其次，它是一本系統化的教材。通過對這本教材的學習，學習者能夠全面瞭解人力資源管理的基本理論、各個模塊以及技術方法。再次，它是一本可延展的教材。以教材提供的理論與方法為依託，學習者可以找到深入研究人力資源管理問題的路徑。最后，它是一本實踐性的教材。人力資源管理作為一門應用學科，其教材提供的理論與方法，應該能夠直接應用於具體實踐，並能夠接受實踐的檢驗。

本書是在汲取國內外人力資源管理研究領域的最新成果和總結編者多年教學經驗的基礎上編寫而成，具有較強的系統性、完整性和創新性。本書在匯集最新案例、綜合最新人力資源管理理論和實踐的基礎上，系統地闡述了人力資源管理的理論和技能，既便於教師教學，也有利於學習者對人力資源管理知識的吸收。另外，本書還注重加強實踐教學環節，強化實踐技能訓練，使實踐項目與基礎理論相銜接，貼近實際，注重培養學生的實際工作能力，突出人力資源管理實踐性強的特點。

全書分為人力資源管理基礎篇和人力資源管理系統篇兩大部分。「基礎篇」主要介紹了人力資源管理的基本概念和基礎理論（包括人力資源資本化和工作分析）；「系統篇」主要介紹了人力資源管理的兩大系統，即選人系統（包括人力資源戰略、人力資源規劃、招聘管理三個子系統）和用人系統（包括培訓管理、績效管理、薪酬管理三個子系統）。各章均按照「是什麼？」「有什麼作用？」「主要有哪些技術方法？」「如何做？」「如何評價？」這樣的思路展開。每章由這樣六個版塊構成，即引導案例、主題內容、各章小結、復習思考題、案例分析和參考文獻。為了幫助學習者更好地理解教學內容和提高學習興趣，在每一章的適當位置都設計了簡潔的圖表，插入了一些微型案例；為了提高學習者的實際操作能力，主要章節都提供了具有可操作性的案例，融教、學、做為一體，旨在讓讀者加深理解，加強訓練，在邊學邊練中牢固地掌握人力資源管理的理論知識，培養其專業操作技能。

儘管作者力求使本書特色突出、體系完整、應用性強，但由於本書的編撰是一項具有探索性的工作，有相當大的難度，加之時間倉促、水平所限，本書依然存在很多不足之處，需要在使用過程中不斷改進，期望得到讀者的反饋及各方面的批評和指導。

本書借鑒、引用了國內外許多學者的有關研究成果，在此由衷地表示感謝。

編者

目 錄

1 人力資源資本化 ……………………………………………… (1)
引導案例 ……………………………………………………… (1)
學習目標 ……………………………………………………… (1)
1.1 人力資源與人力資本 ………………………………… (2)
1.1.1 人力資源 …………………………………………… (2)
1.1.2 人力資本 …………………………………………… (4)
1.1.3 人力資源資本化 …………………………………… (6)
1.2 人力資源計量分析 …………………………………… (6)
1.2.1 人力資源計量概述 ………………………………… (7)
1.2.2 人力資源成本分析 ………………………………… (9)
1.2.3 人力資源價值分析 ………………………………… (10)
1.3 人力資源資本化方式 ………………………………… (13)
1.3.1 教育投資 …………………………………………… (13)
1.3.2 在職培訓投資 ……………………………………… (14)
1.3.3 衛生保健投資 ……………………………………… (15)
1.3.4 遷移流動投資 ……………………………………… (15)
1.3.5 其他方式 …………………………………………… (16)
本章小結 ……………………………………………………… (16)
復習思考題 …………………………………………………… (17)
案例分析 ……………………………………………………… (17)
參考文獻 ……………………………………………………… (22)

2 工作分析 …………………………………………………… (23)
引導案例 ……………………………………………………… (23)
學習目標 ……………………………………………………… (23)
2.1 工作分析概述 ………………………………………… (24)
2.1.1 工作分析的相關概念 ……………………………… (24)
2.1.2 工作分析的內容與作用 …………………………… (25)
2.2 工作分析的方法 ……………………………………… (27)
2.2.1 通用的工作分析方法 ……………………………… (27)

1

    2.2.2 以工作為導向的工作分析方法 …………………………………… (30)
    2.2.3 以人員為導向的工作分析方法 …………………………………… (31)
  2.3 工作分析的實施 …………………………………………………………… (34)
    2.3.1 工作分析前的準備工作 ……………………………………………… (34)
    2.3.2 工作信息的收集 ……………………………………………………… (35)
    2.3.3 工作信息的分析 ……………………………………………………… (36)
    2.3.4 工作分析的結果 ……………………………………………………… (36)
  2.4 工作分析結果評價 ………………………………………………………… (41)
    2.4.1 工作信息的評價 ……………………………………………………… (41)
    2.4.2 工作說明書的評價 …………………………………………………… (42)
    2.4.3 工作分析中的常見問題及其解決方法 …………………………… (43)
  本章小結 ……………………………………………………………………… (45)
  復習思考題 …………………………………………………………………… (45)
  案例分析 ……………………………………………………………………… (45)
  參考文獻 ……………………………………………………………………… (47)

3 人力資源戰略 …………………………………………………………………… (48)
  引導案例 ……………………………………………………………………… (48)
  學習目標 ……………………………………………………………………… (49)
  3.1 人力資源戰略概述 ………………………………………………………… (49)
    3.1.1 人力資源戰略的概念 ………………………………………………… (49)
    3.1.2 人力資源戰略的目標 ………………………………………………… (49)
    3.1.3 人力資源戰略理論的發展 …………………………………………… (50)
    3.1.4 人力資源戰略的意義 ………………………………………………… (51)
  3.2 人力資源戰略的形成 ……………………………………………………… (53)
    3.2.1 人力資源戰略的形成方法 …………………………………………… (53)
    3.2.2 企業戰略與人力資源戰略的整合 …………………………………… (56)
  3.3 人力資源戰略的制定 ……………………………………………………… (58)
    3.3.1 環境分析 ……………………………………………………………… (59)
    3.3.2 戰略能力評估 ………………………………………………………… (60)
    3.3.3 決策分析 ……………………………………………………………… (63)
    3.3.4 人力資源戰略實施中的其他方法——雇主品牌建設 …………… (64)

  3.4 人力資源戰略的評估 …………………………………………（65）
    3.4.1 人力資源戰略的評估對象 ………………………………（65）
    3.4.2 人力資源戰略的評估方法 ………………………………（67）
    3.4.3 人力資源戰略實施中的問題 ……………………………（71）
 本章小結 ………………………………………………………………（72）
 復習思考題 ……………………………………………………………（72）
 案例分析 ………………………………………………………………（73）
 參考文獻 ………………………………………………………………（74）

4 人力資源規劃 ……………………………………………………（75）
 引導案例 ………………………………………………………………（75）
 學習目標 ………………………………………………………………（75）
  4.1 人力資源規劃概述 ……………………………………………（76）
    4.1.1 人力資源規劃的含義 ……………………………………（76）
    4.1.2 人力資源規劃的主要內容 ………………………………（79）
    4.1.3 人力資源規劃的作用 ……………………………………（80）
  4.2 人力資源規劃的技術方法 ……………………………………（82）
    4.2.1 人力資源存量分析 ………………………………………（82）
    4.2.2 人力資源需求預測 ………………………………………（83）
    4.2.3 人力資源供給預測 ………………………………………（85）
    4.2.4 人力資源供需平衡的方法 ………………………………（89）
  4.3 人力資源規劃的制定與實施 …………………………………（90）
    4.3.1 人力資源規劃制定的原則 ………………………………（90）
    4.3.2 人力資源規劃的流程 ……………………………………（91）
    4.3.3 人力資源規劃的實施 ……………………………………（92）
    4.3.4 人力資源規劃實施的控制 ………………………………（94）
  4.4 人力資源規劃的評價 …………………………………………（95）
    4.4.1 人力資源規劃的評價指標體系 …………………………（95）
    4.4.2 人力資源規劃過程中的問題及解決方案 ………………（97）
 本章小結 ………………………………………………………………（100）
 復習思考題 ……………………………………………………………（100）
 案例分析 ………………………………………………………………（101）

參考文獻 …………………………………………………………（103）

5　招聘管理 ………………………………………………………………（104）
　　引導案例 …………………………………………………………（104）
　　學習目標 …………………………………………………………（104）
　　5.1　招聘概述 ……………………………………………………（105）
　　　　5.1.1　招聘的概念 …………………………………………（105）
　　　　5.1.2　招聘的原則 …………………………………………（106）
　　　　5.1.3　招聘的作用 …………………………………………（107）
　　5.2　招聘的測試技術方法 ………………………………………（108）
　　　　5.2.1　筆試 …………………………………………………（108）
　　　　5.2.2　面試 …………………………………………………（109）
　　　　5.2.3　測試 …………………………………………………（110）
　　　　5.2.4　工作樣本 ……………………………………………（113）
　　　　5.2.5　管理評價中心 ………………………………………（113）
　　5.3　招聘的實施 …………………………………………………（115）
　　　　5.3.1　招聘計劃 ……………………………………………（115）
　　　　5.3.2　人員招募 ……………………………………………（118）
　　　　5.3.3　人員甄選 ……………………………………………（122）
　　　　5.3.4　人員錄用 ……………………………………………（123）
　　5.4　招聘效果的評估 ……………………………………………（125）
　　　　5.4.1　招聘方法的效果評估 ………………………………（125）
　　　　5.4.2　招聘結果的評估 ……………………………………（126）
　　　　5.4.3　提高招聘效果的途徑 ………………………………（127）
　　本章小結 …………………………………………………………（128）
　　復習思考題 ………………………………………………………（129）
　　案例分析 …………………………………………………………（129）
　　參考文獻 …………………………………………………………（131）

6　培訓管理 ………………………………………………………………（132）
　　引導案例 …………………………………………………………（132）
　　學習目標 …………………………………………………………（133）

6.1 培訓概述 ……………………………………………………………… (133)
　　6.1.1 培訓的概念 …………………………………………………… (133)
　　6.1.2 培訓的作用 …………………………………………………… (135)
　　6.1.3 培訓的原則 …………………………………………………… (135)
　　6.1.4 培訓的理論 …………………………………………………… (136)
　　6.1.5 培訓的發展趨勢 ……………………………………………… (137)
6.2 培訓的技術方法 ……………………………………………………… (139)
　　6.2.1 以傳授知識與技能為主的培訓方法 ………………………… (139)
　　6.2.2 以改變態度和行為為主的培訓方法 ………………………… (141)
　　6.2.3 新技術在培訓中的運用 ……………………………………… (142)
6.3 培訓的流程 …………………………………………………………… (143)
　　6.3.1 培訓需求分析 ………………………………………………… (143)
　　6.3.2 培訓計劃制訂 ………………………………………………… (145)
　　6.3.3 培訓實施 ……………………………………………………… (147)
6.4 培訓效果評估 ………………………………………………………… (147)
　　6.4.1 培訓效果評估的程序與方法 ………………………………… (148)
　　6.4.2 培訓效果評估的指標體系 …………………………………… (150)
本章小結 …………………………………………………………………… (152)
復習思考題 ………………………………………………………………… (152)
案例分析 …………………………………………………………………… (152)
參考文獻 …………………………………………………………………… (154)

7 績效管理 ………………………………………………………………… (155)
引導案例 …………………………………………………………………… (155)
學習目標 …………………………………………………………………… (156)
7.1 績效管理概述 ………………………………………………………… (156)
　　7.1.1 績效管理的相關概念 ………………………………………… (156)
　　7.1.2 績效管理的影響因素 ………………………………………… (158)
　　7.1.3 績效管理的作用 ……………………………………………… (158)
　　7.1.4 績效管理與績效評估的關係 ………………………………… (160)
7.2 績效管理的方法 ……………………………………………………… (161)
　　7.2.1 績效評估的基本內容 ………………………………………… (161)

		7.2.2 傳統績效評估方法	(163)
		7.2.3 現代績效評估方法	(164)
		7.2.4 績效評估方法發展的新趨勢	(166)
	7.3	績效管理的實施	(168)
		7.3.1 績效計劃	(168)
		7.3.2 績效實施	(169)
		7.3.3 績效評估	(171)
		7.3.4 績效反饋	(173)
	7.4	績效評估結果的應用	(175)
		7.4.1 績效評估與激勵管理	(175)
		7.4.2 績效改進	(176)
		7.4.3 有效績效管理系統的建立	(177)
	本章小結	(178)
	復習思考題	(179)
	案例分析	(179)
	參考文獻	(182)

8 薪酬管理 (183)

	引導案例		(183)
	學習目標		(184)
	8.1	薪酬管理概述	(184)
		8.1.1 薪酬的概念與作用	(184)
		8.1.2 薪酬管理的概念和作用	(185)
		8.1.3 薪酬管理的基本理論	(189)
	8.2	薪酬管理體系設計的技術方法	(191)
		8.2.1 崗位評估	(191)
		8.2.2 薪酬調查	(195)
	8.3	薪酬管理體系設計的流程	(196)
		8.3.1 薪酬管理體系設計的基本原則	(196)
		8.3.2 薪酬管理體系設計的策略選擇	(197)
		8.3.3 薪酬管理體系設計的基本流程	(199)
	8.4	薪酬制度	(201)

  8.4.1 薪酬制度的基本類型 ……………………………………（201）
  8.4.2 薪酬制度建設的基本原則及基本模式 …………………（202）
  8.4.3 薪酬制度的實施及反饋 …………………………………（203）
 本章小結 ……………………………………………………………（204）
 復習思考題 …………………………………………………………（205）
 案例分析 ……………………………………………………………（205）
 參考文獻 ……………………………………………………………（208）

參考答案 ……………………………………………………………（209）
 第1章參考答案 ……………………………………………………（209）
 第2章參考答案 ……………………………………………………（210）
 第3章參考答案 ……………………………………………………（211）
 第4章參考答案 ……………………………………………………（211）
 第5章參考答案 ……………………………………………………（212）
 第6章參考答案 ……………………………………………………（214）
 第7章參考答案 ……………………………………………………（215）
 第8章參考答案 ……………………………………………………（216）

1　人力資源資本化

引導案例

高技能人才短缺，挑戰「中國製造」優勢

1. 高技能人才成為經濟發展的「軟肋」

目前，中國已成為全球最大的加工製造基地，但技能勞動者尤其是高技能人才的大量匱乏，已經成為制約企業持續發展和阻礙產業升級的「瓶頸」，威脅著「中國製造」產品在國際上的持久競爭力。根據勞動和社會保障部公布的數字，2006年在中國的2.7億城鎮從業人員中，獲得國家職業資格證書以及具有相應職業技能水平的技能勞動者只有8720萬人，占從業人員的33%；包括高級技師、技師、高級技工在內的高技能人才僅有1860萬人，占技能勞動者的21%；高級技師和技師分別只有60萬人和300萬人。

2. 加大投入，創新高技能人才培養的新機制

為了加快高技能人才的培養，專家提議：①合理調整教育結構，重點發展職業教育，構建職業教育多渠道投入機制。國家要及時調整人才戰略，把職業教育、基礎教育和高等教育放在同等重要的位置，合理配置教育資源，加大財政投入。②充分發揮企業在培養高技能人才方面的重要作用，建立企業高技能人才的培養制度。企業要強化崗位培訓的技能提升作用，在崗位工作中培養出能滿足自身實際需要的技師和高級技師。③深化職業教學改革，大力推行工學結合、校企合作的培養模式，走以就業為導向的道路。④盡快建立高技能人才的評價、激勵的新機制，突破比例、年齡、資歷和身分的界限，促進高技能人才的快速成長，培養和吸收更多的高素質人才進入高技能人才隊伍。

資料來源：盧堯. 高技能人才短缺，挑戰「中國製造」優勢［EB/OL］．(2006-05-10) [2009-9-29]. http://news.xinhuanet.com/mrdx/2006-05/10/content_4529351.htm.

學習目標

1. 理解人力資源、人力資本的含義及特徵。
2. 理解人力資源資本化的實質。

3. 熟悉人力資源成本與價值的計量分析。
4. 瞭解人力資源資本化的主要方式。
5. 理解人力資源資本化對就業的影響。

隨著知識經濟時代的來臨，人力資源已上升為第一資源。英國經濟學家哈比森曾指出，人力資源是國民財富的最終基礎。自然資源和金融資本是被動的生產要素，而人力資源是一種特殊的資源，是累積資本、開發自然資源、建設社會文明以及推動經濟社會發展的主導力量和第一資源。聯合國開發計劃署的《1996年度人力資源開發報告》指出：「一個國家國民生產總值的3/4是靠人力資源，1/4是靠資本資源」[1]。人力資源是社會發展的推動力，人們用累積的知識和技能，在實踐中不斷創新，並將創新的成果應用到實踐中去創造價值，從而推動社會不斷向前發展。國家、地區、企業之間的競爭已經從以往的物質資源競爭轉變為人力資源競爭，而且競爭程度空前加劇。經濟發達國家的經驗表明：人力資源是一切資源中最重要的資源，人力資本是經濟發展的關鍵資本要素。美國之所以能長期保持其經濟大國的地位，日本、德國之所以能從第二次世界大戰的廢墟中快速發展起來，亞洲「四小龍」之所以能夠迅速崛起，無一不是抓住了人力資本這一關鍵要素，進行了大量的人力資源投資，從而具備了強大的人力資本存量優勢。世界銀行專家曾對各國的資本存量進行過統計，提出了「國民財富新標準」，認為目前全世界人力資本、土地資本和貨幣資本三者的構成約為64：20：16。[2] 也就是說，人力資本是全球國民財富中比重最大的財富，人力資源資本化已經成為經濟發展的最重要的手段。

1.1　人力資源與人力資本

在人類進行的各種經濟活動中，資源是為了創造更多的物質財富而被投入生產活動的一切要素，包括自然資源、資本資源和人力資源。其中人力資源的地位已經由以前的非關鍵要素變為社會發展、經濟增長和技術進步的主要推動力，成為國家、企業的一項重要的資產。本節主要從人力資源和人力資本兩方面進行分析，引出人力資源資本化的概念與實質。

1.1.1　人力資源

1. 人力資源的概念

人力資源的概念是由管理大師彼得・德魯克（P. Drucker）於1954年在其著作《管理的實踐》中首次正式提出並加以確定的。德魯克指出人力資源和其他所有資源相比而言，唯一的區別就是，它是人，並且擁有其他資源所沒有的特徵，即協調能力、

---

[1] 李國宏. 淺論企業發展中的人力資源培訓 [J]. 現代管理科學, 2002（9）：23.
[2] 張書, 於偉佳. 培訓：最經濟的人力資本成本付出 [J]. 農村金融研究, 2004（12）：43.

融合能力、判斷能力和想像能力。關於人力資源的概念，國外學術界給出了不同的解釋。伊萬·伯格（Ivan Berg）認為「人力資源是人類可用於生產產品或提供各種服務的活力、技能和知識」。[1] 內貝爾·埃利斯（Nabil Elias）認為「人力資源是企業內部成員及外部的人可提供的潛在服務及有利於企業預期經營的總和」。[2]

中國最早使用「人力資源」概念的是毛澤東。1956年，他在《中國農村社會主義高潮》的按語中寫道：「中國的婦女是一種偉大的人力資源，必須發掘這種資源，為了建設一個社會主義中國而奮鬥」[3]。對人力資源概念的理解，中國學者仁者見仁、智者見智，觀點各異，但總結概括后有以下幾種代表性的觀點：

（1）勞動力人口觀。這種觀點主要用於宏觀層面的人力資源解釋，在研究一個國家或地區的人力資源開發與管理時這種概念比較常用。這種觀點認為人力資源等於勞動力，即認為人力資源是具有勞動能力的全部人口，確切地說，是指年滿16歲及其以上的具有勞動能力的全部人口。

（2）在崗人員觀。這種觀點通常在度量生產要素投入數量與收益時使用得較多。這種觀點認為人力資源是目前正在從事社會勞動的全部人員，指一個國家、一個地區乃至一個組織能夠作為生產性要素投入社會經濟活動的勞動力人口。這種觀點較第一種觀點而言，其人力資源範圍有所縮小，具有更為積極的意義，並且將人力資源與勞動結合起來，認為只有參與了勞動，才能稱為人力資源。但它忽略了在崗人員出工不出力、出現力不出潛力、出全力不出效益的現象。

（3）人員素質觀。這種觀點最近幾年才提出，在一般的組織管理中廣泛使用。這種觀點把人力資源看做是人員素質綜合發揮的作用力，認為人力資源是勞動生產過程中，可以直接投入的體質、智力、知識、經驗和技能等方面的總和，從而將人力資源管理的基本單位由個體觀轉變為素質觀，由人員觀轉變為人力觀。

（4）綜合貢獻觀。這種觀點在組織戰略分析中運用得較多。這種觀點認為人力資源是在一定區域範圍內對國家或組織做出貢獻的人員總和。對於一個組織而言，人力資源主要是指存在於企業內部及外部的企業相關人員，包括各級經理、雇員、各類合作夥伴、顧客等可提供潛在合作與服務的、與企業經營活動有關的所有人力的總和。

綜合以上各種觀點可知，人力資源是指在一定時間與空間範圍內，可以被用來產生經濟效益和實現發展目標的體力、智力和心力等人力因素的總和，具體表現為體質、智力、知識、經驗和技能等方面的總和。

2. 人力資源的特點

人力資源同其他資源相比具有如下特點：

（1）人力資源的社會性和群體性。與物質資源相比，人力資源最本質的屬性就是社會性與群體性。這種性質不但體現在人力資源的形成、發展與變化上，而且還體現在人力資源的作用成果上。人力資源的社會性主要體現在人力資源發揮作用的過程中，

---

[1] 彭劍鋒．人力資源管理概論［M］．上海：復旦大學出版社，2003：3.
[2] 彭劍鋒．人力資源管理概論［M］．上海：復旦大學出版社，2003：3.
[3] 毛澤東．毛澤東文集［M］．第6卷．北京：人民出版社，1999：458.

它們一般都處於不同的勞動群體中，而這種群體性的特徵就構成了人力資源社會性的基礎。其影響因素主要有人類特定的生產方式和生存條件、社會經濟條件和其他社會因素等。

（2）人力資源內涵性與無形性。從人力資源的概念中我們可以看出，人力資源的實質是完成一定的工作任務所需要的體質、智力、知識、經驗和技能等，顯然這些都是隱含於人體之中的，是看不見摸不著的束西，只有通過人的行為才能表現出來。

（3）人力資源的生活性與能動性。人力資源以人的身體為天然載體，蘊藏在生命個體之中，是一種「活」的資源，並與人的自然生理特徵相聯繫，具有生活性。同時，正是這種生活性使人力資源具有了能動性。人力資源的開發和利用，是通過其擁有者自身的活動來完成的，具有主體發揮性，即能動性。這種能動性主要表現為人的創造性。

（4）人力資源的變化性與可控性。自然資源是相對穩定的，但人力資源卻因個人、環境的變化而變化，這種變化主要表現在時間與空間上。20世紀70年代的高素質人力資源與21世紀的高素質人力資源就不能相提並論；一個單位的高素質人力資源在另外一個單位就不一定是高素質人力資源了。而且培育人力資源的社會環境的變化也會導致人力資源的變化，但這種變化相對自然資源來說是可控的。這種可控性主要通過人的能動性表現出來，具體是指人力資源不僅能夠控製企業的其他資源，而且還能控製其自身。

1.1.2　人力資本

1. 人力資本的理論淵源

人力資本理論的系統發展與廣泛應用始於20世紀60年代，然而有關人力資本的概念和思想卻可溯源到更早的時期。英國古典經濟學創始人威廉・配第（William Petty）在其代表作《政治算數》中就提出了「土地是財富之母，勞動是財富之父」的名言，充分肯定了人的勞動在經濟發展中的巨大作用。18世紀時，亞當・斯密（Adam Smith）把工人技能的增強視為經濟進步和經濟福利增長的基本源泉，並第一次論證了人力資本投資和勞動者技能如何影響個人收入和工資結構。斯密提出「學習一種才能，須受教育，須進學校，須做學徒，所費不少。這樣費去的資本，好像已經實現並且固定在學習者的身上。這些才能，對於他個人自然是財產的一部分，對於他所屬的社會，也是財產的一部分。工人增進熟練的程度，可和便利的勞動、節省勞動的機器和工具一樣看做是社會上的固定成本。學習的時候，固然要花一筆費用，但這種費用可以得到償還，同時也可以取得利潤」。[①] 19世紀，卡爾・馬克思（Karl Heinrich Marx）在其所寫的《政治經濟學批判大綱》中指出從直接生產過程的觀點來考察，充分發展的個人就是生產的固定資本，這種固定資本就是人類自身。阿爾弗雷德・馬歇爾（Alfred Marshall）同樣認識到了知識的重要性及其資本屬性，並特別指出知識和組織是資本的重要組成部分。

---

① 張鳳林．人力資本理論及其應用研究［M］．北京：商務印書館，2006：7．

2. 人力資本的概念

人力資本的明確概念是由1979年的諾貝爾經濟學獎獲得者西奧多·舒爾茨（Theodore Schultz）在20世紀60年代提出的。在1960年美國經濟學年會上，舒爾茨以美國經濟學會會長的身分發表了題為《人力資本的投資》的演講，認為人力資本主要是指凝集於勞動者本身的知識、技能及其所表現出來的勞動能力，這種勞動能力對經濟成長的貢獻遠比物質資本和勞動力數量重要。舒爾茨主要從經濟發展特別是農業發展的角度來研究人力資本。他認為土地本身不是導致貧困的關鍵因素，而改善人口質量的投資，能顯著改善窮人的經濟前景和福利。

舒爾茨主要從宏觀上分析了人力資本，而1992年諾貝爾經濟學獎獲得者加里·貝克爾（Garys Becker）則在人力資本理論的一般分析框架下促進了人力資本理論研究與實際應用的發展。貝克爾指出，人力資本理論可以解釋很多複雜的現象，這些現象主要包括：①隨著年齡的增長，勞動者的收入也會同時增長，但這種增長會逐漸減慢，而且這種增長及其減慢的速度與勞動者的技能水平正相關；②勞動者的失業風險往往與其技術水平負相關；③年輕人比年紀大的人獲得了更多的學校教育和在職培訓，同時他們也更頻繁地跳槽；④能力強的人接受的教育和在職培訓更多；⑤典型的人力資本投資者比典型的有形資本投資者更具進取心。

對人力資本的含義，不同的研究者從不同的角度給出了不同的說法，但最具有代表性的還是人力資本理論的開創者舒爾茨為人力資本下的定義，可歸納為：人力資本是為未來長期受益而通過投資獲得的、最終表現為人的知識、技能、經驗和技術熟練程度等。這種人力資本投資比物質資本投資在提高生產力的過程中有更高的收益，具有收益遞增的特性，它是社會進步的決定性因素。根據舒爾茨的論述，可以將人力資本概括為如下五個要點：①人力資本體現在人的身上，表現為人的知識、技能、資歷、經驗和熟練程度等；②從經濟發展的角度看，人力資本是稀缺的；③人力資本是通過對教育、健康的投資而形成的資本，從這個意義上講，教育和健康支出是生產型的；④人力資本像一切資本一樣，都應當獲得回報；⑤人力資本對經濟發展起著越來越大的作用。

3. 人力資本的特點

人力資本作為一種特殊的資本，除具有與其他資本相同的特點外，還有以下特徵：

（1）不可剝奪性。人力資本是存在於人體內的私有資本，與其所有者是天然不可分的，他人無法剝奪和佔有。

（2）外部性。人力資本不僅對人力資本所有者本身有影響，而且對周圍的人也有影響，而且這種影響有正負之分。例如，個人知識的增加帶來周圍人生產率的提高即為正效應，而由於個人生病缺崗影響整個組織的工作效率即為負效應。國家、企業和個人都應當有效地利用人力資本的正效應，避免負效應，從而提高人力資本營運的效率。

（3）增值性。這是人力資本最特殊的性質。物質資本隨著使用數量的上升，其資本存量不斷下降；人力資本隨著使用時間的延長，其資本存量卻是不斷上升的，尤其當人們注重工作經驗時這一增值性更為明顯。

（4）專用性。隨著市場經濟的發展，社會專業化越來越突出，人力資本的所有者不可能學習、掌握所有的專業化知識和社會技能，而只能掌握特定的專業化知識和技能。社會教育和技能決定了人力資本的專用性。

（5）差異性。差異性主要表現在投資收益上，相同的花費因為被投資者不同，所獲得的收益具有差異性。

（6）收益遞增性。人力資本和其他資本一樣，能帶來收益，而且這種收益呈現出遞增的趨勢。

1.1.3 人力資源資本化

人力資源和物質資源一樣，是客觀存在的經濟資源。在市場經濟條件下，進入企業的已不僅僅是傳統的勞動力，而是帶有濃重資本性質的人力資源，即經過資本化了的人力資源。只有實現了人力資源的資本化，人們的發展觀才能真正實現從以物為本向以人為本的轉變。

從人力資源和人力資本的相關分析看，人力資本是人力資源投資的結果。人力資源資本化是提高人力資源存量的過程，即通過對人力資源進行管理和開發，強化人力資源的質量，提高人力資源的能動性，減少出工不力的人力資源隱性流失現象，並實現人力資本最大化的過程。

人力資源資本化在本質上是人力資源向人力資本轉化的動態過程，是將人力資源的相關投資性支出，通過一定規則轉化為人力資本的過程。該過程具體表現為：人力資源在接受企業投資後，依附於勞動者身上的，並且可以最終作為獲利手段使用的知識、技能、經驗等，按照量變—階段性質變—質變的邏輯順序實現存量增值，通過與其他資本的結合，進入生產過程和流通領域，最終為企業創造出卓越的績效。因此，完整的人力資源資本化運作，必須以人力資源投資為前提，並通過有效的人力資源管理將靜態的、潛在的人力資源「激活」，使之成為能夠直接投入生產的資本，從而形成組織的競爭優勢。一般情況下，培訓是將人力資源資本化的重要手段之一。企業通過培訓投資，可以提高員工素質，加強組織凝聚力，改變員工的工作態度，更新員工的工作技能，改善員工的知識結構，激發員工的創造力和潛能並最終實現人力資源資本化。

1.2　人力資源計量分析

人力資源資本化是一個投資過程，但在研究這項投資活動所形成的價值對經濟增長的貢獻時，面臨的第一個難題就是如何對人力資源進行計量。儘管人力資源有利於經濟增長的觀點早已被學術界認同，但在進行實證分析時，由於人力資源指標的選取和實證研究方法的差異導致了對同一研究主體有不同的結果。自20世紀50年代起，人力資源計量問題就一直困擾著學術界。因此，對人力資源計量的概念、方法以及評估機制進行探討就具有十分重要的意義。一般來講，人力資本計量方法主要可以分為成本計量和價值計量兩種。除此之外，一些學者還提出了其他的計量方法，如受教育年

限法、當期價值法等。這些方法立足的角度不同，理論依據也不同，都存在一定的優缺點。

1.2.1 人力資源計量概述

1. 人力資源納入會計計量的必要性

知識經濟的發展，使人力資源的價值充分體現出來，成為創造更多財富的重要因素以及進行決策的重要依據。在企業的工作總結大會上經常會聽到「全體員工是企業最寶貴的資產」這樣的話。但令人失望的是，在會計報表上這種「最寶貴的資產」卻沒有任何的體現，對於「最寶貴的資產」到底有「多寶貴」沒有一個具體的數據來度量，並且對於用什麼方法來衡量這些財富也沒有固定的答案。這一重要資源的信息缺失給企業利益相關者的一些決策帶來了很多的不便。於是，將人力資源作為企業的一項資產，運用會計的方法對人力資源加以確認和計量的人力資源會計便應時而生了。

關於人力資源會計產生的必要性，在總結已有研究的基礎上，本節主要提出以下幾個觀點：

（1）人力資源會計能為決策者提供相關信息，有利於實現科學管理。在知識經濟時代，一個國家或企業能否保持可持續發展、能否獲得盈余的決定性因素已經不再是金融資本和物質資本，而是一個企業的人力資源隊伍。良好的人員結構和團隊精神成為成功與發展的決定因素。人力資本所有者所掌握的知識和技術，所代表的先進生產力和管理能力正成為決定國家經濟發展狀況和企業優劣的關鍵因素。在這樣的經濟背景下，如果仍將人力資源排除在會計核算範圍之外，企業對人力資源的投資將無法做到科學決策，也不符合科學管理的要求。

（2）人力資源會計能促進人力資源投資，有利於完善人力資本投資理論。通過對人力資產價值的合理計量，可以科學合理地體現人力資源對國家經濟發展和企業贏利的貢獻，從而使國家意識到教育投資的重要性，加大對教育的投資，也可使企業管理層肯定培訓對利潤的正面促進效應，從而增加員工培訓投入。這樣可以從宏觀和微觀兩個層面促進人力資源投資，提高整個社會的人力資源素質，促進人力資源存量的增長，實現經濟社會的科學持續發展。人力資本投資理論是以投資的成本和收益為基礎的，人力資源會計不但可以提供精確的投資成本支出額，而且還有利於科學地預測和計量投資收益，這在一定程度上又促進了人力資本理論的發展，完善了人力資本理論。

（3）人力資源會計能正確反應本期收益，以避免管理者的短期行為。在傳統會計中，人力資源支出被全部作為管理費用計入當期損益，表現為當期費用的增加，導致最終收益減少。這樣不但使報表使用者低估了本期收益，令他們做出錯誤的決策，而且容易導致管理者的短期行為。由於所有權和經營權分離，所有者一般都依靠會計報表來衡量經營者的業績，這可能導致經營者做出粉飾短期會計報表、犧牲企業長期利益的行為。在傳統會計中，減少員工的培訓和教育開支或低價雇用非熟練工來代替熟練工以減少工資支出等行為損害了企業的長期利益。為了防止經營者做出此類損害企業利益的短期行為，需要建立人力資源會計核算制度，不再將人力資源投資支出作為費用，而計入資產。

2. 人力資源會計的定義

人力資源的計價與核算問題長期被人們忽視，人力資源的相關信息在傳統會計中沒有得到應有的體現。企業資產信息的不完整給管理層做出相關科學決策帶來了很多的不便。直到20世紀60年代，人力資本理論的不斷發展與完善促使西方會計學界的有識之士將人力資源納入會計學領域，從而形成了人力資源會計。

由於人力資源會計是會計學中一個新興的分支，關於它的定義目前學者們還在討論之中，並沒有達成定論。美國會計學家、人力資源會計的主要創始人之一埃里克·G. 弗蘭霍爾茨（Eric G. Flamholtz）認為，「人力資源會計是把人的成本和價值作為組織的資源進行計量和報告的活動」[1]。弗蘭霍爾茨將人力資源會計分成了兩大體系，一個體系是用來計量組織招募、選任、雇用、訓練與發展人力資源以及重置現有員工的成本的人力資源成本會計，另一個體系是用來計量組織人力價值的人力資源價值會計。

目前，比較權威的人力資源會計定義是美國會計學會人力資源會計委員會在1973年所下的定義：「人力資源會計是鑑別和計量人力資源成本和價值的方法，目的在於把企業人力資源變化的信息提供給企業管理當局以及外界有關人士使用」[2]。這個定義比較清晰地給出了人力資源的核算過程：先將人力資源確認為一項資產，然後用傳統的會計和其他學科領域的方法對人力資源投資的成本和價值進行計量，最後將計量的結果以報告的形式提供給企業的相關利益人員作為決策依據。

3. 人力資源會計的特徵

從以上對人力資源會計的定義中我們可以看出，人力資源會計不同於傳統會計的幾個特徵：

（1）核算對象是所控制的人力資源。傳統會計的核算對象是物質資源，反應企業所控制的物質資源的經濟活動過程，而人力資源會計卻把企業所控制的人力資源作為一項重要的資產加以確認和計量。人力資源會計認為對人力資源的投資形成了成本，而人力資源在使用過程中又創造了更大的價值。傳統會計將人力資源投資成本計入當期費用的處理方法不符合會計原則中的匹配性原則，應該將人力資源投資支出「資本化」後計入企業資產，而不是作為當期費用進行「報銷」。

（2）計量單位多樣化。人力資源是可以計量的資源。人力資源會計仍以貨幣為主要計量單位，但由於人力資源價值受多種因素的影響，如職工技能、員工工作態度、員工健康狀況等，所以無法用具體數據進行定量分析，只能以文字進行定性說明。因此，相比傳統會計而言，人力資源會計還採用了其他的非貨幣性計量單位來說明企業人力資源的信息。

（3）研究範圍和角度的模糊性。模糊性總是伴隨著複雜性而出現，複雜性意味著因素的多樣性、聯繫的多元化。因素越多，聯繫越錯綜複雜，越難以精確化。人力資源會計的模糊性是指由於人力資源會計對象和計量單位的複雜性以及會計人員對人力資源認識的局限性而導致所提供的人力資源的相關會計信息具有近似性、動態性及不

---

[1] 李錫元，王永海. 人力資源會計 [M]. 武漢：武漢大學出版社，2007：28.
[2] 李錫元，王永海. 人力資源會計 [M]. 武漢：武漢大學出版社，2007：28.

確定性等屬性。與物質資源相比，人力資源的區別在於其能夠在使用過程中相互聯繫、交流思想、學習技能、提升價值。這種特性使人力資源價值難以用具體的數據來表現；與傳統會計的歷史屬性而言，人力資源會計具有未來屬性。上述原因最終導致了人力資源會計研究範圍和角度的模糊性。

另外，人力資源的所有者如同物質資源的所有者一樣，也應該擁有參與權益分配的權利，這是人力資源會計的又一特點。

1.2.2 人力資源成本分析

1. 人力資源成本計量方法

「成本法是典型的以投入為角度的人力資源計量方法，旨在計量因取得、開發和重置企業的人力資源而發生的成本支出。」[1] 根據人力資源成本計量基礎的不同，形成了四種成本計量方法：歷史成本法、重置成本法、機會成本法和增支成本法。

（1）歷史成本法。歷史成本主要是指一個組織在招聘和培訓其職員的過程中所發生的費用支出或利益犧牲。一般情況下，人力資源的歷史資本主要包括企業在招募、選拔、聘用、崗前學習和在職培訓等環節所花費的全部成本。這些成本包括直接成本和間接成本。比如，招募費用和新招收人員的工薪屬於直接成本，而負責招聘和培訓的人員的工薪則屬於間接成本。歷史成本法簡便易行，數據來源有很強的客觀性和可驗證性。但這種計量方法的計量結果並不直接與人力資源的實際生產能力相吻合，因為分攤相同歷史成本的人力資源的生產能力可能並不相同。這種方法在一定程度上削弱了人力資源計量的可比性和真實性。

（2）重置成本法。重置成本主要是指一個組織如果重新取得其現有的人力資源所要發生的支出或要犧牲的利益。例如，當某個或某些職員將要離職時，這個組織要重新招聘和培訓新職員來頂崗而發生的全部支出即為人力資源重置成本。人力資源的重置成本包括原有職員的離職費用和招聘新員工並達到離職職員崗位要求的培訓成本。其中原職員的離職費用屬於間接成本，而新職員的招聘費用和受訓期工資均為直接成本。這種方法有利於反應人力資源的現時價值，但對人力資源的重置成本進行估價帶有較強的主觀性，不一定能準確地反應人力資源的真實價值。

（3）機會成本法。機會成本法是進行經營決策時使用的一種比較特殊的方法。就人力資源投資來說，機會成本是指在人力資源投資方案中，企業選擇了某一最優方案，所放棄次優方案的收益。此法是以企業員工離職使企業蒙受的經濟損失為依據進行計量的。這種計量方法能最準確地反應人力資源的實際經濟價值，但與傳統會計模式相距較遠，導致會計核算工作繁重。

（4）增支成本法。增支成本法也稱邊際成本法。增支成本是指由於每一位人員的增加（或減少）而導致增加（或減少）的成本。無限度增加人員，到一定程度時，邊際成本就會開始上升。因此，增加人員也要考慮邊際成本問題。有的組織（或企業）無原則地增設機構，人浮於事，既浪費人才，又造成人力資本邊際成本上升。

---

[1] 張文賢. 人力資本 [M]. 成都：四川人民出版社，2008：160.

2. 人力資源歷史成本項目

人力資源歷史成本主要包括取得成本和培訓成本。

(1) 取得成本。取得成本包括招募成本、選拔成本、聘用成本和安排費用四項。①招募成本。招募成本包括確定待聘人員來源、刊登招募廣告、派出人員組織面試的費用或所支付的職業介紹所手續費，以及本組織人力資源部門的日常費用。②選拔成本。這部分成本主要是與挑選應聘人員有關的支出，如對應聘候選人進行面試和選擇等活動的費用。選拔費用的數額取決於招聘的目的、對象。高級人員的選拔費用一般會高於一般職員的選拔費用。③聘用成本。聘用成本是向聘用人員支付的搬遷費、差旅費和安家費等。④安排費用。安排費用是指將聘用人員安排到指定崗位上所發生的有關支出，如登記費用、領用工具和文具等。

(2) 培訓成本。培訓成本是指對招聘人員進行培訓直到他擁有既定崗位所要求的操作技能為止的費用支出和利益犧牲。具體而言，培訓成本主要有：①定向成本。它是對新招聘人員進行崗前介紹、培訓的費用，具體包括用於使新招聘人員瞭解組織內部生產線、工作環境、管理人員和內部操作制度等支出的費用。②在職培訓成本。在職培訓成本指新招聘人員上崗後直至能熟練工作這一期間的有關費用支出。如新工人在學習操作期間所耗費的材料和其他物品等。③指導者工薪。它是指導者為培訓新招聘人員所花費時間、精力的報酬。④培訓生產率損失。這是指新招聘人員在受訓學習期間由於技術不熟練可能導致其他職員生產率下降所發生的機會成本。

人力資源歷史成本的計量就是在具體招聘人員的基礎上，匯總上述各項成本的實際金額，得到不同人員的人力資源成本總額。

3. 人力資源重置成本項目

根據人力資源重置成本的定義可知，該項成本主要包括招聘新成員所需的開支和現有成員離職或被解雇所需要的成本支出兩個方面的內容。

(1) 重新招聘人員所需的各項支出。這項支出在內容上包括人力資源歷史成本的全部項目，但由於經濟條件和物價的變動，其數額或許會有所變化。

(2) 現有人員的離職和被解雇的費用及其他有關支出。這部分支出是比歷史成本多出的一部分。直接的離職成本是指離職工薪，具體包括離職性加薪及相應的福利支出等。間接的離職成本主要包括在未招到合適人員之前，現有在崗職員情緒受到影響而導致生產效率降低造成的損失，或者現有人員離職後造成崗位空缺而影響生產線上其他人員的生產效率而造成的損失。

1.2.3　人力資源價值分析

價值法是從人力資本價值產出的角度來進行會計確認和計量的，是人力資源的投資回報計量模式。由於影響人力資源投資回報價值的因素，有些可以用貨幣計量，有些不能以貨幣計量，所以在計量人力資源價值時就產生了貨幣計量和非貨幣計量兩種方法。如果按照個人和群體之別，人力資源價值的計量方法又分為個體價值計量和群體價值計量兩種方法。人力資源價值的各種計量方法歸納如表1-1所示：

表 1-1　　　　　　　　　　　人力資源價值計量方法歸納

	貨幣性計量方法	非貨幣性計量方法
個體價值計量方法	未來收益貼現法 競標法	技能詳細記載法 工作績效評估法
群體價值計量方法	非購買商譽法 經濟價值法	行為變量法

1. 未來收益貼現法

這是一種直接根據經濟學價值概念來計量人力資源價值的方法。美國的會計學教授巴魯卡‧萊弗（Baruch Lev）和阿貝‧斯克瓦茨（Aba Schwartz）建議直接採用類似於未來現金流量值的屬性來計量人力資源價值，把人力資本價值視為人力資源帶來的一系列未來現金流量的現值。具體計算見下列公式：

$$V_y^* = \sum_{t=y}^{T} \frac{I^*(t)}{(1+r)^{t-y}}$$

式中，V_y^* 表示在 y 年齡的職員的人力資本價值；$I^*(t)$ 表示該職員在至退休止的期限內，每年可帶來的淨收益；r 表示適合於特定職員的貼現率；T 表示退休年齡。

未來收益貼現法僅以工資作為計量基礎，假設員工終生在企業服務且從事同一職業，而現實中人們卻常常更換工作單位，甚至改變職業。運用這種方法會使管理層高估員工預期服務的年限，從而高估人力資源價值。因此，這種方法只適用於工作穩定的一般職員。

2. 競標法

競標法是一種用非貨幣性單位對個人人力資源價值進行計量的方法。具體做法是在一個部門內由從事該行業的專業人士和部門領導人對某一員工的生產能力進行投標，這個投標價值被認為是該員工服務能力得到最佳使用條件下的價值。但是這種投標價值往往帶有投標者的個人偏好，因而其科學性值得懷疑。

3. 非購買商譽法

這種方法是用貨幣性單位對群體性人力資源價值進行計量的方法之一，最早由美國芝加哥州立大學工商管理研究生院的羅格‧H. 哈默森教授（Roger H. Hermanson）在 1969 年提出。其中的商譽代表企業高於社會平均水平的盈利能力，它來自企業人力資源的超額效用。哈默森認為，這種超額效用一部分或全部都可以看做人力資源的貢獻，並且應通過資本化程序被確認為人力資源的價值。由於這種方法類似於企業確認非購入商譽價值的方法，因此稱之為「非購買商譽法」。該方法的計算步驟為：①根據本行業一定時期內全部非人力資源資產總額及同期行業淨收益總額，計算本行業投資報酬率；②根據本企業一定時期內全部非人力資源資產總額及本行業投資報酬率，計算本企業該期間內應實現的正常淨收益；③根據本企業已實現的淨收益，計算其與按照行業投資報酬率計算的本企業應該實現的正常淨收益的差額，該差額反應企業的額外收益；④以本企業的額外收益除以本行業投資報酬率，計算結果即為該企業的人力資源價值。具體的計算公式為：

$$人力資源價值 = \frac{本企業額外收益}{行業投資報酬率}$$

$$= \frac{本企業實際淨收益 - 本企業非人力資源資產總額 \times 行業投資回報率}{行業投資回報率}$$

$$行業投資回報率 = \frac{行業淨收益總額}{行業全部非人力資源資產總額}$$

這種方法的優點在於計算時不必對未來收益進行估算,數據都是基於每年的實際收益額,其來源有客觀依據;缺點是人力資源沒有一個絕對的價值,當企業的實際收益等於或低於同行業的正常收益時,則會得出人力資源價值等於零或為負值的荒謬結論。

4. 經濟價值法

經濟價值法是由布諾默特(R. L. Brummet)提出的。這種方法認為,人力資源的經濟價值的計量應包含在未來的預測中,群體人力資源的價值可以用其未來產出的現值加以衡量。經濟價值法的基本步驟如下:①預測組織未來各期的贏利;②將預期的各期贏利折成現值並加總;③依照人力資源的貢獻比例(即人力資源投資占總投資的比例)計算人力資源價值。其公式為:

$$V_n = \sum_{t=1}^{n} \frac{R_t}{(1+i_t)^{t-n}} \times H$$

式中,V_n 指未來贏利現值中的人力資源價值;R_t 為企業第 t 年的贏利;i_t 為第 t 年的貼現率;H 為人力資源的貢獻比例。

這種方法區別了人力資源投資和非人力資源投資,有助於管理者做出合理的投資決策。但這種方法的最大缺點就是將人力資源與其他資源視為等同,忽視了人力資源的能動性。

5. 技能詳細記載法

技能詳細記載法又稱為技能一覽表法,是以非貨幣模式對個人人力資源價值進行計量的方法之一。這種計量方法具體是指在確定人力資源價值的過程中,依照人的知識水平、知識結構範圍、學習和培訓次數、工作業績、工作經驗、健康狀況等素質構成和能力特徵分別列出各類人員的實際指標,編製一覽表分等級進行衡量,以此作為企業分析考評的資料,對人力資源價值進行分析。

6. 工作績效評估法

這種方法是指應用一定的比率、評分或測試卡等工具,對人力資源載體,即人的知識水平、工作經驗、工作態度、業務技能、適應能力、實際工作業績等因素進行綜合衡量和評價,以確定人力資源對經濟貢獻的潛力。其中,比率法是指用組織職員的出勤率、工作差錯率、完成額百分比等比率來衡量、評估職員的工作效率;評分法是指由評估者確定從某些方面對職員進行評分,借以做出有效的考核與評價;測試卡法是指設計一定的測試問題卡,對職員的工作態度、表現情況、待人處事方式和服務潛力等進行分項考評,以便對其價值進行全面的測量。

7. 行為變量法

這種方法是把影響群體價值的原因按主次分為三類變數：①原因變數，如管理行為、管理技術以及組織結構等。這些變數對群體價值的影響甚大。②仲介變數，包括組織氛圍、群體作用、同僚和領導類型以及下屬的滿足感等。這些變數體現管理者的管理水平和效率能否滲透到人力資源中，反應組織的內部狀態和績效潛能。③結果變數。結果變數即最終的總生產效率，它是原因變數和仲介變數綜合作用的結果。人力資源管理者通過對以上變數進行變異分析，可估計組織未來的經濟效益，並將其可折現為現有的人力資源價值。

行為變量法能定期考核影響人力資源價值的因素，動態地反應群體價值。但是，它沒能確定人力資源的現有價值，並將人力資源的個人潛能和智力排除於變數之外。

通過對以上各種人力資源價值計量方法的分析，可以看出這些方法都存在著各自的優點和缺點。國內外多數學者主張以貨幣單位和非貨幣單位相結合的方式來計量人力資源價值，並且主張對人力資源價值按個人價值和群體價值分別進行計量。

1.3　人力資源資本化方式

通過上一節的分析可知，人力資源資本化是人力資源向人力資本的轉化過程。從宏觀層面上講，人力資源資本化的方式與人力資本投資方式是相同的。二者都是通過教育、培訓、衛生保健、勞動力遷移等方式使人這一能動主體在體能、智能與技能方面得以改進，以便給未來帶來更高的生產能力和經濟效益。從微觀層面上講，人力資源資本化的方式主要有招聘、組織內部培訓等。本節主要從宏觀方面探討人力資源資本化的方式。

1.3.1　教育投資

教育投資是指以一定的成本支出為代價獲得知識或技能的過程和活動。它是整個人力資源資本化過程中最核心的組成部分。這種投資形成和增加了人力資源的知識存量，表現為人力資源質量構成中的教育程度，一般用學歷來反應。

教育投資從投資主體來看，可以分為宏觀和微觀兩種。宏觀教育投資是指一個國家的政府和其他部門、團體、組織花費在國民教育上的支出，包括校舍建設、教學設備購置、教職人員的工資、圖書資料等。微觀教育投資是指家庭或個人花費在教育上的支出。在此，我們只針對微觀教育投資進行成本收益分析。

教育投資的成本支出一般分為兩個部分：直接投資成本與間接投資成本。直接投資成本主要指學費、雜費、書本費、交通費、房租等。間接成本主要是指學生在校期間因接受教育而放棄了直接從事其他經濟活動的收入。以往人們在分析教育投資成本時經常忽略間接成本，但實際上，對於中等或高等教育的投資者來說，他們為完成學業而承受的機會成本或因學習而放棄的收入可能是一個相當大的數額；而且，隨著受教育層次的提高，這一數額越來越大。根據舒爾茨以及貝克爾等人對美國20世紀以來

的正規教育投資的估算,由學生放棄的收入所構成的間接教育成本已經超過了直接教育成本,占教育總成本的60%~70%。

隨著知識存量的增加,受教育者可以通過提高生產效率來增加教育投資的產出。這種收益主要表現為家庭或個人的貨幣收入增加、福利狀況和工作條件的改善、生活質量的提高等,另外還有一些非貨幣性收益,如社會地位或聲譽的提高以及精神生活更加充實等。

通過對個人教育投資進行成本—收益分析,可以得到以下結論:①投資後的收入增量越多(即收益時間越長),那麼人們就更願意投資。例如,年輕者比年長者投資更多。②教育投資的成本越低,就會有更多的人願意為接受教育而投資。例如,在經濟危機期間,學校的畢業生往往更願意繼續上學,因為他們找到高薪工作的可能性小,繼續上學的機會成本就會降低。③大學畢業生與高中畢業生之間的收入差距越大,願意投資於大學教育的人就會越多,即收入增量的規模影響個人對教育的投資。

1.3.2 在職培訓投資

在職培訓投資又叫非正規教育投資,是指人們為獲得和發展從事某種職業所需要的知識、技能與技巧所發生的投資支出。這種培訓一般是由正式學校以外的企業或其他機構提供的。在職培訓主要側重於人力資本構成中的職業、專業知識與技能存量。在職培訓比一般的正規教育更貼近生產實踐,更側重於實際生產知識與操作技能方面的培訓。隨著現代科技和生產發展對人力資源質量的要求日益提高,企業的在職培訓投資迅速增加,並且已成為企業常用的一種人力資源資本化方式。

在職培訓按照其培訓的技術內容又可以分為一般培訓與特殊培訓。二者的差別主要在於工人通過培訓所學到的職業技能對於向工人提供培訓的企業之外的其他企業是否有用。所謂純粹的一般培訓是指對所有企業有著相同作用的培訓,即受訓者從培訓中所獲得的技術知識與生產技能具有通用性,不僅適用於受訓者所在的企業,而且也適用於其他企業,如對普通的機械操作員、醫生等的培訓。完全的特殊培訓是指培訓的內容對受培訓人所在的企業以外的企業沒有什麼作用的培訓,即受訓者接受的是僅僅適用於其所在企業的某種專業知識和技能的培訓,如對航天員、戰鬥機駕駛員等的培訓。特殊培訓所產生的員工的較高的生產力是與特定企業或部門緊密聯繫的,這種專用性人力資本具有不可轉移性。

從以上分析可以得出,一般培訓的技能可以適用於多個企業,具有很強的外部性。面對完全競爭市場的企業往往不願意提供一般培訓,因為受過培訓的員工很容易被其他企業用高薪挖走。提供培訓的企業具有經濟外部性,如果職員在培訓完畢之後被其他企業聘用,那對該企業來說是一種「資產流失」,其他企業不用付費就可以使用培訓過的員工。因此,企業往往將該培訓成本轉嫁給雇員,但在培訓費用的支付形式上,往往不是讓員工直接支付,而是通過工資政策來實現的,即在培訓期間以低於員工邊際產品的數額發放工資,而在培訓完成後以等於邊際產品的數額發放工資。這樣既降低了企業的風險,又降低了員工的流動率。

特殊培訓只對某一企業有用。關於特殊培訓費用到底由誰支付的問題,應該說讓

企業或個人單獨支付都會存在風險。如果費用由企業支付，受過特殊培訓的員工被其他企業挖走或員工離開另尋工作，企業的資本支出將被浪費，因為企業將無法收回培訓的后續收益。如果費用由員工支付，員工在接受了特殊培訓之後被解雇，他也無法獲得后續收益，同樣會遭受損失。因此，工人或企業是否願意支付特殊培訓費用與勞動力流動的可能性有很大的關係。

1.3.3 衛生保健投資

現代人力資本理論認為，個人的健康狀況可以視為一種資本存量，它是人力資源資本化途徑的重要組成部分。衛生保健投資是指通過對人的營養、住房、醫療保健和自我照管、鍛煉、娛樂等方面的投資來恢復、維持、改善或提高人的健康水平，進而提高人的生產能力。從微觀層面上講，個人增加衛生、保健方面的支出將會增加其健康資本的存量，延續其壽命以及壽命期內的「無病工作時間」，並且能提高單位時間的工作效率。從宏觀層面上看，一個國家或地區增加在衛生保健方面的投資將會提高全民族或本地區的健康水平，增強國民身體素質進而增強其人力資源的生產潛能。目前，中國的醫療保健投資主要包括國家投資和企業投資。國家醫療保健投資主要用於建立醫院和各種職工療養院，以及由此而發生的購買醫療設備和雇用醫療人員的費用。企業醫療保健投資則用於為企業職工提供醫療保健費用、落實各種保健措施等。

一般來講，健康投資的成本主要由耗費在保健與疾病預防、醫療以及環境改良等方面的一切費用構成，其重要的宏觀總量指標有人均醫療衛生與醫療費用支出，醫療衛生費用占國民生產總值（GNP）的比重等。保健投資收益的主要指標有患病率、死亡率、平均壽命等。

1.3.4 遷移流動投資

不管是人力資源還是物質資源都需要經歷一個不斷調整的、動態的流動過程，才能實現較優的資源配置，才能提高資源的利用效率。人力資源的流動並不直接使人力資源資本化，但它是人力資源的有效配置方式，即人力資源的價值實現和增值依賴於人力資源的流動。所謂的人力資源流動就是人力資源根據市場條件的變化，為了實現其人力資本而在地域間、企業間、職業間及產業間的流動。人力資源的遷移流動投資是指通過花費一定成本來實現人力資源流動的行為。

由於人力資源的流動改善了人力資源配置的效率，提高了人力資源的競技狀態，從而提高了邊際生產力，因此也屬於一種重要的人力資源資本化形式。從投資成本方面來說，人力資源流動通常是要付出代價的，需要支付各種費用，包括搜尋就業信息的費用，放棄原來的職業所損失的收入，流動所耗費的時間、精力與開支，在陌生環境中的心理成本等。但是流動又會為流動者帶來較高的收入，這包括物質方面的收入和精神方面的收入。流動收入與流動成本的差額決定了遷移行為是否發生。

人力資源在流動過程中通常表現出以下幾個特徵：

（1）比起年老者，年輕者更傾向於流動投資，因為較年輕的勞動者在得到更好的工作之后有更長的時間獲得收益，而且由於工作經驗等因素的影響，他們的流動成本

相對會更低一些，更傾向於流動。

（2）比起勞動力市場寬鬆時（勞動力供大於求），當勞動力市場比較緊張時（勞動力供小於求），勞動者的流動率更高，即勞動者在相對比較容易且能迅速找到一個更好的工作時，他們流動的可能性會比較高。

（3）當辭去某種工作的成本（包括經濟成本和心理成本）相對較低時，勞動者流動的可能性較高。研究表明，日本的住房制度使得日本勞動者的居住成本比美國勞動者高。這是導致日本勞動者比美國勞動者流動率低的一個重要原因。另外一個原因是美國、澳大利亞和加拿大等國家的勞動者長期以來已經習慣了流動的生活，因而遷移的心理成本較低。

（4）通常情況下，流動率隨著企業規模的擴大而下降。因為一般大企業的工資率相對較高，而且大企業為雇員的工作輪換和晉升提供了更多的機會，這就增加了勞動力流動的成本，所以其流動率相對較低。

1.3.5 其他方式

以上四種人力資源資本化方式是舒爾茨所提出的最典型的方式。隨著更多「經濟增長之謎」的出現，一些學者又從其他角度提出了人力資源資本化的方式，可歸納總結為以下兩點：

1. 教化投資

中國學者郭繼強（2006）認為適應現代經濟生活的相關思想觀念、價值取向和道德規範，需要有相關投入才會形成，這些投入也是人力資本投資不可或缺的形式，並可概括為教化投資。他認為「適當的教化可以減少環境中的不確定性和降低交易費用，減少機會主義風險，節約強制實施制度的費用，並且經由改變人們的價值觀念來變更人們的效用函數，從而增進生產性活動，推動經濟增長」。[1]

2. 情緒資本

學者王效俐（2007）認為「人力資本包括三個方面的重要內容：體力資本、智力資本和情緒資本。三種資本相互影響，相互作用，共同構成人力資本」。[2] 情緒資本是一種存在於人的內心的、主觀與客觀相結合的複雜資本。他把情緒資本定義為：存在於勞動者身上的、通過投資在后天獲得並能夠實現價值增值的情感方面的價值存量。隨著服務業的發展和人們情感需求的增強，情緒資本越來越重要。

本章小結

當前，人類已進入了一個以知識與人才為主宰的全新經濟時代。國家、地區和企業之間的競爭已經從以往的物質資源競爭轉變為人力資源競爭，而且這種競爭的程度

---

[1] 郭繼強. 教化投資：人力資本投資的新形式 [J]. 經濟學家，2006（4）：78-80.
[2] 王效俐，羅月領. 情緒資本：人力資本的重要內容 [J]. 科學管理研究，2007（2）：107-109.

空前加劇。經濟發達國家的經驗表明：人力資源是一切資源中最重要的資源，經濟發展受人力資源存量的影響，與人力資本投資成正比關係。以人力資本理論為基礎並經過實踐的檢驗，管理者們得出了「現代人力資源管理的實質為人力資源資本化的過程」這一結論，賦予了人力資源「資產」的性質。

人力資源作為國家或企業的一項重要資產，有必要對其進行計量分析。因為只有這樣才能真正體現出人力資源的重要性，也能為企業的相關利益人員進行經濟決策提供重要的信息。

由於人力資源資本化對社會發展、經濟增長、技術進步等的貢獻越來越大，國家、企業和個人必須在人力資源成本與價值分析的基礎上，進行人力資源投資。人力資源資本化的方式主要有教育投資、在職培訓投資、衛生保健投資、遷移流動投資等。

復習思考題

1. 什麼是人力資源？
2. 分析人力資本與人力資源的關係。
3. 什麼是人力資源資本化？
4. 人力資源計量分析主要包括哪些內容？
5. 人力資源資本化的途徑有哪些？試對各種途徑進行成本—收益分析。

案例分析

中華聯合財產保險股份有限公司四川分公司
「人才興司、創新強司」戰略

中華聯合財產保險股份有限公司，隸屬於中華聯合保險控股股份有限公司，其前身是新疆建設兵團財產保險公司。公司始創於1986年7月15日，是新中國成立後的第二家具有獨立法人資格的國有保險公司，也是全國首家以「中華」冠名的全國性保險公司。

經過近20餘年的發展壯大，中華保險已經由一個起家於新疆的區域性公司發展崛起為一個保費規模超百億，穩居中國財產保險市場第四位的全國性保險公司。2008年，公司實現保費收入191.25億元，先後榮獲「中國財產保險市場最具競爭力十大品牌」、「30年中國品牌創新獎」、「全國（行業）顧客滿意度十大品牌」、「最具影響力品牌TOP10（保險業）」、「中國最值得信賴的十大保險公司」、「亞洲品牌500強」、「中國500最具價值品牌」、「中國優秀誠信企業」、「亞洲保險業影響力品牌」、「中國行業十佳僱主企業」、「企業文化建設優秀單位」、「企業精神文明管理先進單位」、「全國熱心助學先進單位」等多項榮譽。在抗擊「5·12」汶川特大地震災害鬥爭中，中華保險莊

嚴兌現服務承諾，應賠盡賠地震責任保險；積極開展施救救援，傾力挽回減少客戶損失；熱心投身社會公益事業，彰顯企業公民價值。

2002年11月18日，經中國保監會批准正式成立中華聯合財產保險公司成都分公司；2005年更名為中華聯合財產保險公司四川分公司；2007年5月更名為中華聯合財產保險股份有限公司四川分公司。公司主要開展各種企業財產保險、機動車輛保險、貨物運輸保險、責任保險、信用保險、農業保險、健康保險、醫療保險、各種短期人身保險等保險業務和上述業務的再保險業務以及中國保監會批准的其他業務。

中華保險自入駐四川以來，以充分發揮保險職能，服務建設西部經濟發展高地為己任。至目前，中華保險在全省設立了20家中心支公司、23家支公司、117家營銷服務部，形成了輻射全川的服務網絡。2008年，四川分公司實現保費收入14億元，市場份額位居四川財險市場第二；全年累計支付各類保險賠款9.6億元，為加快災後重建提供了風險保障。

中華財險四川分公司秉承「穩健、創新、持續、高效」的經營理念，以人為本、誠信服務、規範經營、科學發展，努力擴大保險覆蓋面、滲透度和影響力，切實維護被保險人合法權益，得到了地方政府、監管部門、廣大客戶和社會各界的肯定和認可，樹立了良好社會形象。

中華財險四川分公司發展壯大的每一步足跡，都與分公司黨委、總經理重才愛才是密不可分的，其「人才興司、創新強司」戰略，無論是為公司第一階段「超常規、跨越式」發展，還是第二階段調整轉型都作出了重大貢獻。

1. 引人才、建隊伍、上規模、占份額，「超常規、跨越式」發展盡顯風流

創業初期，分公司黨委書記、總經理車德勝和黨委班子成員一道在全省各地招賢納士，業內業外人才同步引進，隊伍來源多元化，確保隊伍結構合理。分公司育人選人並重，大力引進非保險業內優秀人才，實施專業培訓計劃；堅持自己培養和委託培養相結合，堅持專業技能培訓與保險專業學歷教育培養相銜接，落實「傳、幫、帶」責任，對優秀中青年員工實施「一對一」幫扶培訓計劃；重視高管隊伍和業務骨幹隊伍建設，大力推進幹部轉崗、輪崗、交流和上掛下派鍛煉，切實加強後備幹部隊伍建設，全面提高各級高管和骨幹的經營管理能力。開展了「只為成功找理由，不為失敗找借口」、「中華為我搭平臺，我為中華添光彩」、「青春由創業而閃光，人生有奉獻而精彩」的主題教育活動，豐富中華保險企業文化；提出「讓員工精神上富足，物質上富裕」的口號，業務、財務、銷售、人事、收入福利等一切政策都向基層一線傾斜，極大地調動了加快發展的一切積極因素，在很短時期內就創造了令業內外為之側目的「中華保險奇跡」。2005年分公司保費收入就突破了10億元大關，實現了超常規、跨越式發展的經營目標，贏得了良好開局，在市場主體眾多、競爭激烈的四川財險市場迅速站穩了腳跟。

2. 建立人力資源集中管理體系，努力打造公司人才競爭優勢

在發展的第一階段，由於公司經營方式粗放，內控制度不完善，管理服務跟不上，分公司在快速下延機構，迅速組建隊伍的同時，人力資源管理也走過一些「彎路」：一些基層機構大搞「人海戰術」，不顧實際盲目招兵買馬，違規進人用人，薪資發放無

度、教育培訓、溝通交流嚴重不足；帶來人事不匹配、人崗不相宜、隊伍素質技能參差不齊，人浮於事，銷售序列同管理服務序列配比嚴重倒掛，人均產能低下，人力成本失控的惡果；給公司平穩健康發展埋下了人事風險隱患，公司也為從中汲取教訓、糾偏錯誤付出了相當的「學費」代價。分公司深刻地認識到：管理要規範、發展才有質量，經營才會有效益。集中管理不僅是行業發展大勢所趨，也是管控風險的重要手段，更是公司長治久安、邁向效益經營的根本保證。於是，分公司從規範管理入手，以集中管理為抓手，一場人力資源管理變革悄然謀劃。

冰凍三尺，非一日之寒。分公司本著實事求是、積極穩妥、量力而行、盡力而為的原則，堅持邊試點、邊推進、邊完善，循序漸進推進人力資源集中管理，防範化解人事風險。分公司於2004—2005年首先在分公司職能部門等推行崗位說明書，實行員工績效考核，拉開了人力資源規範基礎管理的序幕；於2006年統一下達全轄定崗定編方案，引導機構關注人力資源合理配置；於2007—2008年實行嚴格定崗定編管理，薪酬核定到人，實施崗位目標考核，全轄選調人員，下達減編過渡計劃，逐步把過去存放於基層機構的人員進出、獎懲、升降、薪資福利管理等權限上收集中到分公司；於2009年實施崗位評估，繼續嚴控編制，各機構職均保費、利潤、賠付率等各項指標與薪酬福利緊密掛勾，體現效益導向、扶優限劣。人力資源集中管理的實質是強化分公司人力資源專業管理平臺的權威和核心，提高全轄人力資源管理基礎規範標準化，進出升降的公正化，培訓教育的有效性，確保績效考核客觀公正有效，防範化解人事風險，進而發揮人力資源管理效能，推動公司又好又快發展。主要做法如下：

(1) 動態梳理調整組織架構，服務順應集中管理。分公司組織架構改革服從於集中管理進程，隨集中管理步伐適時調整推進。2005年，在車險「雙核」集中和實施查勘定損由分公司代管，推動全省車險規範化達標建設的同時，分公司充實加強了分公司客戶服務中心，切實加強車險業務集中管理。根據產品線管理需要，分公司於2006年將分公司業務管理部「一拆為三」，成立了車險、財險、人險三個專業部門，三級機構對口設立車險部和非車險部，實施承保理賠互動管理。為提高人力資源專業化管理水平，分公司於2007年正式組建人力資源部，專司管理全轄人力資源；推行車險事業部制管理和財險、人險、財務委派管理，上收四級機構權限至三級機構。2008年，升格信息技術部，組建營運省級后援中心和財務后援中心，「省級集中、服務前移」初步成型。2009年，本著提高營運效率，降低運行成本的考慮，分公司在職能部門嘗試「大部制」，設立分公司業務管理部（過渡時期對外仍保留原專業部門三塊牌子），專司全轄業務推動指導和承保政策制定，同后援中心理賠管理遙相呼應；改組市場開發部為銷售管理部，強化銷售體系改革推動。分公司本著「上（分公司）專下（基層機構）綜」的設計思路，整合三級機構原人事行政部、計劃財務部為綜合部，相關職能對口分公司辦公室、人力資源部、計劃財務部、信息技術部；整合原車險部、非車險部為業務管理部、客戶服務部，分別對口分公司業務管理部、后援中心。經過多年梳理調整，為順利對接總公司2010年組織架構創造了條件，減少了分公司改革並軌成本。

(2) 科學設崗、實行評估、區分崗位價值，初步建立以崗位價值為基石的激勵機

制,全面支持集中管理。崗位評估可以清楚地衡量崗位間的相對價值,是確定公平合理的薪資結構、有效激勵員工的重要基礎。通過崗位評估可以建立公正、平等的崗位薪資結構和激勵機制。分公司在2008年年初的過渡期集中管理基本完成之後,按照人力資源發展規劃及工作現狀情況,結合總公司人力資源管理相關要求,為了進一步推進集中管理,為業務集中管理提供強有力的崗位和人力資源支持,分公司於2008年5月底開始著手制定全轄2009年崗位評估實施方案。並在2008年11月報總經理室審定和分公司工會公示前,在分公司各層級進行了大量的問卷調查和員工訪談。結合調查的情況和反饋的意見就方案進行了多次的修訂和實戰路演。於2008年11月底形成了完整的崗位評估方案和評估體系。在分公司總經理室的支持下,通過分公司工會向全轄員工進行公示。於2008年年底組織了由分公司以及中心支公司各層級、各序列幹部及員工共16人的評估小組對分公司37個崗位和中心支公司13個崗位實施評估。通過崗位評估,較為清晰地界定了各個崗位的各層級間的相對價值,進一步明確了各崗位的任職資格和任職要求,為下一步的人力資源合理匹配以及建立有效的激勵機制打下了堅實的基礎。

(3) 按經營數據定崗定編,實行全員選聘,促進人力資源合理匹配。分公司堅持因事設崗、按崗擇人,把人員分為管理、服務、銷售三大序列,根據綜合、營運、財務、內控稽核等職能不同,結合崗位評估結果,對部分崗位進行了進一步的整合,力求做到崗位配置科學合理、精簡高效。對每個崗位管理服務序列又劃分若干崗位職級,建立多通道、網狀結構的崗位晉升通道。針對全轄20家中心支公司,分公司綜合考慮其經營效益、保費規模、人均產能、服務範圍、市場地位、幹部員工精神狀態及未來發展定位、市場社會環境等因素,結合多年經驗數據累積,運用數學模型逐一確定崗位編製,充分結合各中心支公司的實際情況,「一司一策」動態優化崗位設置和員工編製。按照崗位評估結果和員工編製,在分公司組織全轄崗位選聘,將優秀的、有能力的員工選聘到合適的崗位上,對不符合要求的員工予以置換。今年以來,分公司共選聘員工260餘人,其中為后援中心選聘員工180餘人,置換或下派員工20餘人。員工的崗位職級完全按照選聘結果進行定級,做到了「人員—崗位—職級」的合理匹配。在中心支公司內部組織實施全員崗位競聘,對原有在編員工重新確立崗位和職級,對不符合崗位任職資格要求的員工堅決予以置換,對不符合職級要求的員工予以降級使用。同時,綜合運用外部人才市場招聘、校園招聘、行業推薦、「獵頭」仲介同內部競聘上崗、考核調整、輪崗交流、后備幹部選拔、人才庫管理相結合,不拘一格選人用人,嚴格崗位任職資格,寧缺毋濫;有序推進人事相宜、人崗匹配、人盡其才、才盡其用。

(4) 嚴格績效管理,實現經營業績與全員考核對接。作為人力資源管理的核心環節,分公司歷來高度重視績效管理,於2008年建立了全員全流程覆蓋的績效管理體系,倡導數據說話、結果導向、過程控制的理念,強調真實的經營業績同個人收入分配、幹部員工評價問責緊密掛勾,努力做到:銷售序列業績逐月考核並與收入掛勾;管理與服務序列逐月考核與收入掛勾;經營指標考核結果逐月與三級機構經營班子的收入分配掛勾;經營業績同領導幹部升降留轉掛勾,並據此調整淘汰置換不合格人員。

經過近一年推行，2009年的績效管理體系在2008年的基礎上得到了進一步的修訂和完善，實行分級、分類考核。在分公司一級實行月度崗位目標考核和年度周邊績效考核；在中心支公司一級實行月度經營目標考核、月度崗位目標考核和年度周邊績效考核，並且不同層級的考核突出的內容和權重不同，充分體現績效考核的重要作用。這不僅改善了員工和公司的績效，也為有效的激勵約束機制建立提供了依據。通過近一年的實施，考核效果初步顯現。員工的月度考核平均結果較2009年年初已經有了一定提升，充分說明考核在改善和促進全員工作績效、改善公司經營效益上發揮的導向作用。全司上下效益觀念更加牢固，人人關心指標變化、經營結果、考核分配的良性循環局面日漸形成。

（5）開展全員教育培訓，建設學習型公司。培訓是公司帶給員工的最大福利。分公司緊緊圍繞全員履職盡責能力素質提升目標，歷來在員工教育培訓上不遺餘力，每年都要編製全員培訓計劃，實行內訓外訓並重，在崗培訓同脫產培訓相結合的培訓方式，培訓內容豐富多彩、形式多樣。僅2009年下半年，分公司相繼部署開展了營業總部「夏季大練兵」全員輪訓，舉行了全轄查勘定損人員任職資格和兩輪新「易保」系統上線培訓考試，並將培訓結果作為來年上崗重要依據；開辦中青年后備幹部培訓班，培養深化轉型「生力軍」。全員培訓活動的蓬勃開展，不僅提升了員工素質技能，也有力地促進了集中管理、客戶服務向縱深推進。

（6）科學設計薪酬管理體系，獎優罰劣。根據經營效益這一公司最大實際，分公司依據行業調研和崗位評估結果，初步建立了兼具外部競爭性和內部公平性的薪酬管理體系。每年年初，由分公司集中下達全轄薪資計劃，各機構按月報批執行，薪資發放同業績考核緊密掛鉤，並據實列支到員工個人銀行卡上。其中，管理服務序列底薪總額同員工崗位職級掛鉤，管理服務序列績薪總額同經營目標達成狀況掛鉤，銷售序列薪酬總額同個人業績達成情況掛鉤。2009年，分公司進一步突出效益權重，對利潤指標、職均保費不達標機構下達「限薪」政策，努力降低機構行政運行成本。

（7）依法合規勞動關係管理，防範化解人事風險。分公司根據總公司下達的參考文本，制發統一的勞動合同文本格式，授權基層機構在下達編製內同經分公司審核確認的人員簽署勞動合同，工資及時足額發放，依法繳納「五險一金」；不定期地清理機構自聘人員，規範用工形式，特殊崗位授權簽署勞務外包協議，從源頭上堵住違規進人用人的「口子」。對於解聘人員，分公司要求基層機構「一事一簽」，嚴格經濟責任審計重要崗位離職人員，輔導基層機構依法辦理離職手續，應對可能出現的人事法律訴訟糾紛。此外，分公司建立了人員進出、薪資發放、升降獎懲等重大人力資源管理信息每月通報制度，定期梳理排查人事風險，預警提示機構整改落實，僅2009年1月至11月就下發各類風險提示函和工作提示函近20份，有效規避了用工風險和監管風險，促進了中心支公司人力資源管理質的提升。

通過實施「人才興司、創新強司」戰略，基本實現了傳統人事管理向現代人力資源管理的過渡，有力加快和推動了公司的科學發展步伐。展望未來，分公司將不斷加強和改進人力資源管理，全面推進人才隊伍建設新工程，在「質量興司、效益強司」的徵途中獲取維繫有中華保險特色的人才競爭優勢。

討論與思考：
1. 中華財險四川公司成長發展的經驗是什麼？
2. 從公司的人力資源管理中可以得到什麼啟示？

參考文獻

［1］張書，於偉佳．培訓：最經濟的人力資本成本付出［J］．農村金融研究，2004（12）．

［2］彭劍鋒．人力資源管理概論［M］．上海：復旦大學出版社，2003.

［3］毛澤東．毛澤東文集［M］．第6卷．北京：人民出版社，1999.

［4］張鳳林．人力資本理論及其研究［M］．北京：商務印書館，2006.

［5］李國宏．淺論企業發展中的人力資源培訓［J］．現代管理科學，2002（9）．

［6］中國人力資源開發研究會．中國人力資源開發報告2008［M］．北京：中國發展出版社，2008.

［7］李錫元，王永海．人力資源會計［M］．武漢：武漢大學出版社，2007.

［8］張文賢．人力資本［M］．成都：四川人民出版社，2008.

［9］郭繼強．教化投資：人力資本投資的新形式［J］．經濟學家，2006（4）．

［10］王效俐，羅月領．情緒資本：人力資本的重要內容［J］．科學管理研究，2007（2）．

［11］中國人事科學院．2005年中國人才報告：構建和諧社會歷史進程中的人才開發［M］．北京：人民出版社．2005.

［12］汪祥春．解讀奧肯定律：論失業率與GDP增長的數量關係［J］．宏觀經濟研究，2002（1）．

2 工作分析

引導案例

灑在地上的液體誰來清理

一個機床操作工把大量的機油灑在了機床周圍的地面上，車間主任叫操作工把灑掉的機油清掃乾淨，但操作工拒絕執行，理由是工作說明書裡並沒有包括有關清掃的條文。車間主任顧不上去查工作說明書上的原文，就找了一名服務工來做清掃。但服務工同樣拒絕，他的理由是工作說明書裡也沒有包括這一項工作。車間主任威脅說不清掃就要把他解雇，因為這種服務工是分配到車間來做雜務的臨時工。服務工勉強同意，但是幹完之后立即向公司投訴。有關人員看了投訴后，審閱了機床操作工、服務工和勤雜工三類工作人員的工作說明書。機床操作工的工作說明書規定：操作工有責任保持機床的清潔，使之處於可操作狀態，但並未提及清掃地面。服務工的工作說明書規定：服務工有責任以各種方式協助操作工，如領取原材料和工具，隨叫隨到，即時服務，但也沒有寫明包括清掃工作。勤雜工的工作說明書中確實包含了各種形式的清掃，但是他的工作時間是從正常工人下班後開始。這件事雖然不大，但車間主任卻覺得處理起來讓他感到頭疼。

學習目標

1. 掌握工作分析的概念和相關術語，以及工作分析的內容和作用。
2. 使用至少三種收集工作信息的通用方法，瞭解以工作為導向和以人員為導向的工作分析方法。
3. 熟悉工作分析的實施過程及各環節應該注意的問題。
4. 掌握如何編寫工作描述、職務規範、工作說明書等工作分析的文件。

2.1 工作分析概述

2.1.1 工作分析的相關概念

1. 工作分析的基本含義

企業要有效地進行人力資源管理，一個重要的前提就是要做好工作分析。工作分析，也稱職位分析或崗位分析，是通過採用科學的技術和方法，對某一特定工作的目標、性質、資格要求等做出規範性的描述和說明，並確定完成這項工作應實施的具體行為的過程。工作分析一般分成兩部分：工作描述（即職務說明）與職務規範（即工作規範）。

工作描述具體說明了工作的性質、工作任務、工作職責和工作環境等。其主要作用是讓員工瞭解工作的概況，並建立一套工作程序和工作標準。職務規範是指根據崗位的特點，對從事某項工作的人員提出的綜合性要求，如年齡、性別、教育程度、工作經驗及心理特徵等。

具體地講，工作分析就是全面收集某一工作崗位的有關信息，對該工作從六個方面展開調查研究，即工作內容（What）、工作責任者（Who）、工作崗位（Where）、工作時間（When）、怎樣操作（How）以及為何要這樣做（Why），然後對這些信息與職務規範進行書面描述、整理成文的過程。

2. 工作分析的相關術語

工作分析涉及許多聯繫較密切的專業術語。為了保證工作分析能夠順利、準確、高效地展開，我們要先明確這些專業術語。

（1）工作要素。工作要素是指工作中不能再分解的最小動作單位，如從工具箱中取出夾具、將夾具與加工件安裝在機床上、開啓機床、加工件等均是工作要素。

（2）任務。任務是指工作活動中達到某一項工作目標的要素組合。它可以由一個或多個工作要素組成。一般來說體力活動的任務比腦力活動的任務更容易鑑別。例如，薪酬專員的職責之一為定期進行工資調查，而工資調查是由下列任務組成的：①設計工資調查表；②將工資調查表發給被調查者；③對工資調查表進行必要的解釋和說明；④按期收回工資調查表；⑤對工資調查表進行匯總、調整；⑥寫出分析報告。

（3）職責。職責是指個體在工作上需要完成的主要任務或大部分任務。相關聯的工作任務構成一項工作的職責。區分職責和任務總是不容易的，任務可以看成是工作職責的子集。例如，薪酬專員的職責之一就是定期進行工資調查，而這項職責又包括多個任務（見上一段中的內容）。

（4）職位。職位是指某一時期根據組織目標為某一主體規定的一組任務及相應職責的集合。例如，辦公室主任同時承擔單位的人力調配、文書管理、日常行政事務處理等職責。職位的數量是有限的，職位的數量又稱為編製。職位一般與職員一一對應，即一個職位對應一個人。

（5）職務。職務是一組重要的、責任相似或相同的職位。例如，某工廠設兩個廠領導崗位，一個分管生產，另一個負責績效。顯然，就其工作內容而言，兩人的職責內容不盡相同。但就整個工廠的經營來說，其職責相等。因此，這兩個職位可統稱為「副廠長」（職務）。[1] 通常，職位與職務是不加區分的，但是職位與職務在內涵上有很大的區別。職位是任務與責任的集合，它是人與事有機結合的基本單元。而職務則是同類職位的集合，它是職位的統稱。一個人所擔任的職務不是終身不變的，可以專任，也可以兼任，可以是常設的，也可以是臨時的、經常變化的；職位不隨人員的變動而改變，當某人的職務發生變化時，是指他所擔任的職位發生了變化，即組織賦予他的責任發生了變化，但他原來所擔任的職位仍然存在，並不因為他的離去而發生變化或消失。

（6）職權。職權是指依法賦予職位的某種權力，以保證在該職位上的員工履行職責、完成工作任務。職責與職權往往是密切聯繫的，對特定的職責要賦予特定的職權，甚至特定的職責應當等同於特定的職權。

圖2-1展示了工作要素、任務、職責、職位、職務和職權之間的關係。

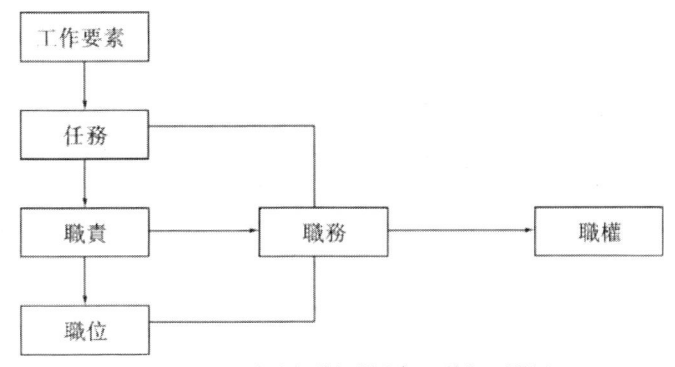

圖2-1　工作分析的相關術語及其相互關係

2.1.2　工作分析的內容與作用

1. 工作分析的內容

進行工作分析時，通常需要分析以下內容：

（1）工作活動。首先，人力資源管理者需要分析任職者必須進行的、與工作有關的活動有哪些，比如複印文件、設計軟件、電鍍等，以及任職者的工作活動產出和任職者的工作活動標準等。有時，一張反應工作活動的清單實際上還顯示出任職者應如何來執行工作中所包括的每一項活動。

（2）為何要完成此工作。這項分析說明了此工作在組織中的作用，主要包括工作目的和工作關係。工作目的是指該工作存在的意義和在整個組織中的地位。工作關係包括該工作與組織其他部門或職位的關係，以及該工作對組織其他部門的影響等。

---

[1] 馬國輝、張燕娣．工作分析與應用［M］．上海：華東理工大學出版社，2008：4.

（3）工作何時做。這項分析主要包括以下內容：工作時間安排是否有固定時間表、工作時間制度是什麼、工作活動的頻繁程度以及每日都會涉及的活動等。

（4）工作背景。這裡所涉及的工作背景既包括工作的物理環境內容，如室內/外、溫度、噪音、日曬及工作的危險性等，也包括工作的物質形式和社會背景，如工作地點的生活便利程度及與他人的交往程度等。

（5）如何完成工作。這主要是指任職者完成該項工作所要進行的工作流程、工作活動涉及的工具與機器設備、工作中的關鍵控製點等。

（6）工作對人的要求。這主要說明任職者在工作中需要怎樣的任職資格，一般包括工作知識和技能，如教育水平、培訓經歷、工作經驗，是否能熟練使用車床，是否具備操作特殊儀器的技能；個人特性，如人格品行、心智能力等；生理特徵，如體能、耐力等。

2. 工作分析的作用

工作分析不僅有利於組織戰略的優化、工作流程的再造，而且還有利於更好地進行人力資源管理。進行工作分析，有利於明確工作職責，使組織充分瞭解工作的具體特點和對工作人員的行為要求，為人力資源管理提供基本依據，從而有利於實現組織目標。具體地說，工作分析有以下六個方面的作用：

（1）工作分析在人力資源戰略中的作用。「組織戰略目標的實現有賴於合理的組織結構和職位系統」[1]。通過工作分析，人力資源管理者可以明確職位設置的目的、明確組織和部門的目標，從而為組織目標的實現提供支持。在環境發生改變時，組織目標和結構也隨組織戰略的改變而改變，此時，工作分析所提供的相關信息可以幫助組織適應組織戰略的變化。

（2）工作分析在人力資源規劃中的作用。每一個組織對工作職務安排和人員配備，都必須有一個合理的計劃，並根據工作發展的趨勢做出人員需求預測。對於一個組織有多少工作崗位，這些崗位當前的人員匹配能否達到工作和職務的要求，今後的職務和工作將發生哪些變化，組織的人員結構應該做出怎樣的調整，人員增減的趨勢如何，后備人員的素質應該達到怎樣的水平等問題，管理人員都可以依據工作分析的結果做出適當的處理和安排。

（3）工作分析在招聘管理中的作用。通過工作分析，人力資源管理者能夠明確地規定工作職務的近期目標和中長期目標，掌握工作崗位的任務、責任和特點，從而明確工作人員必須具備的知識、技能、個性和思想素質等；在此基礎上，再結合工作的具體程序和方法，確定選人、用人的標準。在進行人力資源招聘時，有了明確具體的標準，人力資源管理者就可以通過人員素質測評等方法，選拔和任用符合工作需要的合格人員。而且，如果缺乏工作分析，缺少必要的工作說明和職務規範，或者招聘目標和標準不夠明確，應聘者進入組織後也很難做好工作。

（4）工作分析在人力資源培訓管理中的作用。工作分析明確規定了員工完成各項工作所應具備的知識、技術、能力以及其他方面的素質等。並非所有員工都能達到工

---

[1] 朱勇國. 工作分析與研究 [M]. 北京：中國勞動與社會保障出版社，2006：6.

作分析的要求，這就需要對員工進行培訓與開發。人力資源管理者可根據工作分析所提供的信息，按照不同工作的要求，針對任職人員的具體情況，設計不同的培訓方案，採用不同的培訓方法，對不同素質的人員進行培訓。一方面，對員工進行有針對性的培訓可以幫助員工獲得工作所需的專業知識和技能，使其具備崗位任職資格或提高其勝任力；另一方面，工作規範化的培訓也可提高員工的工作效率，為員工晉升做好準備。因此，工作分析為員工培訓與開發提供了不可缺少的客觀依據。

（5）工作分析在績效管理中的作用。工作分析對工作職責和任職資格等作了較為詳細的描述，為確定員工的工作績效評價指標和標準提供了依據。績效評價指標和標準必須是具體的、與特定崗位相關的。工作分析做得越到位，具體的績效評價指標和標準越容易制定，同時也提高了績效考核過程的客觀性和公正性。此外，在進行績效考核時，工作分析也為考核提供了依據，有利於減少考核者和被考核者之間的分歧和爭議，使績效考核工作更加有效。

（6）工作分析在薪酬管理中的作用。在以薪酬體現某個職務的重要性之前，必須瞭解該職務在組織中的相對價值，而工作分析為進行職位評價提供了重要的信息。因此，通過工作分析和職務評價，可以優化組織內部的薪酬結構，保證各崗位薪酬間的公平和公正。

2.2　工作分析的方法

工作分析的方法較多，一般分為以下三種類型：通用的工作分析方法、以工作為導向的工作分析方法和以人員為導向的工作分析方法。通用的工作分析方法的運用範圍較為廣泛，搜集的信息一般以定性為主，敘述較多。以工作和以人員為導向的工作分析方法結構較為嚴謹，以定量分析為主，專業性較強。

2.2.1　通用的工作分析方法

通用的工作分析方法主要有訪談法、觀察法、問卷法、工作日誌法等。

1. 訪談法

訪談法，是工作分析最常用的方法之一，它是由工作分析人員與有關工作人員本人或其主管領導等訪談對象直接交談，以獲得有關工作信息的方法。訪談可以是一對一訪談，也可以是集體訪談。訪談法的適用範圍較廣，而且是對高層管理工作進行深度工作分析的最好方法。訪談的成果不僅體現在書面上，在整個訪談過程中，任職者對工作分析進行的系統思考、總結與提煉也具有十分重要的價值。

訪談法根據內容結構可劃分為結構化訪談和非結構化訪談。前者能夠收集全面的信息，但不利於被訪談者的發散性思維；后者沒有固定格式，可以根據情況靈活地收集工作信息，但在收集信息的完備性方面存在缺陷。訪談根據其深入的程度還可分為常規訪談和深度訪談。

採取訪談法應該注意這樣幾個問題：①明確所要訪談的目標和內容，可以事先準備

一份訪談問題提綱（如表2-1所示），並將其進行排序。訪談過程中，訪談者應根據被訪談者的回答情況，通過適當引導和總結相關話題來控製訪談。②訪談者在進行交流時，言辭要能夠正確地傳達訪談提綱的內容，並且提問要清楚明白，使對方易於回答，避免傳遞信息失誤，使被訪談者誤解。③訪談者應與被訪談者建立互信的關係，可以事前進行溝通。提問時，訪談者應注意提問技巧，避免發表個人觀點和看法，不要使用「是」或「否」等封閉式的問題，盡量避免使用輕率的判斷性問題，致使訪談氣氛不融洽。[1]

表2-1　　　　　　　　　　　　　訪談提綱示例

工作分析訪談提綱
一、工作目標
1. 該崗位的工作目標是什麼？
2. 該崗位最終要取得什麼結果？
二、工作地位
1. 您所做的工作在組織中的作用是什麼？或者說在組織流程圖中所處的位置是怎樣的？
2. 您與上下級之間的職能關係是什麼？
3. 與您進行工作聯繫的主要人員有哪些？聯繫的主要方式是什麼？
三、工作內容
1. 您所從事的是一項什麼樣的工作？
2. 您在工作中真正參與的活動有哪些？
四、工作職責
1. 您所從事的工作的基本職責是什麼？
2. 組織賦予您的最主要的權限有哪些？您認為哪些是最合適的、哪些需要重新界定？
五、工作背景
1. 您的工作環境和工作條件如何？
2. 工作對健康和安全的影響如何？您有可能會受到身體傷害嗎？
六、績效標準
1. 您的工作的績效標準有哪些？您實際完成工作的情況與績效標準之間存在哪些差距？
2. 您認為衡量您的工作是否出色的標準是什麼？
七、工作中的問題
1. 您對此工作最滿意和最不滿意的地方有哪些？
2. 您在工作中自主決策的機會有多大？
3. 您認為此工作對您最大的挑戰是什麼？

2. 觀察法

觀察法是工作分析人員到工作現場去實地查看員工的工作過程、行為、內容、環境等情況，並進行記錄、分析、歸納和整理的工作分析方法。記錄可以採用文字或圖像方式，但應注意不侵犯員工的個人隱私。工作分析人員觀察完某工作場地的人員如何完成某工作後，最好再到其他兩三處工作場地進行觀察，以保證行為樣本的代表性，避免因所觀察員工的個人習慣導致信息的局限性。分析人員應注意的是，研究的對象是工作而不是個人的特性。

採用觀察法需要瞭解的內容有：工作的對象是什麼，需要完成工作的具體內容是什麼，用什麼工具和材料完成工作以及與哪些職位發生工作上的聯繫等。

觀察法需要充裕的時間和準備，適用於要求標準化、工作內容簡單明瞭的工作，尤其適合於重複性工作。另外，有些員工不善於口頭描述他們的工作職責，此時觀察

---

[1] 趙永樂，朱燕，鄧冬梅. 工作分析與設計 [M]. 上海：上海交通大學出版社，2006：50.

法較為適用。但是觀察法不適用於含有許多腦力活動和不規律活動的工作，如高、中級管理人員的工作。

在運用觀察法時，被觀察者的工作應相對穩定，即在一定的時間內，工作內容、程序以及對工作人員的要求不會發生明顯的變化。此外，觀察人員應盡可能不引起被觀察者的注意，不應干擾被觀察者的工作。觀察人員在運用觀察法時，一定要有一份詳細的觀察提綱，以使觀察及時、準確。下面是一個觀察提綱的示例，如表 2－2 所示：

表 2－2　　　　　　　　　　　工作分析觀察提綱

```
被觀察者姓名：_____        日期：_____
觀察者姓名：_____          觀察時間：_____
工作類型：_____            工作部門：_____
觀察內容：_____
1. 什麼時候開始正式工作？_____
2. 上午工作多少小時？_____
3. 上午休息幾次？_____
4. 第一次休息時間從_____到_____
5. 第二次休息時間從_____到_____
6. 上午完成產品多少件？_____
7. 平均多少時間完成一件產品？_____
8. 與同事交談幾次？_____
9. 每次交談約_____分鐘
10. 室內溫度_____度
11. 什麼時候開始午休？_____
12. 出了多少次品？_____
13. 搬了多少原材料？_____
14. 噪音分貝是多少？_____
```

3. 問卷法

常用的問卷法，即非定量問卷法，是工作分析中收集信息所廣泛運用的方法之一。該方法通常是讓被調查職位的任職者、主管及其他相關人員填寫調查問卷。所填寫的調查問卷是經過特別設計的。在被調查者填寫問卷前，工作分析人員可以有針對性地對被調查者進行必要的填寫說明，然后讓被調查者獨立填寫，最后對問卷結果進行統計與分析，找出共同的、有代表性的回答，並據此編寫職位描述。

問卷根據適用的對象來分，有通用問卷，即適合於各種職位的問卷，也有為特定的工作崗位專門設計的特定工作分析問卷，如針對推銷員的問卷。問卷按照結構化的程度劃分，有結構化問卷和非結構化問卷。結構化問卷是在一定的假設前提下，採用封閉式的問題收集信息，一般具有較高的信度和效度，比如職位分析問卷（PAQ）和管理職位描述問卷（MPDQ）。問卷法也可歸類為以人員為導向的工作分析法和以工作為導向的工作分析法，在下一部分中將會重點介紹。非結構化問卷的問題大都是開放式的，具有適應性強和靈活高效的優勢，但精度不夠高，隨意性較強。本部分主要介

紹非結構化問卷。

問卷一般由封面信、指導語、工作基本信息、問題與答案等內容構成。封面信向被調查者介紹和說明調查者的身分、調查內容、調查目的和意義等。指導語用來指導被調查者有效地填寫問卷。問題設計可以根據調查目的和被調查者的情況採取封閉式和開放式相結合的設計方法，以此來提高信息提取的全面性。問卷的數目要適當，一般來說，以被調查者可在30分鐘內順利完成為佳。

4. 工作日誌法

工作日誌法要求工作人員按時間順序詳細記錄在一段時間內實際從事的各項工作活動或任務，並且標明起止時間。此方法主要適用於收集有關工作職責、工作內容、工作關係以及勞動強度等的原始信息。在缺乏工作文獻時，工作日誌法的優勢顯得尤為突出。但它的使用範圍較小，對於週期較短、工作狀態穩定的工作，比較適用。

這四種通用工作分析方法的特點和優缺點見表2-3。工作分析人員在選擇工作分析的方法時，應根據實際情況靈活運用上述方法。

表2-3　　　　　四種通用的工作分析方法的特點、優點及缺點

工作分析方法	特點	優點	缺點
訪談法	與被訪談者面對面直接交談以收集工作信息	雙向交流，瞭解較為深入，可發現新的重要的工作信息	①受被訪問者主觀因素的影響較大 ②對進行工作分析的人員要求較高 ③往往要結合其他方法使用，一般不單獨使用
觀察法	在工作現場實地查看員工的工作過程和工作內容	①適用於大量標準化、週期短、以體力活動為主的工作 ②易於發現細節問題	①不適於週期長、非標準化的工作 ②不適於各種戶外工作 ③不適於中、高級管理人員等偏向腦力活動的工作
問卷法	由調查者填寫特別設計的問卷來獲取工作信息	①比較全面，收集信息較多 ②不易受場所和時間的限制 ③收集的信息較為準確、清晰	①問卷設計水平易影響工作信息的採集 ②問卷提前設計，較為死板，難以深入 ③對工作分析人員的知識水平要求較高
工作日誌法	工作人員按時間順序記錄某段時間的工作任務與活動	不僅可以瞭解每項工作，還可以瞭解花費的時間	①對被調查者要求高，必須積極主動 ②被調查者很難連續地進行記錄

2.2.2　以工作為導向的工作分析方法

以工作為導向的工作分析方法中，有代表性的是功能性工作分析方法和管理職位描述問卷法。

1. 功能性工作分析方法

功能性工作分析方法（Functional Job Analysis，FJA），是一種以工作為導向的工作分析方法，是美國培訓與職業服務中心的研究成果。FJA 主要針對工作的每項任務要求，分析工作者在完成這一任務的過程中應當承擔的職責，以獲取與通用技能、特定工作技能和適應性技能相關的信息。其核心是通過總結員工在工作時對數據、人、事的處理方式來進行工作職能的分析，並在此基礎上歸納出任職說明、績效標準和培訓需求等。

2. 管理職位描述問卷法

管理職位描述問卷法（Management Position Description Questionnaire，MPDQ）是一種以工作為中心、以管理型職位為分析對象的工作分析問卷方法。它是由美國著名工作分析專家普希爾（Hemphill）、托納（Tornow）、平托（Pinto）等人開發的。MPDQ 主要收集和評價與管理職位相關的活動、聯繫、決策、人際交往、能力要求等方面的信息和數據，通過計算機程序加以分析，有針對性地製作各種與工作相關的個性化信息報表，為人力資源的職能板塊提供信息支持。

MPDQ 問卷的題目一般分為 13 個維度，包括：①產品、市場、財務計劃與戰略計劃；②與組織其他部門的協調；③內部業務的控制；④產品和服務責任；⑤公共關係與客戶關係；⑥高層次的諮詢指導；⑦行動的自主性；⑧財務審批權；⑨雇員服務；⑩監督；⑪複雜性和壓力；⑫重要財務責任；⑬廣泛的人事責任。

在使用 MPDQ 時，工作分析人員以上述每一個維度為參照，並按 0~4 的等級來分析和評估管理工作。表 2-4 是對「內部業務的控制」維度的評估。

表 2-4　　　　　　　　管理職位描述問卷部分示例

維度：內部業務的控制 指導語： 第一步，評定重要性 指出每項活動對您職稱的重要性程度，然后按 0~4 記分，寫在每個項目後面的空白處。記住，考慮的是該活動和其他職位活動相比的重要性程度和發生次數的多少 1. 審閱提交的計劃應與組織的目標和策略保持一致 2. 追蹤並調整工作活動的進度，以保證按時完成目標或合同 3. 為項目、計劃和工作活動制定目標、最后期限、並將責任分派到人 4. 監督產品的質量或服務效率 5. 對部門的發展和效率設計評估標準	第二步，評論與反應 在下面的空白處寫下您認為您所在的職位還應該包括的其他工作：

2.2.3　以人員為導向的工作分析方法

以人員為導向的工作分析方法主要以員工的個人特徵為中心進行分析，較常用的方法有職位分析問卷法、關鍵事件法、基於勝任力的職務分析方法等。

1. 職位分析問卷法

職位分析問卷法（Position Analysis Questionnaire，PAQ）是一種結構較為嚴密的工作分析方法，是一種基於計算機的、以員工活動特徵為中心的、通過標準化、結構化的問卷形式來收集工作信息的定量化工作分析方法。它是由美國的麥考密克（E. J. McCormick）等人提出的一種適應性很強的工作分析方法，目前是西方國家最常用的職位分析系統。但PAQ的專業性較強，對進行工作分析的人員要求較高。

PAQ包括194個工作元素，共分為以下6個類別：①信息輸入，即員工在進行工作時獲取資料的來源及方法；②心智過程，即員工在工作中如何進行推理、決策以及如何處理信息；③工作產出，即工作需要什麼樣的技能和工具；④人際關係，即從事此工作需與他人建立怎樣的關係；⑤工作環境，即此工作的物理條件、心理條件和社會條件；⑥其他工作特徵，即其他與工作相關的活動、條件和特徵。

在使用PAQ時，工作分析人員要依據6個評價尺度進行衡量並評分，即信息使用程度（U）、對職務的重要性（I）、所需要的時間（T）、適用性（A）、發生的可能（P）、特殊計分（S）。表2-5為職務分析問卷的部分示例。比如，在「緊張的個人接觸」前填4，表示在該工作的工作環境中導致工作人員感到緊張的機會較多。

表2-5　　　　　　　　職位分析問卷中的工作環境示例[①]

```
5.2  心理和社會因素
    這部分包括工作的各種心理和社會因素。請用代碼來說明作為工作的　部分的以下因素的重要程度。其中：—表示不適用，1表示非常偶然，2表示偶然，3表示一般，4表示經常，5表示非常頻繁。
    I _____ 文明規範（設定某些文明的規範和責任）
    I _____ 挫折情況（面對具有潛在挫折的情況）
    I _____ 緊張的個人接觸（在令人不愉快或緊張的情況下接觸個人或公眾，如公安工作的某些方面、某些類型的談判、處理某些精神病人等）
    I _____ 個人犧牲（服務於組織目標時願意做出某些個人犧牲，如軍隊、社會工作等）
    I _____ 社會價值衝突（其活動可能和廣為接受的公眾/社會價值標準相衝突）
    S _____ 和工作不相關的社會接觸（說明在工作中和其他人接觸時，導致閒話社會化的可能性，如理髮師、出租車司機等）
```

當被調查者填完PAQ所有的問卷後，工作分析人員就能按上述6個尺度去衡量該職務的工作信息，並根據6個基本尺度得出每個工作的數量性分數，使工作和工作之間可以相互比較和劃分。

PAQ的優點如下：一是將各種工作所需的基本技能與行為以一種標準化的方式羅列出來，從而為人力資源調查、薪酬標準等提供一種標準工具；二是一般不用修改就可用於不同組織、不同工作，易於比較各組織間的工作分析，使得工作分析更加準確和合理。但是PAQ的時間成本較高，過程較為繁瑣，並且對工作分析人員的知識水平

---

① 顧琴軒，張靜抒. 職務分析：技術與範例 [M]. 北京：中國人民大學出版社，2006：92.

要求較高。

2. 關鍵事件法

關鍵事件法是由弗拉納根（J. C. Flanagan）開發出來的，其主要原則是認定員工與工作有關的行為，並選擇其中最重要、最關鍵的部分來評定結果。首先，由工作分析專家、管理者或任職者在收集大量與工作相關信息的基礎上詳細記錄其中的關鍵事件。關鍵事件是使工作成功或失敗的行為特徵或事件（如成功與失敗、盈利與虧損、高效與低產等）。[1] 然後，工作分析人員再對其進行「特別好」或「特別壞」的工作績效評價，以具體分析崗位的特徵、要求等。

關鍵事件法主要適用於工作週期較長、員工工作行為對組織任務的完成具有重要影響的工作。與其他方法相比，關鍵事件法的特殊性在於，它是基於特定的關鍵行為與任務信息來描述具體工作活動的，能有效地提供任務執行的範例，因而更頻繁地被應用於培訓評估與績效評估中。但是由於關鍵事件法只注重工作績效顯著有效或無效的事件，而遺漏了平均水平，難以評價中等績效的員工，因而不能全面地完成工作分析，通常要結合其他方法一起使用。

3. 基於勝任力的職務分析方法

勝任力是指在工作中員工的價值觀、個性或態度、技能、能力和知識等關鍵特徵，而不是技能、知識、個性等的簡單加總。勝任力必須滿足三個重要特徵：①它們與工作績效關係較為密切，可預測員工未來的工作績效；②與任務情景相聯繫，具有動態性；③能夠區分業績優秀者與一般者。

基於勝任力的職務分析方法，是在關鍵事件法的基礎上，由麥克利蘭（Mclelland）應用起來的，是對員工進行以勝任特徵分析為目的、全面的、從外顯特徵到內隱特徵分析的方法。

基於勝任力的工作分析主要有如下特徵：①強調優秀員工的關鍵特徵，突出與優異表現相關聯的特徵及行為。②較高的可接受性。基於勝任力的工作分析用關鍵行為來描述工作勝任要求，把員工的行為、素質體現在勝任要求的描述上，更易被任職者接受。③與組織經營目標和戰略緊密聯繫。基於勝任力的職務分析方法以人員、職位和組織的匹配為核心，成為企業獲取競爭優勢的一個關鍵途徑，強調人員與組織的長期匹配，而不是與崗位的短期匹配。

要有效地進行基於勝任力的職務分析，首先應明確組織目標，確定分析職位的績效標準，然後選取樣本、收集和分析信息，再確定工作任務的特徵和工作勝任力的要求，最後對其進行驗證。

基於勝任力的職務分析方法與組織目標的關係較為密切，其思維更具有系統性和整體性，動態管理功能也更強。但基於勝任力的職務分析往往只關注核心能力，而忽略了某些與具體職務密切相關的關鍵因素。

---

[1] 鄭曉明、吳志明．工作分析實務手冊 [M]．北京：機械工業出版社，2002：106．

2.3 工作分析的實施

工作分析是一項系統化的活動，需要組織領導、人力資源部門和各個部門及其人員相互配合，並且需要專門的技術支持。同時，有效地組織和實施工作分析有助於節省管理成本。因此，組織的工作分析必須統籌規劃、有序進行。一般情況下，組織和實施工作分析由工作分析前的準備工作、工作信息的收集、工作信息的分析以及工作分析的結果等環節構成。

2.3.1 工作分析前的準備工作

工作分析前的準備工作，是整個工作分析的基礎性工作，準備得越充分，以後的各項工作就越主動，越便於開展。

1. 明確工作分析的目的

在企業管理過程中，不同的人力資源管理問題致使工作分析的目的不同。有了明確的工作分析目的，工作分析人員才能正確地確定分析的範圍、對象和內容，選擇合適的分析方法，並清楚應當收集哪些資料。因此，在進行工作分析之前，工作分析人員首先要明確工作分析的目的、做到有的放矢。

2. 制訂工作分析的實施計劃

明確了工作分析的目的后，工作分析人員就必須制訂一份詳細的工作分析實施計劃。工作分析人員在工作分析實施計劃中，應該列出具體的、精確的時間表。對於接受訪談或調研的人，工作分析人員也應事先向其提供制定好的時間表，以便訪談對象安排手頭的工作和事務。不過，在具體的執行過程中，對原定計劃可能還需要進行一定的調整，一旦計劃發生改變，工作分析人員應及時通知相關人員。一份詳細的工作分析實施計劃包括：工作分析的目的和意義、工作分析所要收集的信息、工作分析項目的實施者、工作分析的程序、工作分析的時間、工作分析方法的選擇、工作分析的參與者、工作分析提供的結果以及工作分析結果的審核與評價。

3. 建立工作分析小組

工作分析小組是具體負責工作分析活動的組織。由於工作分析需要各方面的配合和支持，因此在工作分析小組成員的構成上，除了人力資源管理人員和崗位任職者之外，一般還會有企業高層管理者、相關部門的負責人參與。如果工作分析只是一時之需，並且組織內部的工作分析人員技術不成熟，使用內部資源進行工作分析的成本較高，可以考慮尋求外部專家或諮詢顧問的幫助。工作分析小組的成員應該具備工作分析專長，並且對組織內各項工作有明確的概念和清晰的瞭解。小組成員確定好之後，組織應賦予其相應的活動權限，以保證分析工作協調、順利地進行。

4. 明確有關人員的角色

工作分析過程中，組織高層領導參與的態度和積極性是決定工作分析成敗的關鍵，他們的態度將直接影響其他人員對工作分析過程的態度和配合程度，從而決定工作分

析的過程是否順利。高層管理成員一般起到發布政策、指示，協調相關部門配合，指導工作分析過程的作用。中層管理人員在實際工作中，一般對各崗位最為瞭解，也是工作分析結果最直接的使用者，因此他們較容易接受工作分析，也有能力承擔工作分析的相關工作。工作分析人員在調查階段應收集數據、信息，並需要從專業角度研究工作分析的因素，解釋工作分析的結果。被調查員工應積極配合，按要求填寫調查問卷，配合面談過程。另外，由於員工對工作說明書是否符合實際情況及其合理性有較多的發言權，因此還可以讓他們參與工作說明書草案的擬定和修訂。

2.3.2 工作信息的收集

1. 確定要收集的工作信息

實施工作信息分析，需要收集的工作信息主要包括五類：工作活動信息、工作輔助信息、工作績效信息、工作對人員的要求信息和工作相關特徵信息。工作活動信息主要是指工作活動的內容、工作活動的過程、工作責任、與工作相關的基本動作和行為等。工作輔助信息主要包括所涉及或應用的知識、設備、工作的有形產出及無形產出。工作績效信息包括工作衡量的標準、業績考核的方法等。工作對人員的要求信息主要是指某項工作對任職者在學歷、知識、培訓程度、工作經歷、技能、能力、體力和個人特質等方面的要求。工作相關特徵信息則是指工作的自然環境及安全環境、組織內的聯繫和社會聯繫等。

2. 選擇收集工作信息的渠道

在工作信息的分析中，有些信息需要實地去收集，而有些現存的背景資料對於工作分析也是非常重要的，不可忽視。對工作分析有參考價值的背景資料主要包括企業內部現有的資料和企業所在產業/行業的職位標杆、國家職業分類標準或國際職業分類標準等。從企業內部現有的資料中，可以收集到部分工作分析所需的基本信息，一般包括組織結構圖、流程圖、部門職能說明書、任職者及同事的報告和其他組織中現有的工作說明資料等。但是，還有很多關鍵信息，往往無法從現有的資料中獲得，這就需要進行實際調查研究。此時，工作分析人員往往要調查組織內部與職位相關的各類人員和外部組織或客戶，才能收集到比較完整的信息。

3. 選擇適當的工作分析方法

工作分析的方法較多，通過本章第二節的介紹，我們知道這些方法都有各自的優缺點和各自的適用對象和範圍。一般工作分析的實施往往要綜合兩種或兩種以上的方法，以做到優勢互補，提高工作分析的信度和效度。工作分析人員在進行工作分析時，應選擇適當的分析方法，主要應考慮以下幾種因素：①工作的結構性。當組織內工作的結構性較高時，應採用以工作為導向的工作分析方法；而當工作的結構性較低時，應選擇以人員為導向的工作分析方法。②產業的類型。傳統產業的分工較細、標準化和程序化程度較高，其產品和生產工藝相對固定，因此應採用工作導向型的工作分析方法；對於知識性產業，要求其對外部環境的變化快速適應，因此多採用人員導向型的工作分析方法。③研究的對象。當選擇某類特定專業技術人員進行研究時，如對銷售人員、技術人員、稅務人員、會計人員等進行研究，應採取人員導向型的工作分析方法。

儘管工作分析的理論、方法與技術較為成熟，但並沒有哪一種工作分析方法可以適用於所有的組織。在管理實踐中，關鍵是根據組織的目標、工作分析的目的，考慮企業自身的實際情況，以選擇最適用的工作分析方法。

2.3.3 工作信息的分析

工作信息分析是整個工作分析的一個重要階段，其主要任務是按照既定的標準和方法，對已確認的信息進行描述、分類、歸納和整理，提出與工作相關的信息，剔除不相關的信息，最后形成書面結果。

1. 核實、確認工作信息

對收集的工作信息進行整理后形成的資料，工作分析人員必須會同任職者及其上級主管進行審查、核實和確認，避免誤差，以保證工作分析的有效性。

2. 工作信息分析的內容

工作信息分析的內容主要是對收集到的工作活動信息、工作輔助信息、工作績效信息、工作對人員的要求信息和工作相關特徵信息進行分析、歸納。

一般來說，對工作信息的分析應從以下幾個方面進行：①工作任務和目標的明確性；②工作崗位的工作量是否合理；③工作任務是否飽和；④工作任務的難易程度；⑤工作任務流程的合理性；⑥工作崗位在組織中的職責、權利、利益及其合理性；⑦工作崗位在組織中工作關係的合理性；⑧工作崗位對任職人員各方面的要求；⑨工作崗位業績的衡量標準。

值得注意的是，對工作信息進行分析不能僅僅局限於某個單一的工作崗位，而應該按照工作流程發生的順序或者按照不同工作之間邏輯上的一致性，對整個工作團隊乃至部門和組織的全部工作信息進行梳理、分析、理清組織權限關係。這對清理內部工作和權限關係，分析工作流程的合理性，對績效形成過程進行有效控製以及優化和調整組織結構等都具有重要的意義。

2.3.4 工作分析的結果

分析了相關的工作信息后，工作分析的直接結果就是編寫工作描述、職務規範，最后形成工作說明書。本部分將主要介紹工作描述和職務規範的內容、格式以及如何形成和編寫工作說明書。

1. 工作描述

工作描述，也稱職務說明，主要圍繞工作內容進行描述，是指以書面形式對組織中各類崗位（職位）的工作性質、工作任務、工作職責、工作關係與工作環境等做統一要求，並加以規範和描述的文件。工作描述必須反應該項工作區別於其他工作的信息，主要功能是讓員工瞭解工作內容，建立工作程序與工作標準，闡明工作任務、責任與職權，有助於員工聘用、培訓和考核等職能工作的開展。

不同的工作分析目的和不同的工作描述使用者，對工作描述的內容有不同的要求。為中、高層管理者準備的工作描述強調的是權責關係及工作間的相互關係。這些信息更多的是應用到組織設計、人力資源規劃、管理能力開發計劃中去。而為基層員工準

備的工作描述，其重點在日常工作內容的說明上。

工作描述的基本內容包括：①工作名稱。工作名稱應該較準確地反應某項工作的主要職責，指出其在組織中的相關等級和位置，盡量按照社會上通行的做法來擬定。比如，培訓專員的主要職責是培訓，高級工程師比初級工程師等級高。②工作關係。工作關係主要是指工作崗位所屬的工作部門、工作代碼或編碼、直接上級、直接下級、與此工作發生聯繫的崗位、此工作可以晉升及平調的崗位等。③工作概要。一般工作概要以主動動詞開頭來描述最主要、最關鍵的工作任務，採用「工作行為＋工作對象＋工作目的」或「工作依據＋工作行為＋工作對象＋工作目的」的格式。比如，市場策劃主管的工作概要是「負責市場信息的收集、整理、分析，提交市場調查報告，為市場戰略提供決策支持」。④工作職責。對工作職責的界定要做到準確、清晰、系統，不能出現職責的交叉、重疊或遺漏。工作職責是工作描述的主體，與工作概要相比是提供了關於工作職責的細節描述。⑤工作條件與工作環境。這主要是指工作場所、工作環境的危險性、工作時間、工作的負荷度等。表2-6是工作描述的一個具體範例。

表2-6　　　　　　　某公司培訓主管的工作描述

工作名稱：培訓主管	所在部門：公司人力資源部
崗位編碼：	編製日期：
崗位概要：在人力資源部經理的領導下，對公司員工進行培訓，豐富員工的業務知識，提高員工的工作技能。	
主要工作關係	
直接上級	人力資源部經理
直接下級	培訓專員
內部溝通	部門內其他人員、公司事業部等其他部門
外部溝通	管理諮詢公司、政府勞動部門和人力資源部門、教育機構
工作崗位職責	績效標準
1. 制度規範 （1）草擬公司的培訓制度，提交給部門經理 （2）擬定公司培訓工作的流程及程序，提交給部門經理 （3）制定新員工手冊，編製企業內部培訓資料	1. 制度可行、完備、有效 2. 流程規範、清晰 3. 培訓材料適用
2. 培訓活動 （1）制訂新員工的培訓計劃，並具體負責實施 （2）根據各部門和各事業部提交的培訓需求，並結合公司的實際情況，擬定年度培訓計劃，提交給部門經理 （3）按照培訓流程，具體實施公司通用技能的培訓 （4）負責公司中、高層人員專業知識和技能的培訓	1. 新員工及時融入公司 2. 節省培訓費用 3. 培訓對象滿意

表2-6(續)

3. 業務指導 （1）指導各部門和事業部制定本部門的培訓計劃 （2）幫助各部門處理在培訓過程中出現的問題 （3）檢查各部門培訓計劃的實施情況	1. 各事業部滿意 2. 計劃圓滿落實
4. 其他 （1）對各部門外出參加的培訓進行審核並備案 （2）領導交辦的其他工作	1. 審核到位 2. 領導滿意
工作環境和條件	
經常性工作場所	公司總部辦公室
工作設備	臺式計算機
工作時間	每週5天，每天8小時

　　為了提高員工的工作積極性，工作描述除了上述的內容外，有時還需列出該工作職位的工資結構、工資支付辦法、福利待遇、晉升的機會、休假制度以及進修機會等內容。這些內容往往會直接影響員工的工作積極性。

　　2. 職務規範

　　工作說明書的另一個主要部分是職務規範。職務規範又稱工作規範或任職資格條件，指員工完成職務工作所應具備的知識、技能、能力及其他相關特徵。職務規範是工作說明書的重要組成部分，它與工作描述不同，關注的是完成工作任務所需要的特質，主要包括兩個組成部分：一是任職人員的技能、能力、知識和經驗等；二是任職人員的態度、個性、價值觀、動機及其他個體特徵。

　　常用的職務規範主要包含工作知識、技能的熟練程度、能力和經驗、教育和培訓、身體素質、心理品質等內容。工作知識是為圓滿完成某項工作，職務人員應該具備的實際知識。技能的熟練程度雖然不能用「量」來衡量，但熟練與精確度關係密切。能力要求是指在員工工作過程中所需要運用的能力，包括判斷、決策、主動、積極、反應、適應等。工作是否需要經驗，應根據具體情況而定。如果要求員工具備相關工作經驗，職務規範就應該明確註明需要何種經驗，其具體要求如何。培訓通常應該包括技術培訓和職業培訓。技術培訓主要是指與工作相關的技能培訓。職業培訓即由專業機構或學校進行的培訓，其目的在於從長遠的角度發展員工的普通或特種技能，並非完全為完成企業目前的某一特定工作而對員工進行相關培訓。教育一般指員工所接受正規教育的學歷與專業，可以從一個側面反應員工適應工作的情況。身體素質要求是指員工從事體力或腦力活動所需要的身體條件，包括身高、體型、耐力、力量大小以及身體健康程度等。心理品質主要是指人的知覺、意志、性格等在遺傳基礎上經過後天的環境熏陶和教育所具有的實際發展水平和潛力。表2-7為公司文書職務規範的一個示例。

表 2-7　　　　　　　　　　某公司中級文書職務規範示例

編碼：140020	崗位名稱：中級文書
1. 職責綜述 在一般監督下，完成文書工作，包括準備各類數據資料並編輯、匯總、分類；草擬各種報告、請示、文件通知、公告、工作總結、速記會議發言等	
2. 資格條件 （1）學歷：中專以上學歷 （2）經歷：至少在低一級的崗位工作三年 （3）熟練：具有較好的工作熟練程度，如打字每分鐘至少45字，55～80字最為理想	
3. 考核項目 （1）校對稿件：每分鐘至少60字，超過80字最為理想 （2）打字：每分鐘至少45字，55～80字最為理想 （3）速記：每分鐘至少100字，超過120字更為理想 （4）專門知識：具備文秘、速記、公文寫作等方面的知識 （5）寫作能力：行文格式規範，語言通順簡潔，內容充實，結構嚴謹 （6）心理檢測：考察情緒穩定性，接受外界信號的靈敏性	
4. 本崗位后備來源 （1）初級文書（企業現任） （2）擔任過此類工作且正在自學深造的人員 （3）社會招聘符合條件的人員 （4）高校畢業生	
5. 身體素質：健康，身高160厘米以上，五官端正	
6. 性別和年齡要求：男女均可，一般應在30歲以下	
7. 工作條件：辦公室內完成工作任務	
8. 其他補充事項：符合上述條件的殘疾人，如跛足但符合其他各項條件的人也可聘用	

3. 工作說明書

工作說明書是對工作描述和職務規範加以整合后形成的具有企業法規效果的正式文本。編完工作描述和職務規範後，工作分析人員應進行工作說明書的編製，以后組織的各項人力資源管理活動都應當以此為依據。

工作說明書是從「工作」和「人」兩方面來考慮人力資源管理工作的，因此工作說明書的編製必須遵循以下準則：①邏輯性。工作說明書要按照一定的邏輯順序來羅列工作職責，可按照重要程度和花費任職者時間的多少進行排列。這樣有助於使用者理解和使用工作說明書。②準確性。工作說明書應當清楚地說明工作的具體要求和任職者的資格條件，描述要準確，語言要精練，不能含糊其辭、模棱兩可。③實用性。工作說明書是進行人力資源管理活動的基本依據，因此工作說明書的編寫在形式和內容上都要具有實用性，使其在實際運用時便於操作。④完備性。一份好的工作說明書應對該項工作的基本概要、工作職責及任職者的資格條件等必備內容有一個完整的描述；並且，在程序上也要保證其全面性，一般應在任職者自我描述、主管領導審核的基礎上，由專家撰寫主要職位的工作說明書，由人力資源部及其他部門的工作人員協助完成其他職位的工作說明書。⑤統一性。文件格式要統一，注意整體的協調和美觀。

在實踐中，由於各職位的特點不同，工作說明書的編寫並無固定模式，需要根據工作特點、目的與要求來選擇具體的表達形式。一般來說，企業中經常採用的工作說明書有三種形式：敘述式、表格式和複合式。表2-8為複合式工作說明書的一個示例。

表2-8　　　　　　　　　　　　質量管理崗位工作說明書

崗位名稱	質量管理	崗位編碼		所在部門	生產技術部
崗位定員		直接上級	生產技術部部長	職　　系	
直接下級	各生產班班長	所轄人員		崗位分析日期	
本　　職	協助部長抓好產品質量工作					
職責與工作任務	職責一	職責表述：協助部長建立健全產品質量管理體系				
^	^	工作任務	協助部長制定產品質量管理制度			
^	^	^	協助部長監督檢查產品質量			
^	^	^	上報產品質量檢驗結論			
^	職責二	職責表述：具體負責產品的檢驗工作				
^	^	工作任務	根據質量體系認證標準驗收原材料			
^	^	^	根據質量體系認證標準驗收成品			
^	職責三	職責表述：具體負責產品質量的統計及分析				
^	^	工作任務	統計每天的正品數量、次品數量及廢品數量			
^	^	^	分析廢品出現的原因			
^	職責四	職責表述：協助部長處理質量事故				
^	^	工作任務	處理突發產品質量事故			
^	^	^	匯報產品質量事故			
^	^	^	收集不符合標準的帶鋼及焊管的反饋信息			
^	職責五	職責表述：完成上級交辦的其他工作				
權力	對產品質量的檢查權				
^	對提高產品質量的建議權				
^	對所屬下級的業務水平和工作能力的評價權				
^	對所屬下級工作的監督、檢查權				
^	對歸口員工出勤的監督權				
工作協調關係	內部協調關係	總經理、生產車間、銷售部			
^	外部協調關係	工程技術管理、技術處、客戶			

表2-8(續)

任職資格	教育水平	大專及以上學歷
	專　　業	冶金及相關專業
	培訓經歷	質量管理培訓
	經　　驗	3年以上相關工作經驗
	知　　識	具備技術管理、質量管理知識
	技能技巧	熟練使用計量器具，熟悉工藝流程，掌握產品標準
	能　　力	分析、判斷、管理、控製等
其他	使用工具/設備	一般辦公設備（電話、文件櫃）
	工作環境	一般工作環境
	工作時間特徵	正常工作時間，偶爾需要加班
	所需記錄文檔	檢驗記錄、質量分析報告、材料過磅記錄
	備註	

2.4　工作分析結果評價

工作分析結果的質量直接影響后續管理工作的效率和質量，因此工作分析人員還要對工作分析的質量進行評價。

2.4.1　工作信息的評價

1. 定性的和定量的評價

工作信息的評價主要是從工作信息的質量進行評價。首先，從工作信息的內容來看，工作信息可分為兩大類：定性的工作信息和定量的工作信息。它們從不同的角度反應了工作信息的特性。

定性的工作信息是有關工作信息性質的描述，是對工作信息的特徵和功能的闡釋。[1] 因為工作信息的變量關係較難直觀地發現，因此分析者往往從邏輯性出發對工作信息進行分析，或者僅僅用數字作為標示對其加以區分。分析者通常是通過對信息進行分類、整理或重新組織，從而得出相關結論的。

當掌握了足夠數量的工作信息后，從數量方面進行的研究比僅對工作信息的性質、特徵和屬性進行劃分要更全面、更深入。定量的工作信息是以數字作為標示的。這時的數字是用來說明不同信息之間的差異程度或差異量的。在定量的框架下，對相對差異和絕對差異的區分較有意義。相對差異是指程度上的差異，如任務難度，它只能說

---

[1] 蕭鳴政．工作分析的理論與技術 [M]．北京：中國人民大學出版社，2006：231.

明工作因素的高低、多少,但不能準確地說明這些因素間的差距。絕對差異是指數量上的差異,如工作日誌法中記錄的完成工作所花費的時間,它可以準確地說明這些因素的差距。

2. 客觀的和主觀的評價

依據在工作信息的收集和分析過程中人的判斷起作用的程度,工作信息可分為主觀的工作信息和客觀的工作信息。比如,對於某項工作任務,任職者普遍認為花費的時間較多,這一評價是主觀的;而通過觀察法確實能證明該項工作任務花費的時間較多,這一評價則是客觀的。雖然主觀性和客觀性在理論上較為清晰,但在實際操作中往往會出現一些問題。比如,在處理工作信息時,人們總是不自覺地加入一些人為的判斷;有些工作信息的主觀性和客觀性界限不是很清晰,而且對於主觀信息和客觀信息有時也較難區分誰更正確。

2.4.2 工作說明書的評價

工作說明書是工作分析的結果。工作說明書的可靠性越強,有效性和精確性越高,越有利於我們的人力資源開發與管理工作。

1. 工作說明書的信度評價

工作說明書的信度是指工作說明書的可靠性。信度有兩個評價指標:穩定性和等效性。穩定性是對同一工作信息重複分析時得到相同結果的可能性;等效性是指不同的分析者在同一時間對同一工作信息進行分析時得到相同結果的可能性。

評價工作說明書信度最常用的方法是在短時期內由不同的分析者對同一關係進行分析,如果幾次不同的分析得到的工作信息完全相同或基本相同,那就說明工作說明書的信度較高;反之,則表明其信度較低。一般,影響工作說明書信度的因素主要有:①調查的方法。進行問卷調查時,問卷設計不合理、問題表述不清等因素,都會降低工作說明書的信度。②分析者自身因素。分析者的工作態度和專業水平也會影響工作說明書的信度。③其他因素。比如,定量問卷調查法中的統計誤差及環境的不利影響等,可能會影響工作說明書的信度。

2. 工作說明書的效度評價

工作說明書的效度是指工作說明書的有效度。工作說明書的效度越高,越能體現工作本身的特徵。工作說明書效度的最終檢驗方法是看其在使用目標上所達到的程度。這些目標主要是指:①獲得的工作分析文件的有效性,如工作說明書、職務說明的有效性;②輔助人力資源部門工作的有效性;③對組織其他部門以及實現組織使命的有效性。

對定量的工作說明書效度的評價方法是看其描述的工作信息和現實情況的相關度:相關度越高,工作說明書的效度越高;反之,其相關度越低。評價定量工作說明書效度的方法有:①讓不同的評價群體評價同一工作說明書的有效性,再比較其評價結果。較常用的方法是比較任職者和其直接主管的評價結果。②讓專家實際考察後評價工作說明書的有效性。③對通過不同方法得到的工作說明書的效度進行相關分析。

對定性工作說明書效度的評價可以從當前和長期兩方面考慮。對當前效度的判斷,

必須進行多方面的考察，聽取任職者、管理者和其他專家的意見。長期效度的判斷，主要是根據使用者使用工作說明書的滿足程度進行判斷的。評價長期效度的主要方法有：①從招聘者、培訓者、直接主管和其他工作說明書的最終使用者處獲得對工作說明書的評價。②考察人力資源管理的效果並提取與效度有關的指標，旨在找出工作說明書在多大程度上對人力資源管理實踐做出了積極貢獻。

工作說明書的效度和信度有很密切的關係。一般來說，工作說明書的效度越高，其信度也高；但工作說明書的效度低，其信度不一定低。

2.4.3 工作分析中的常見問題及其解決方法

1. 員工恐懼問題

員工恐懼，是指員工由於害怕工作分析會給自己的工作或自身利益帶來威脅，對工作分析小組成員採取不合作或敵視的態度[1]。這是工作分析實踐中經常遇到的一類問題。員工恐懼主要表現為：在訪談、搜集資料等工作分析實施者與員工接觸的環節，員工對其態度冷淡，懷有抵觸情緒，對工作分析實施者所要的資料不予提供；在工作分析過程中，員工對工作分析實施者提出的問題提供虛假的、與實際情況存在較大出入的信息資料，故意誇大自己所在崗位的實際工作責任和工作內容，相應地貶低其他崗位的工作。造成這些問題的原因，主要有兩個：一是員工通常認為工作分析會對他們目前的工作、薪酬水平造成威脅。因為在過去，工作分析一直是企業減員降薪時經常使用的一種手段。此外，企業為提高員工的生產效率，也經常使用工作分析。二是收集工作信息時，一些未經培訓的工作分析人員，經常問一些大而空洞的問題，如「請你談談你這份工作對公司的價值」等問題。面對這麼宏觀的問題，員工往往不知該如何回答。這樣的問題既容易引起員工的不安，又得不到有效的信息。因此，在工作分析開始之前，工作分析人員應該向員工解釋清楚工作分析的原因、工作分析小組的成員構成以及工作分析會對員工產生何種影響。

2. 動態環境問題

動態環境問題是指現代企業所處的知識化、信息化外部環境的變化往往會引起企業內部環境的變化，從而導致企業組織結構、工作構成、人員結構等不斷變動。

動態環境的影響主要體現在以下三個方面：①外部環境的變化。社會的高速發展使得企業作為社會的基本構成單元，也處於高速變化中。因此，當我們為了更好地管理企業而進行工作分析時，往往因為組織變革引發了工作變革，而導致這些工作分析的成果不能適應企業現在的實際狀況，只能被束之高閣。②企業生命週期的變化。企業的戰略目標會隨著企業所處生命週期的不同而不同。在企業初創時期，生存是最為重要的，企業較注重研發人員，因此有較多的研發崗位；當企業處於穩步成長階段時，企業追求的可能是較高的市場佔有率，從而市場營銷的相關崗位逐漸增多；當企業進入成熟期，企業的市場份額基本飽和，各方面的營運較為順暢，企業會致力於降低成本，企業的內部組織結構就會較為精簡。因此可以看出，企業的生命週期不僅會影

---

[1] 於真真. 工作分析中常見的問題及對策 [J]. 北方經濟, 2007 (2)：119.

組織結構，還會影響工作的實質內容。③員工能力和需求層次的提高。社會的發展，讓越來越多的人通過各種途徑對自己進行人力資本的投資和再投資，這就使員工隊伍的素質越來越高，其能力也日益增強。此時，員工對工作會有更高層次的需求，如更多的工作責任、更好的工作環境、更多的信任和尊重，以獲得工作滿足感、組織歸屬感等，而這些需求又是不斷變化的。員工不斷變化的工作需求促使企業對現有工作進行適時調整，從而不斷引發企業的工作分析需求。

針對動態環境帶來的工作分析中的問題，可以採用年度工作分析和適時工作分析加以解決。由於年度工作分析的時間滯后性和適時工作分析的無計劃性，企業一般會綜合使用這兩種辦法。企業可以每隔幾年進行一次定期的工作分析，在這期間可以對各部門主管認為非常有必要的工作進行不定期的工作分析。

3. 在崗員工較少的問題

工作分析過程中經常會出現某工作崗位上僅有一個或兩個員工的情況，它對工作分析有以下幾方面的影響：①對工作分析過程的影響。工作分析的基礎是從所要進行分析的工作當中選取適合分析的任職人員，並對其工作行為、任職資格等進行分析。其樣本總數需要達到一定的標準才能確保分析結果準確，才能談得上進行更深層次的分析。但如果該工作崗位只有一名或兩名員工，這就從前提上影響了工作分析的合理性和準確性。②對工作分析結果的影響。由於工作分析往往是建立在對員工行為及其任職資格分析的基礎之上的，所以在工作崗位人員過少的情況下，工作分析的結果也就成為對此工作崗位員工的工作行為或工作績效的描述，而非是對此工作本身的分析和描述。

要解決在崗員工較少的問題，最有效的辦法就是加強對工作分析小組成員的培訓，使他們在進行工作分析的時候，不僅著眼於任職人員工作的好壞，並且將注意力集中在此工作的職責權限與主要工作內容上，即員工需要具備何種知識、技能才能高效率地完成工作任務。

4. 工作分析契約問題

工作分析契約指的是企業管理者與員工之間通過認同工作分析的結果——工作說明書，而在某種程度上形成了一種契約，因為工作說明書規定了員工的主要工作內容、職責權限和任職資格。當主管人員交代給下屬某項臨時工作或想增加員工的工作量時，可能遭到下屬的拒絕，其理由是工作說明書中並未列出該項工作內容；當下屬想承擔更多的責任時，也可能遭到主管的拒絕，理由同樣是其工作說明書中並未列出該項工作職責。

想要解決此問題，一個較好的方法就是在編寫工作說明書時，注意周全性、完備性。在工作主要內容一欄中可以加入「履行上級指定的其他工作」一條，這樣員工就不能再以工作說明書為由拒絕所分派的臨時性工作任務。在工作規範的「註」中，註明任職資格只是從事該工作的一些基本要求，是對員工知識、技能的最低要求，這樣主管也不能以此為由拒絕員工承擔更多責任的請求。

本章小結

　　工作分析是企業中一切人力資源管理工作的基礎，重點是編寫該職位的職位描述和職位規範。進行工作分析可以運用訪談法、觀察法、問卷法及工作日誌法四種較常用的技術方法來收集工作信息資料，也可以採取以工作為導向和以人員為導向的方法來進行工作分析，所涉及的主要方法分別為功能性工作分析方法、管理職位描述問卷法和職位分析問卷法、基於勝任力的職務分析法、關鍵事件法等。這些定性和定量相結合的技術方法有助於編寫工作描述和職務規範。

　　工作分析的實施包括分析前的準備、工作信息的收集、工作信息的分析及形成工作分析的結果，即編寫工作說明、職務規範、工作說明書等文件。工作說明書應當很清晰地描述職位的工作內容，讓使用者在不參考其他工作說明書的情況下也能清楚瞭解該職位的職責任務。

　　工作分析完成后，工作分析人員還應該對工作信息和工作說明書進行評價。此外，工作分析人員在進行工作分析時，如果遇到諸如員工恐懼、動態環境、在崗員工較少、工作分析契約等問題時，還應該能夠找到及時有效的防禦和解決辦法。

復習思考題

1. 工作分析在企業管理中有哪些主要作用？
2. 工作分析的主要方法有哪些？各有什麼利弊？
3. 工作分析的實施過程主要有哪些環節？
4. 工作說明書的主要內容是什麼？
5. 工作分析的結果如何評價？
6. 工作分析在實際運用中可能存在哪些問題？

案例分析

做一天和尚敲一天鐘

　　在三個月以前，小李被招進某公司擔任銀行會計一職。由於之前有過兩年相關職位的工作經驗，所以小李很快就進入了銀行會計這一工作角色。可是，很快小李便有了「做一天和尚敲一天鐘」的想法，而且還在同事之間談論自己這種「得過且過」的想法。不久，公司人力資源部的王經理知道這件事情後，把小李叫到了公司的人力資源部，與小李進行了一次面談。王經理對小李說：「你最近工作怎麼樣？」小李回答：

「很不錯。由於我前兩年從事的就是銀行會計這個職位，兩年的相關工作經驗讓我很快就適應了這份新的工作。反正都是銀行會計，沒有什麼區別，都是一樣的。」王經理微笑著點了點頭，說：「小李，我給你說一個很老的故事吧。」

古時候，在一個寺廟裡，有一個小和尚擔任敲鐘一職。半年過後，小和尚覺得這份職位十分無聊，天天都在重複敲鐘。有一天，寺廟的主持免了小和尚敲鐘的職位，原因是他不能勝任敲鐘這一職位。小和尚不服氣地問主持：「敲鐘這麼容易的工作，難道我做得不好嗎？我敲的鐘難道錯過了時間？我敲鐘的聲音難道不響亮？」主持十分耐心地回答：「你敲的鐘聲沒有喚醒沉迷的眾生。敲鐘不是一份簡單的工作，不是你想像的那樣容易。做一天和尚敲一天鐘——這種想法是錯誤的。」

在小李來到公司之前，公司擔任銀行會計一職的是一個學會計專業的應屆本科生。該應屆生雖然具有豐富的理論知識，但缺乏與銀行協調聯繫、對銀行帳戶管理等的相關實踐經驗，該應屆生由於不勝任該工作崗位很快就離開了公司。於是在三個月之前的那次招聘中，公司人力資源部在特別要求了有兩年銀行會計的相關工作經驗這一任職資格要求。當招聘信息在人才招聘渠道發布後，前來公司應聘的人員並不是很多。人力資源部感到銀行會計這個崗位的招聘工作難度還是比較大的。在為數不多的候選人中，小李是某重點高校財務專業畢業的學生，畢業後一直在一家公司做銀行會計這一職位。這與兩年銀行會計的相關工作經驗這一招聘崗位任職資格要求完全符合。經過三次面試後，財務部和人力資源部都覺得小李是這個崗位的最佳人選，於是立即通知小李來公司財務部報到上班，擔任銀行會計一職位。在這段時間的工作中，人力資源部通過財務部經理及財務部其他同事瞭解小李試用期的工作情況，大家的反應都還是很好的。

王經理在這次與小李的面談結束後，給小李布置了一項新的工作任務：讓他協助人力資源部修改公司財務部的銀行會計這一職位的工作說明書。於是，在小李和人力資源部同事的共同努力下，銀行會計這一崗位的新工作說明書很快就被修改出來。新的銀行會計的工作說明書被送到了王經理的面前：

表1　　　　　　　　　　　　　　銀行會計崗位說明書

職位名稱：銀行會計	所屬部門：財務部	崗位編製：1人
工作職責	1. 根據經相關主管負責人審批的物流材料採購業務及其他業務支出憑證，負責日常的採購業務及其他業務支票付款 2. 根據日常業務需要，不定期從銀行提取現金，收妥入帳；根據現金出納報帳及報銷業務需要，不定期轉付現金出納員 3. 根據每月各部門報上的資金用款計劃和銷售報上的回款計劃合理地分配資金保證資金供應 4. 編製銀行收付款記帳憑證，登記銀行日記帳，做到日清月結，與總帳核對相符 5. 負責與銀行協調聯繫工作。保持與銀行聯繫，保證現金週轉正常；按時收集銀行單據並做好分單工作。每月5日前完成上月銀行日記帳核對工作，及時清理未達款項 6. 銀行帳戶管理。負責全部銀行帳戶開設與清理工作	

表1(續)

職位名稱：銀行會計	所屬部門：財務部	崗位編製：1人
任職資格要求	1. 知識要求：具有較全面的財會專業理論知識、現代企業管理知識；熟悉財經法律法規制度，掌握投資、進出口貿易、企業財務制度和流程 2. 工作經驗：兩年以上相關經驗 3. 計算機技能：熟練使用財務辦公軟件 4. 培訓經歷：接受過財務專業知識培訓 5. 能力要求：具有較強的判斷和決策能力、人際溝通和協調能力、計劃與執行能力 6. 其他要求：為人正直、細心；能承受較大的工作量、工作壓力	

　　但是，王經理對這份新的工作說明書不十分滿意，他讓小李繼續修改。這時候，小李心裡開始抱怨：撰寫工作說明書是人力資源部負責的工作，關我什麼事情？而且小李認為這份工作說明書已經比原來的工作說明書好多了，沒有必要再修改了。工作說明書做得再好也只是放在人力資源部的檔案櫃裡，沒有什麼作用。與其花時間做這種無聊的事情，還不如自己多休息一下。

　　思考與討論：
1. 小李為什麼會有這種想法呢？
2. 銀行會計這一職位的工作說明書還存在什麼問題呢？有何影響？
3. 如果你是人力資源部的王經理，你需要做什麼？

參考文獻

[1] 朱勇國．工作分析與研究[M]．北京：中國勞動社會保障出版社，2006．
[2] 趙永樂，朱燕，鄧冬梅，等．工作分析與設計[M]．上海：上海交通大學出版社，2006．
[3] 鄭曉明，吳志明．工作分析實務手冊[M]．北京：機械工業出版社，2002．
[4] 馬國輝，張燕娣．工作分析與應用[M]．上海：華東理工大學出版社，2008．
[5] 顧琴軒，張靜抒．職務分析：技術與範例[M]．北京：中國人民大學出版社，2006．
[6] 蕭鳴政．工作分析的理論與技術[M]．北京：中國人民大學出版社，2006．
[7] 於真真．工作分析中常見的問題及對策[J]．北方經濟，2007（2）．

3 人力資源戰略

引導案例

2007年歲末的時候,阿里巴巴集團正式宣布,對其高層人力資源進行調整,包括淘寶網、中國雅虎和支付寶在內的幾大業務的8位高層人員將陸續換位。

涉及本次調整的阿里巴巴高層人員,包括淘寶網總裁孫彤宇、支付寶總裁陸兆禧、中國雅虎總裁曾鳴、阿里巴巴集團首席營運官(COO)李琪和首席技術官(CTO)吳炯、阿里巴巴集團資深副總裁李旭暉、阿里巴巴集團資深副總裁金建杭以及淘寶網副總裁邵曉鋒。

在被調整的8人中,支付寶公司總裁陸兆禧將轉任淘寶網總裁,中國雅虎總裁曾鳴調回集團參謀部任參謀長。此外,阿里巴巴集團資深副總裁金建杭將接替曾鳴任中國雅虎總裁,淘寶網副總裁邵曉鋒則出任支付寶執行總裁。

阿里巴巴同時公布,李琪將於2008年6月1日、吳炯將於2008年1月1日、孫彤宇和李旭暉將於2008年3月1日,辭去阿里巴巴的現有職務,進入學習和休整期。

馬雲多年來一直致力將阿里巴巴打造成一個學習型企業,人力資源再造戰略已經啟動。目前阿里巴巴集團已有多位高管在海內外著名商學院進行短期或長期培訓學習,集團甚至成立了中國互聯網界獨一無二的「組織部」,以保障核心管理制度和管理團隊的建立。

王帥表示未來學成后,這些高管是否願意回阿里巴巴工作,決定權在他們各自手中。阿里巴巴是一家靠企業文化吸引人才的公司,而非單純依靠呆板的合同和制度來留人。

而在計世資訊總經理曲曉東看來,阿里巴巴此次的高層調整,肯定還有對阿里巴巴戰略層面的考慮。此次的高層調整並非針對某一個人,而是對創業團隊的調整。馬雲期望借此對阿里巴巴的人力資源進行最佳配置,以迎接未來市場的嚴峻挑戰。同時,阿里巴巴已上市,此次調整對高管的個人利益也不會有影響。

阿里巴巴旗下各項業務目前正處於高速發展階段,僅依靠慣性,都能順利度過高層調整之后的過渡期。阿里巴巴正從創業型公司向成熟型公司轉變,其人力資源是否能完成整合,組建最佳配置,無疑是它能否成為一個偉大公司的前提。

資料來源:佚名. 阿里巴巴歲末公布人才戰略 8 高管換位 [EB/OL]. (2007 – 12 – 25) [2009 – 9 – 27]. http://news.xinhuanet.com/internet/2007 – 12/25/content_ 7307537. htm.

學習目標

1. 理解人力資源戰略的概念和目標。
2. 理解人力資源戰略的相關理論。
3. 掌握人力資源戰略的方法。
4. 理解人力資源戰略的實施。
5. 掌握人力資源戰略的評估方法。

3.1 人力資源戰略概述

3.1.1 人力資源戰略的概念

從不同的角度，人力資源戰略有不同的定義。簡單地說，人力資源戰略是使人力資源管理與企業戰略相一致的手段。而企業戰略的作用在於闡明一個企業在變化的環境下的總體方向。

如果從企業目標和人力資源管理的過程出發，人力資源戰略可以理解為「企業根據對內部和外部環境的分析，確定企業目標，從而制定出企業的人力資源管理目標，進而通過各種人力資源管理職能活動實現企業目標和人力資源目標的過程」[1]。

如果從人力資源戰略在管理職能中的內部聯繫分析，人力資源戰略可以被認為是由一系列相互聯繫的決策或因素組成的結構，目的是引導人們的個人目標與組織目標相一致，並在此前提下進行人力資源的獲得、強化與維持等活動。人力資源戰略直接與企業戰略相聯繫，它以人力資源活動規範化與一體化為重點，以使組織具有競爭力為目的。

3.1.2 人力資源戰略的目標

現代企業理論認為企業已不單是一個為自身服務或獲取利益的組織形式，而是為利益相關者存在的，因此人力資源的戰略目標必須考慮並結合企業利益相關者的目標。

1. 人力資源戰略的內化目標

任何組織的發展首先要考慮自身的生存能力，而衡量組織生存能力的主要指標，即人力資源戰略的內化目標有以下幾點：

（1）提高生產率。生產率是指每個員工通過努力，在一定時期內所創造的產品和服務的價值。提高生產率對於任何一家企業來講都是十分重要的，因為競爭日趨激烈，而競爭的焦點就是人力資源管理的競爭。尤其是進入信息時代後，通過卓越的人力資

---

[1] 趙曙明. 人力資源戰略與規劃 [M]. 北京：中國人民大學出版社，2002：9.

源管理來提高生產率勢在必行，許多成功企業的例子都驗證了這一點。

（2）提高利潤。一個企業如果長期處於沒有盈利的狀態，那是很難生存與發展的。提高利潤的途徑有開發產品、提高質量、降低運作成本以及開發新的市場等。這些途徑都和人力資源管理息息相關。

（3）確保企業生存。由於外部環境和內部環境都在不斷變化，競爭十分激烈，一個企業要確保生存也不是一件容易的事，而人力資源管理的一項重要任務就是在各種條件下確保企業生存，力求使企業不斷發展。

（4）提高適應能力。適應能力的高低是影響未來企業成功與否的一個重要因素。而企業的適應能力源於企業內部人力資源的適應能力。因此，只有卓越的人力資源管理才能提高企業的適應能力，使企業立於不敗之地。

（5）確立競爭優勢。21世紀企業的投資活動日益增多，競爭是必然的趨勢，並且由此而引發的競爭其激烈程度不言而喻。企業要確立競爭優勢，只有依靠人力資源管理。可以這樣說，一個企業卓越的人力資源管理是確立其競爭優勢的基本保證。

2. 人力資源戰略的外化目標

人力資源戰略的外化目標主要體現在市場方面，包括資金市場和物資市場。對於企業股東而言，必然要向所投資的企業要求相應的回報，因此人力資源戰略需要服務於相應的財務目標。

（1）提高投資的回報率。對於上市公司而言，其投資回報率的判斷標準通常是股價，而股價又是由該公司的盈利能力，尤其是長遠的發展能力來決定的。因此，人力資源戰略應當以提高企業的資金回報率為目標，並做出相應的調整和安排。

（2）增加市場佔有率。投資回報率不會憑空產生。其中，增加市場佔有率起了十分重要的作用，人力資源管理一定要為增加市場佔有率做出貢獻。

3.1.3 人力資源戰略理論的發展

人力資源戰略從一個僅僅針對人員配置問題的狹義過程發展成為一個闡明比較廣泛的與人有關的企業問題的過程，已經歷了幾十年的發展。從廣義上講，人力資源戰略是根據變化的環境，分析組織的人力資源需求，並為滿足這些需求而設計的活動。

自現代工業組織產生以來，人力資源戰略規劃就成為一種管理活動。企業的管理層必須確保員工是適合於其本職工作的人並正在稱職地工作。勞動分工、專業化、分層次管理組織、簡化工作、雇員選拔以及雇員績效衡量標準的應用等都是早期工業管理所應用的人力資源戰略管理原理，它們也被用於大型的非工業組織，如宗教、政府以及軍事組織。20世紀初，人力資源戰略的關注點主要集中在工人的小時生產量方面。早期工業心理學改進效率的目的，正好與提高生產率的需要相一致。第二次世界大戰期間以及其後的許多年，相關研究進一步加強了對雇員生產率的重視。由於高素質人力資源短缺以及市場對產品與服務的大量需求，人們更關心如何獲得有能力的管理人員，再加上人們對工作行為的高度關注，使得戰略工作的複雜程度進一步提高。

20世紀60年代對高級人力資源的更大需求導致了科技進步競賽和企業的快速擴展，戰略重點放在了高素質人力資源的供需平衡，尤其是管理人才、專業技術人才的

供需平衡上。在20世紀60年代，人力資源戰略被定義為：管理人員確定組織應當如何由目前的人力資源現狀發展到理想的人力資源狀態的過程。通過制定戰略，管理人員努力讓適當種類和數量的人，在適當的時間和適當的地點，從事使組織與個人均獲得最大長期利益的工作。

由這個概念可以總結出人力資源戰略的五個步驟：「確定組織目標與計劃、預測人力資源需求、評價企業內部人員的技能和供給特徵、確定淨人力資源需求、制訂行動方案以保證人才到位」[1]。這個過程被視為線性過程，即在這個過程中，過去是未來的戰略依據。人們對人力資源戰略的普遍看法是：企業預測其未來的人力需求，評估其內部人力資源供給可滿足這些需求的程度，確定供求之間的差距，由人力資源戰略指導招募、選拔和安置新雇員的方案以及雇員培訓與開發方案，並預測必要的人員晉升與調動。

在20世紀80年代，企業充分精簡，很多企業採取了多次裁員和提前退休的方案。企業極力分散管理，降低管理費用，爭取更精幹、更有效。「高昂的資本費用使得管理人員非常重視成本控制，獲得收入，講求經營利潤」[2]。這導致了相當多高素質人力資源的轉移，以及雇主與雇員之間約定的基本社會契約的變化。人們對職業戰略、靈活的工作安排（如彈性工作時間與工作分擔）以及與工作績效相關的獎勵更為關心。由於企業願意雇用兼職和短期合同員工來滿足人員需求，臨時人力資源迅速增加。企業開始嘗試開展一些新的人力資源活動以保持和激勵其所需要的雇員。人力資源戰略強調管理接班計劃，人員精簡計劃，重構、兼併和收購的執行，以及進行企業文化變革以支持新的業務重點。同時，制定人力資源戰略的方法變得更加注重實效，採取了一些方法去測試企業的需求、成本效益、對競爭優勢的潛在影響等。

3.1.4 人力資源戰略的意義

1. 人力資源戰略是企業戰略的核心

在目前的企業競爭中，高素質人力資源是企業的核心資源，人力資源戰略處於企業戰略的核心地位。企業的發展取決於企業戰略決策的制定，企業的戰略決策基於企業的發展目標和行動方案的制訂，而最終起決定作用的還是企業的高素質人力資源存量。有效地利用與企業發展戰略相適應的各類人力資源，最大限度地發掘他們的潛能，可以推動企業戰略的實施，促進企業的飛躍和發展。

2. 企業績效的提高依賴於人力資源戰略

員工的工作績效是企業效益的基本保障，企業績效的實現是通過有效地向顧客提供企業的產品和服務來體現的。而人力資源戰略的重要目標之一就是實施對提高企業績效有益的活動，並通過這些活動來發揮其對企業成功的巨大促進作用。過去，人力資源管理以活動為主要內容，主要考慮做什麼，而不考慮成本和人力的需求；當今的經濟正在從資源型經濟向知識型經濟轉變，企業的人力資源管理也必須實現戰略性轉

---

[1] 郭春梅，魏鈞．人力資源戰略制定流程及要點 [J]．中國人才，2003（3）：46．
[2] 詹姆斯 W 沃克．人力資源戰略 [M]．11 版．吳雯芳，譯．北京：中國人民大學出版社，2001：32．

變。管理者必須把人力資源管理作為一個戰略槓桿加以利用，從而有效地影響公司的經營績效，使人力資源投資帶來更多的回報，使企業獲得更多的利潤。只有使人力資源戰略與企業經營戰略相結合，才能有效推進企業的調整和優化，促進企業戰略的成功實施。

3. 制定人力資源戰略有助於人力資源的開發與管理、能提升企業的人力資本優勢

隨著企業間競爭的日益白熱化和國際經濟的全球一體化，企業處於一種不斷變化的競爭環境中。在這種環境中，企業在產品或服務方面創造出某種競爭優勢後，往往在短時間內就會被競爭對手所模仿，從而失去優勢。而優秀的人力資源所形成的競爭優勢則很難被其他企業模仿。因此，正確的人力資源戰略對企業保持持續的競爭優勢具有重要意義。人力資源戰略的目標就是不斷增強企業人力資源的綜合競爭力。人力資源管理工作就是要保證各個工作崗位所需人員的供給，保證這些人員具有其崗位所需的技能，即通過培訓和開發來縮短及消除企業各職位所要求的技能和員工所具有的能力之間的差距。當然，企業還可以設計與其戰略目標相一致的薪酬系統、福利計劃、培訓計劃、員工職業生涯計劃等來增強人力資源的競爭力，以達到提高人力資源質量、形成持續競爭優勢的目的。

4. 人力資源戰略可以指導企業的管理工作

人力資源戰略可以幫助企業根據市場環境的變化與人力資源管理自身的發展，建立適合本企業特點的人力資源管理方法。比如，根據市場變化確定人力資源的長遠供需計劃；根據員工期望建立與企業實際相適應的激勵制度，用更科學、先進、合理的方法降低人力成本；根據科學技術的發展趨勢，有針對性地對員工進行培訓與開發，提高員工的適應能力、使其適應未來科學技術發展的要求等。一個適合企業自身發展的人力資源戰略可以提升企業的人力資源管理水平，提高其人力資源質量，可以指導企業的人力資源建設和配置，從而使人力資源效益最大化。

5. 人力資源戰略有助於企業適應環境的變化

環境不是一成不變的。環境的變化包括經濟、社會、組織和人力資源競爭的發展變化等。為了適應這些變化，企業需要在人力資源數量和質量方面做出相應的調整，而人力資源戰略能夠使企業在變化的環境中始終做好對人的管理。任何一個組織、不管它的規模和戰略如何，都要經歷環境變化的考驗。為使組織戰略能有效實施，組織必須從戰略上重視對人力資源的開發和管理，制定相應的人力資源戰略來應對未來可能出現的不確定局面，使組織能適應未來環境的變化。

人力資源戰略是企業實現戰略目標，獲得最大績效的關鍵。人力資源戰略在其實施過程中必須服從企業戰略。企業在制定其整體戰略的過程中也必須積極考慮人力資源因素，兩者只有相互一致、相互匹配，才能促進企業全面、協調、可持續地發展。

3.2 人力資源戰略的形成

3.2.1 人力資源戰略的形成方法

人力資源戰略的制定和實施離不開科學的方法。這裡我們將介紹一些人力資源戰略的形成方法。我們將這些方法歸為兩大類：一類是按人力資源戰略的側重點劃分；另一類是按人力資源戰略的形成途徑劃分。

1. 按人力資源戰略的側重點劃分

人力資源戰略按其側重點劃分，可分為以下三類：

（1）以競爭為導向的人力資源戰略。這是最簡單的一種模式，主要側重於對企業的外部、內部環境和條件進行分析，對人力資源的優勢和劣勢進行權衡，找到影響人力資源管理的戰略變量，再將其引入人力資源管理活動中，從而形成人力資源的戰略決策，並通過現有的人力資源管理系統來實施人力資源戰略。

（2）以人力資本投資效益為側重點的人力資源戰略。這是一種最大限度地利用財務、金融知識對人力資源的價值進行計量和管理的模式。企業對人力資源投資進行立項，利用盈虧分析法、現金流量分析法等，對人力資源投資經營決策進行規劃和控製，通過人力資源的投資收益分析和員工激勵機制的設計，把對人力資源的投入作為激勵員工的重要措施，並通過風險管理來實現組織績效提升和員工福利改善的雙贏局面，最終為企業的長遠戰略發展提供有利支持。比如，管理層持股、員工持股、股票期權計劃、實物期權等方法能使人力資源管理更具戰略特徵，這將極大地提高管理者和員工的積極性，使企業在吸引和激勵高素質人力資源方面更具競爭力。

（3）以目標為導向（MBO）的人力資源戰略。這種模式的基礎是目標管理法，它以整個企業或組織的目標為出發點，強調管理者與員工共同制定目標，特別重視員工對組織的貢獻，通過指導和監控目標的實現過程來提高員工的工作績效，並通過績效反饋來制定績效改進計劃。員工能夠全過程地參與整個績效管理過程，包括參與目標的建立、目標實施與溝通、評價之后的績效反饋，因而能夠促使員工共同推進組織目標。它的不足在於只重視短期效益，而對戰略目標的制定和實施缺乏控製；員工與管理者在共同制定目標的過程中可能發生衝突；員工的注意力集中在目標上，但對達到目標所要求的行為不明確；其績效標準因員工不同而不同，沒有相互比較的基礎。

2. 按人力資源戰略的形成途徑劃分

人力資源戰略按其形成途徑劃分，可分為以下四類：

（1）理性規劃法。早期人力資源戰略形成模式與人事規劃模式相比有些關鍵性的差異。人事規劃模式關注的最根本的問題是提供組織所需要的技能、組織內部的人員流動以及組織各層級的人員配置等。而早期的人力資源戰略形成模式將組織的長期需求以及廣泛的人力資源相關問題，如柔性營運、員工競爭力、士氣及承諾等，加以統籌考慮，將人力資源戰略建立在組織戰略的基礎上，並能夠反應組織今後的發展需求。

隨後人力資源戰略形成了一種5P模式，5P即理念、政策、方案、實踐、過程。當然，這一模式的核心仍然是：將人力資源戰略建立在組織戰略的基礎上。組織的外部環境（如經濟、市場、政治、社會文化、人口）、內部環境（如組織文化、現金流、技術）都會決定組織的戰略需求並改變其形成戰略的方式。在對上述因素進行分析之後，最高管理層將制定全面的組織使命，明確關鍵性目標，說明管理方案及程序，以幫助組織實現戰略目標。這些目標、方案以及政策當然會成為人力資源戰略的一部分。因此，這一模式同樣強調企業戰略與人力資源戰略之間緊密聯繫，後者與前者是一體的。

戴爾（Dyer）在1984年提出組織戰略是組織化的人力資源戰略的主要決定因素，並通過實證研究來支持這一觀點。其中一項研究是拉貝爾向11家加拿大企業的最高管理層調查人力資源戰略的形成過程。在調查過程中，拉貝爾發現組織戰略被提及的頻率最高。此外，被調查者大部分認為組織戰略是組織形成人力資源戰略的決定因素。通過該項研究，拉貝爾還發現如果組織追求的戰略目標不同，其組織化的人力資源戰略形成就會有顯著的差異。

人力資源戰略會在五個方面發生變化，這五個方面是：規劃、配置、評估、報酬以及培訓與開發。這些變化貫穿三個主要的組織戰略，即動態成長戰略、盈利戰略和轉變戰略。舒勒（Schuler）總結到，在較高的組織層次，組織戰略是人力資源戰略的決定因素。不同的組織戰略決定不同的人力資源戰略，有的對整個人力資源戰略產生影響，有的僅僅對人力資源子系統的戰略有作用。戰略也會通過對組織結構（職能型結構或產品型結構）和工作程序（大規模生產或柔性生產）的作用對人力資源戰略施加影響。

倫迪（Lundy）和考林（Cowling）提出人力資源戰略在組織戰略形成過程中有更加積極的影響力。他們認為，在組織戰略的形成中，人力資源部門同其他部門職能一樣，不僅被賦予智力角色，同時也被賦予審查角色。[1]他們建議組織應向包括人力資源在內的職能領域提供關於公司或部門所面臨機遇及危機的情況，綜合考慮組織的戰略選擇，在所有職能部門都對戰略選擇有所評判的基礎之上形成組織的整體戰略。然後，人力資源部門再結合組織的內部能力（結構、系統、流程）和外部條件（人力資源、經濟、法律），審查並評估每一項戰略選擇。

（2）戰略形成的相互作用法。在早期對人力資源戰略形成的描述性研究中，戴爾的結論是，組織戰略與人力資源戰略相互作用，組織在整合兩種戰略的過程中要求從人力資源角度對計劃的靈活性、可行性及成本進行評估，並要求人力資源系統開發自己的戰略以應付因採取計劃而面臨的人力資源方面的新挑戰。

倫格尼爾—霍爾（Lengnick-Hall）在人力資源戰略形成的「相互依賴」模型中認為，組織戰略與人力資源戰略的形成具有雙向的作用。[2]該模式在戰略形成理性化的基礎上，提出了三個假定：其一是組織戰略已經制定好；其二是人力資源戰略受組織戰略實施的引導，因此人力資源戰略對組織戰略的形成及完成沒有什麼貢獻；其三是人力資源

---

[1] 趙曙明. 人力資源戰略與規劃 [M]. 北京：中國人民大學出版社，2002：49.
[2] 方振邦. 戰略與戰略性績效管理 [M]. 北京：經濟科學出版社，2005：48.

戰略的實施可能會隨組織戰略的變化而調整，但這種調整的過程是平穩的。該理論證實了人力資源戰略不僅僅受組織戰略的影響，同時也受組織是否對未來的挑戰和困難做好了準備的影響。當然這些影響也並非是單向的，人力資源參數對全面的企業戰略的形成和執行有著自己的貢獻。他們提出，人力資源戰略的產生就是為了適應組織的成長期望和組織對期望的準備。基於不同的成長預期和組織準備有四種不同的戰略方案，其中，有較高期望但準備不夠充分的組織，可能會進行三種操作：①對人力資源投資，以提高執行能力；②根據所缺乏的準備條件調整組織目標；③利用現有的人力資源配置優勢改變戰略目標。上述三種操作下的人力資源戰略和組織戰略相互提供信息並相互影響。因此，處於戰略形成過程中的組織如果能系統地、全面地考慮人力資源和組織戰略，其組織績效將會遠遠好於那些將兩種戰略看做競爭性戰略，或者僅僅將人力資源戰略當成解決組織競爭優勢的一種途徑的組織。相關研究證實，越來越多的企業開始將人力資源引入組織戰略的形成過程中。

人力資源戰略對組織戰略的作用主要體現在：①系統—部門戰略的分權化導向；②公司最高管理層將人力資源系統當做獲得競爭優勢的主要基礎；③管理人力資源系統的人被視為非常有能力。「相互依賴」模型是建立在交換、協商以及政治利益基礎之上的，因此對人力資源戰略形成過程的性質和結果的預測只在某種程度上可行，即僅僅對那些有著共同利益的權力和獨立關係有著全面的瞭解。

（3）人力資源戰略的參考點法。班伯格和菲根鮑姆試圖將建立在理性規劃法基礎上的人力資源戰略形成的決定模式和循序漸進模式結合起來，他們使用戰略性參考點來描繪人力資源戰略的形成過程。[①] 人力資源的戰略性參考點是目標或基準點，被組織決策者用來評價、選擇戰略決策。人力資源戰略參考點理論可以用三維矩陣來描述，三個維度即內部能力、外部條件和時間。從這一點來看，理性規劃法關於經理人對於戰略的形成具有高度的控製這一觀點是有依據的。參考點法從兩個方面發展了理性規劃法：①提出了以高度決定性的資源和權力為基礎的理論來解釋人力資源戰略參考點的構架體系；②提出了管理詮釋和感知過程對用參考點體系解釋人力資源戰略具有調節作用。

在人力資源系統更有影響力的組織中，人力資源戰略參考點矩陣的內部要素受成果導向目標，而不是過程導向目標的制約；人力資源戰略參考點構架的外部取向更加明顯。關於第二點，儘管法律要求的所有人力資源系統在確定系統目標時要考慮公共利益，但是在多大程度上考慮外部參考點是組織內人力資源部門的權力。

儘管人力資源戰略參考點構架影響了企業所採取的人力資源戰略和措施，但與企業現狀相關的戰略參考點會調節這一影響。也就是說，人力資源戰略參考點構架會影響戰略選擇的性質，影響方式依戰略決策者認為系統在戰略參考點之上或之下的程度而定。如果人力資源系統在參考點之上，戰略決策者更有可能把新問題和新狀況當做危機做出反應，從而採取保守性和防護性政策措施以使潛在損失最小化。相反地，如果人力資源系統在參考點之下，最好把新問題和新情況當成機遇，採取更冒險的措施

[①] 趙曙明．人力資源戰略與規劃［M］．北京：中國人民大學出版社，2002：52．

利用這一機遇。在這種情況下，工會領導權的複雜變換會鼓勵人力資源決策者挑戰現有的思維方式，採用更有創新性的勞資合作計劃。

(4) 信息收集法。充足而有效的信息是人力資源戰略制定的保證。信息可通過文獻研究法、調查問卷和訪談法加以收集。文獻研究法是通過閱讀組織內部的歷史資料、相關文件以及國內外標杆企業的相關人力資源戰略資料以獲取有用信息的方法。其優點是能夠獲取組織內外大量的人力資源信息，並吸取標杆組織的實用經驗。利用調查問卷收集信息，調查範圍廣泛、效率高，而且收集來的信息可以通過描述統計和推斷統計進行現狀研究和未來預測，但是問卷信息往往有限，不易獲得更深入的信息。訪談則和調查問卷相反，它通過與被調查者面對面交談或者通過電話採訪的方式獲取信息，適用於詢問不具備多項選擇答案的問題，容易得到問卷法難以得到的資料，但其樣本數量有限，而且費時。

在收集到原始信息的基礎上，我們還需要運用統計工具對原始信息進行處理和分析，據以瞭解現在和預測未來。現狀分析和預測分析方法都是利用調查問卷所收集的資料和內部資料，運用統計工具進行分析的方法。現狀分析主要是分析組織內員工的性別、年齡、職稱、學歷等人力資源隊伍的結構現狀信息以及被調查者對人力資源戰略問題的相關看法，所運用的統計方法主要是描述統計。由於人力資源戰略是對未來幾年人力資源重點工作的展望，因而預測分析也是常用的統計分析手段。所運用的統計方法主要有迴歸分析、時間序列分析等方法。

3.2.2 企業戰略與人力資源戰略的整合

企業戰略是企業根據其外部環境和自身條件，對企業發展目標的實現途徑和手段的總體性規劃及其實際實施過程。人力資源戰略是整個企業戰略的一部分，在組織戰略制定和實施的過程中發揮著關鍵作用。

1. 與波特的競爭戰略相匹配的人力資源戰略

邁克爾·波特（Michael E. Porter）的競爭戰略主要考慮企業的競爭優勢和目標市場，其實質就是使一個公司與其環境建立聯繫。波特還進一步提出分析企業的競爭戰略應從以下五種作用力入手：進入威脅、替代威脅、買方討價還價能力、供方討價還價能力、現有競爭對手的競爭。在波特競爭戰略下，企業進行經營戰略規劃時，主要有三個不同的戰略著眼點，分別是低成本、差異化和集中化。

低成本戰略必須有一個高效率的生產或運作系統或架構作為后盾，才可以用低於競爭對手成本的產品在市場上進行競爭；差異化戰略則有所不同，低成本的運作只是其次的，首要目標是產品的獨特性，因此有創意的設計和品質管理是不可或缺的；集中化戰略傾向於尋找一個較為狹窄的顧客類別，以滿足這一獨特類別的需求，所以掌握顧客的需求和有能力去滿足顧客的需求是實施此戰略的必要條件。

基於上述波特的競爭戰略理論，與之相匹配的人力資源戰略有三種，如表 3-1 所示：

表 3-1　　　　　　　　　與波特的競爭戰略相匹配的三種人力資源戰略

企業戰略	組織的一般特點	人力資源戰略
低成本戰略	持續的資本投資 嚴密地監督員工 嚴格的成本控制，要求經常、詳細的控製報告 低成本的配置要素 結構化的組織和責任 產品設計以製造便利為原則	有效地生產 明確的工作說明書 詳細的工作規劃 強調具有技術上的資格證明與技能 強調與工作有關的特定培訓 強調以工作為基礎的薪酬
差異化戰略	營銷能力強 產品的策劃與設計 基礎研究能力強 公司以質量或科技領先著稱 公司的環境可吸引高技能的員工、高素質的科研人員或具有創造力的人	強調創新和彈性 工作類別廣 松散的工作規劃 外部招聘 團隊基礎的培訓 強調以個人為基礎的薪酬
集中化戰略	結合低成本戰略和差異化戰略組織的特點	結合了上述人力資源戰略的特點

2. 與邁爾斯和斯諾的企業戰略相匹配的人力資源戰略

雷蒙德·邁爾斯（Raymond Miles）和查爾斯·斯諾（Charles Snow）將企業戰略分為三種類型：防禦者戰略、探索者戰略和分析者戰略。防禦者戰略追求的是整體市場中的一個狹窄、穩定的細分市場，實施此戰略的企業努力地防止競爭者進入自己的市場領域；探索者戰略追求創新，其目標在於發現和發掘新產品和新市場機會，探索者戰略的成敗取決於開發和俯瞰大範圍環境的條件、變化的趨勢和實踐能力；分析者戰略主張依靠模仿而求得生存，實施此戰略的企業複製探索者的成功思想，並且必須具有快速回應那些領先一步的競爭者的能力，但要保持其穩定的產品和細分市場的經營效率。

對應企業的防禦者戰略、探索者戰略或分析者戰略，企業還應當採取與之相互匹配的人力資源戰略，如表 3-2 所示：

表 3-2　　　　　　　　　企業戰略、組織要求和人力資源戰略

企業戰略	組織要求	人力資源戰略
防禦者戰略： 產品市場狹窄 效率導向	維持組織內部穩定 有限的環境分析 集中化的控製系統 標準化的運作程序	累積者戰略：最大化員工投入及技能培養；獲取員工的最大潛能；開發員工的能力、技能和知識；關注內部公平
探索者戰略： 持續地尋求新市場 外部導向 產品、市場的創新者	不斷地改變 廣泛和全盤的規劃 提供低成本的獨特產品	效用者戰略：基於極少的員工承諾和高技能的利用；雇用具有目前所需要的技能且可以馬上使用的員工；使員工的能力、技能和知識能夠配合特定的工作
分析者戰略： 追求新市場 維持目前存在的市場	彈性 嚴密和全盤的規劃 提供低成本的獨特產品	協助者戰略：基於新知識和新技能的創造，聘用自我動機強的員工；鼓勵和支持能力、技能和知識的自我開發；在正確的人員配置與彈性結構化團體之間進行協調

3. 與企業生命週期相匹配的人力資源戰略

企業生命週期理論由伊查克·麥迪思（Adizes Ichak）提出。他在《企業生命週期》一書中，對企業的生命歷程及其面臨的問題進行了詳細的論述，將生命週期劃分為初創期、成長期、成熟期和衰退期。

企業在不同的生命週期，應針對自身的特點採取相匹配的人力資源戰略，從而更有效地促進企業發展。

（1）初創階段。在此階段企業剛剛創建，雖然富有靈活性，但各方面均不成熟，企業發展戰略的目標是求得生存與發展，盡快度過創業期。此時，企業的發展與績效目標的實現取決於關鍵人力資源，特別是創業者的個人能力和創業激情。企業尚未建立起規範的人力資源管理體系，沒有明晰的人力資源戰略。為了企業的穩定發展，企業人力資源戰略的核心是吸引和獲取企業所需的關鍵人力資源，以滿足企業發展的需要。企業應制定鼓勵關鍵人力資源創業的激勵措施和辦法，充分發揮關鍵人力資源的作用，並且重視關鍵人力資源的發現和培養，為企業的未來發展奠定人才基礎。

（2）成長階段。成長期的企業發展迅速，其發展的核心是如何使企業獲得持續、快速和穩定的發展。企業對人力資源的需求不斷增長，並且對員工素質有更高的要求，原先的粗放型管理已不適應企業的發展。在這一時期，企業人力資源戰略的重點是進行人力資源需求預測，制定人力資源規劃，以滿足企業快速增長的人力資源數量和質量需要；完善培訓、考評和薪酬機制，充分調動全體員工的工作激情；建立規範的人力資源管理體系，使企業人力資源管理逐步走上制度化的軌道。

（3）成熟階段。在成熟階段企業的靈活性和控製性達到平衡，正處於發展的高峰時期。在這個階段企業的績效最高，資金充裕，企業能夠較好地滿足顧客的需求，制度和結構也很完善，但企業內部的創新能力開始下降，活力開始衰退。企業人力資源戰略的核心是激發創新意識，推動組織變革，保持企業活力；吸引和留住創新人才，保持企業創新人才的數量。

（4）衰退階段。在衰退階段，企業產品的競爭力減弱，盈利能力全面下降，人力資源管理的向心力減弱，高素質人力資源流失嚴重，但人力成本負擔較重。企業戰略管理的核心是尋求企業的重整和再造，使企業獲得重生。為適應企業戰略的變化，人力資源戰略的重點是妥善裁減多余人員，嚴格控製人工成本，提高組織的運行效率；調整企業的人力資源政策，吸引並留住關鍵人力資源，為企業重整、延長企業壽命和尋求企業重生創造條件。

3.3　人力資源戰略的制定

對企業戰略的支持和對提高企業競爭優勢的關注是制定人力資源戰略的兩大基點。因此在整個戰略的制定過程中，人力資源戰略的制定者應立足於企業人力資源管理的現狀，圍繞企業戰略對人力資源管理活動的要求，尋找推動公司業績增長的人力資源傳導機制，以此來確定切實可行的操作方案。這裡借鑒、引用戰略管理的分析工具和分析手

段，將人力資源戰略的制定過程分為環境分析、戰略能力評估、決策分析三個階段。

3.3.1 環境分析

環境分析是制定人力資源戰略的第一步。進行環境分析不僅要關注企業人力資源管理的現狀，更為重要的是考察並獲取有可能對企業未來績效產生影響的內外環境變化信息，以便為人力資源戰略的分析、決策提供依據。對人力資源戰略產生影響的因素很多，人力資源戰略的制定者在進行環境分析時，必須針對企業的實際情況，找出其中的關鍵性因素，進行有針對性的分析。

1. 確定影響人力資源戰略的外部環境因素

人力資源戰略的外部環境主要包括：政治法律環境、經濟發展狀況與經濟週期、人力資源供求狀況和人力資源市場發育水平、科技與教育的發展狀況以及競爭對手的人力資源戰略五大組成部分。

（1）政治法律環境。一個國家特定的政治法律環境，給出了企業人力資源管理行為的宏觀游戲規則，是制定、實施人力資源戰略的前提。遵守法律是企業能夠正常、永續經營的前提。

（2）經濟發展狀況與經濟週期。國家的經濟發展狀況直接影響著人力資源市場的供給與需求、就業水平和員工的收入水平，由此對企業的招聘、薪酬政策產生影響。

（3）人力資源供求狀況和人力資源市場發育水平。人力資源市場發育水平直接影響著供求雙方在人力資源市場上的行為及供求契約的達成方式。同時，人力資源的供給狀況，如人力資源參與率、社會文化、教育普及水平、勞動年齡等因素又制約和影響著組織人員需求的種類和數量。

（4）科技與教育的發展狀況。現代科技的發展使人力資源越來越多地從勞動密集型產業轉移向技術密集型產業及新興的服務業。技術進步將使越來越多的工作崗位發生變化，有些崗位隨之消失。因此，企業要密切注視科技發展動向，預測企業業務、崗位對員工技能要求的變化，制定和實施有效的人力資源開發計劃。

（5）競爭對手的人力資源戰略。薪酬、福利水平和激勵方式是人力資源戰略的重要組成部分，企業在確定相關政策前，必須掌握本行業的一般水平和慣例，以滿足人力資源的基本需要並使其對企業待遇有一個基本的預期。同時，為了使企業有足夠的吸引力，企業還必須掌握競爭對手的薪酬、福利計劃和激勵方式乃至其全部的人力資源戰略，這樣才能充分瞭解並預測競爭對手的人力資源管理策略，制訂富有競爭性的激勵方案，爭取到更多、更優秀的高素質人力資源，在競爭中取得主動。

2. 確定影響人力資源戰略的內部環境因素

在充分考慮外部環境的基礎上，人力資源戰略制定者還應當分析企業的內部環境要素，把握這些要素的相關性，以提高人力資源戰略的針對性、配套性和可行性。

（1）企業戰略。企業戰略是制定和實施人力資源戰略的前提，而人力資源戰略與企業戰略的相互配合又是實現企業目標的關鍵。

（2）企業的組織結構。企業的組織結構是指組織的部門設置、管理寬度、權責劃分、協調方式等。企業的組織結構直接影響著企業對人員需求的數量和質量，也從根

本上影響著企業的人力資源戰略。

（3）企業的人員狀況。企業的人員狀況主要指人力資源在「量」與「質」兩方面的存量、餘量與增量。從數量上看，存量是企業現有人力資源的數量，餘量是企業人力資源儲備的數量，而增量是指企業未來需要增加的人力資源數量。從質量上看，企業人力資源的存量是指員工滿足現有崗位要求的知識和能力的總和，餘量是員工已經掌握卻尚未發揮作用的知識和能力，即知識和能力的儲備，而增量是指員工未來可通過學習、培訓等方式增加的知識和能力。企業必須掌握好存量、餘量與增量之間的數量關係：①存量必須能夠滿足企業現有的需求；②企業必須有人力資源儲備，尤其是關鍵崗位的人員配備必須留有餘量，以免員工意外離職帶來難以彌補的損失；③餘量與增量的大小都必須與企業規模和資本實力相匹配，過多或過少以及與企業發展狀況不適應等都將影響企業戰略目標的實現。

（4）企業文化。人力資源戰略與企業文化存在著極為密切的聯繫。企業文化要靠企業員工來體現和發揚，人力資源戰略也需要企業文化的支持和配合。企業的人力資源規劃、高級管理人員選拔、薪酬策略、福利方案、激勵方式等人力資源戰略管理行為也無一不體現出企業的文化。因此，企業文化與人力資源戰略必須相匹配，否則會導致人力資源戰略乃至整個企業戰略的失敗。

（5）資本實力與財務狀況。企業的資本實力與財務狀況直接關係到人力資源戰略的定位，影響企業的招聘策略、勞動關係、績效考評、薪酬福利與保險、員工技能培訓與開發等人力資源運作模式的選擇以及具體管理制度的制定。資本雄厚、財務狀況良好的企業可以加大人力資源投資，以更有競爭力的薪酬、福利計劃吸引高素質的人力資源，也有能力對員工進行高水平的培訓，以良好的職業發展前景獲得優秀的人力資源。企業如果資金不足、財務狀況不佳，就只能量力而行，按需用人，減少儲備甚至減薪減員。但人力資源投入長期不足必然會使企業在長期競爭中處於劣勢。

（6）企業目前的人力資源管理狀況。人力資源戰略能否順利實施取決於企業人力資源管理的基礎，脫離企業實際的人力資源戰略無論多麼完美都必將失敗。同時，人力資源管理必具有連續性，其創新也必須循序漸進，以免帶來太大的震盪。因此，制定人力資源戰略絕不能脫離企業現有的水平和能力，人力資源戰略制定者要認真分析和評估企業現有的人力資源管理水平，找出優勢與劣勢，以及與企業戰略相符與相悖之處，在此基礎上揚長避短，確立與人力資源戰略相適應的管理方式和管理體系。

環境分析是制定合理的人力資源戰略的基礎，它反應了企業人力資源管理活動所面臨的現狀，以及關鍵性內外因素的發展趨勢，在一定程度上決定了人力資源戰略的未來發展方向。

3.3.2 戰略能力評估

所謂戰略能力評估，是指分析企業當前的人力資源狀況及企業所面臨的內外部環境狀況對企業現行戰略、擬實行戰略的支持程度。提出戰略能力評估的動因是考慮到儘管人力資源戰略是企業戰略的重要組成部分，是企業戰略在人員管理方面的分解，但事實上人力資源戰略絕不僅僅只是迎合企業戰略，而是在一定程度上影響著企業戰

略，甚至導致企業戰略的變革。戰略匹配是戰略性人力資源管理的核心。企業要通過戰略整合來保持企業戰略和人力資源戰略的一致性。[1] 尤其是在實踐中，人力資源戰略的制定與企業戰略的制定往往不是同步的，也不是整體化的，常常會出現根據現行的企業戰略來制定人力資源戰略的情況。在這種情況下，企業的戰略要求與人力資源管理的現狀常常不匹配。因此，在制定人力資源戰略前，對戰略能力進行評估顯得尤為重要。人力資源戰略制定者進行戰略能力評估時，可以引入外部因素評價矩陣（EFE 矩陣）、內部因素評價矩陣（IFE 矩陣），並借鑒平衡記分卡的分析方法，提出人力資源傳導機制的概念，以評估人力資源環境對當前企業戰略的支持程度（即人力資源配置水平與企業戰略的匹配度）並明確人力資源的戰略目標，對未來的決策工作做出指導。戰略能力評估分為三個階段，即明確需求、匹配性分析和戰略定位。

1. 明確需求

所謂明確需求是指根據企業現行或擬實行的戰略對未來人力資源管理活動的要求，提出人力資源管理活動的發展方向。這些要求包括多個方面，既有對外部人力資源市場供給的要求和對競爭對手的要求，也有對企業文化、人員素質、工作技能和人力資源管理水平等方面的要求。明確需求實際上是為了找出現有狀況與理想狀況之間的差距，為下一步進行匹配性分析奠定基礎。

2. 人力資源管理現狀與企業戰略要求間的匹配性分析

一般認為，人力資源管理現狀與企業戰略要求之間的匹配分析大致可分為三個階段：

（1）構建 EFE（外部因素評價）、IFE（內部因素評價）矩陣，分析人力資源戰略所面臨的內外部環境因素對企業戰略的支持程度（如圖 3-1 所示）。EFE、IFE 矩陣的評價步驟是：①根據內外部環境因素對擬實行的企業戰略的支持程度，給每個因素賦予分值。計分標準為「非常支持計 4 分，支持計 3 分，不支持計 2 分，非常不支持計 1 分」。②根據因素的重要性程度，賦予權重。非常重要的權重為 1，非常不重要的權重為 0，所有權重合計為 5。③每一項因素的權重係數乘以得分，即為這個因素的加權分數。④算出所有因素加權分數的總分。此總分反應了人力資源管理活動所面臨的內外部環境對企業擬實行戰略的支持度。

EFE 總加權分	高（3.0~4.0）	I	II	IV
	中（2.0~3.9）	III	V	VII
	低（1.0~1.9）	VI	VIII	IX
		強（3.0~4.0）	中（2.0~3.9）	弱（1.0~1.9）
		IFE 總加權分		

圖 3-1　內外部因素評價矩陣

---

[1] 許慶瑞、劉景江、周趙丹. 21 世紀的戰略性人力資源管理 [J]. 科學研究，2002（1）：89.

（2）評價現有人力資源狀況與企業擬實行戰略的匹配程度。匹配程度，是指理想狀況（即執行的企業戰略對人力資源管理活動的要求）可達到的程度。其評價標準是：通過計算 EFE、IFE 矩陣總分的平均分，將現有人力資源狀況與企業戰略或擬實行戰略的匹配程度，或者稱為可行性程度，分為三個檔次：第一，總分在 3 分以上，表示內外部人力資源環境對企業戰略相當有利；第二，總分為 2～3 分，表示內外部人力資源環境對企業戰略是支持的；第三，總分在 2 分以下，表示內外部環境對企業戰略不支持或支持性很差，企業戰略或人力資源狀況應做出極大的調整。

　　（3）作出決策。在第一個區域，即落在 I、II、IV 三個象限的企業最適於採用「增長和擴張」型戰略，如加強型戰略（市場滲透、市場開發和產品開發）或一體化戰略（前向一體化、后向一體化和橫向一體化）。在第二個區域，即落在 III、V、VII 三個象限的企業最適於採用「穩定和維持」型戰略，即市場滲透和產品開發戰略。在第三個區域，即落在 VI、VIII、IX 三個象限的企業最適於採用「回收和剝離」戰略。一個成功的企業集團應盡量使自己落在第 I 象限或靠近第 I 象限的 II、IV 象限之中。

　　所謂作出決策即意味著對不匹配的情況進行調整。這時候存在兩種情況：①調整組織的人力資源狀況，如對低於戰略要求的人力資源大量投資以提高戰略實施的可行性，或者對高於戰略要求的人力資源進行清理，以降低企業的人力成本。②調整企業戰略，降低或提高企業的經營目標，讓它與人力資源的狀況相匹配。總之，人力資源戰略制定者通過對 EFE 和 IFE 矩陣的分析，不僅對企業戰略和人力資源戰略的目標有了一個清晰的定位，同時也明確了現有人力資源管理所面臨的問題與差距。

　　3. 戰略定位

　　對人力資源戰略進行定位的核心在於尋找人力資源的傳導機制。所謂人力資源的傳導機制是指人力資源管理和公司戰略之間的交叉結合點。它包括兩個部分：一部分是績效驅動力，即組織績效的關鍵性驅動因素。例如，一個以研發和創新為核心競爭力的高科技企業，其人力資源管理工作的核心應放在提供穩定的、有才能的員工上，因為產品的創新依賴於公司中經驗豐富的、有才干的員工。另一部分是激活力，即核心績效驅動力的強化因素。例如，一家以員工生產力為核心績效推動力的公司，將會以「技能重組」作為一種激活力。

　　尋找人力資源傳導機制，實際上是一個明確因果關係的過程：它從企業戰略要實現的目的出發，逐步向上游尋找通往目的地的路徑。這有點類似於營運管理中的「看板管理」。從「人的角度」找出企業績效的核心驅動力，並通過各種人力資源管理方案強化這種驅動力，是其思想精髓。例如，一個以服務差異性為核心競爭力的公司，將會以導致產生服務差異性的「穩定而負責任的員工隊伍」，作為人力資源的傳導機制。因此該企業在制定人力資源戰略時，其所有的戰略組成部分，如薪酬、績效考核、培訓政策等，均會圍繞這一中心來展開。明確了人力資源的傳導機制，即明確了人力資源戰略的重點，這也是構建人力資源戰略的目標；同時，由於人力資源傳導機制是直接由企業經營戰略演化而來的，因此它從根本上保證了人力資源戰略對企業戰略的支持度。

3.3.3 決策分析

決策分析分為兩個階段：其一、根據 SWOT 分析，擬訂備選方案；其二、根據一定的標準對備選方案進行選擇。人力資源戰略規劃人員在選擇備選方案時，應該綜合考慮對方案的可行性、操作性、有效性等具有重大影響的各種內外環境因素。

1. 擬訂備選方案

在擬訂備選方案時，將引入 SWOT 分析法，以對人力資源傳導機制的支持度為標準，將人力資源管理工作所面臨的內外部環境分為優勢、劣勢、機會與威脅四大類，並在此基礎上提出戰略因子的概念。所謂戰略因子，即構成人力資源總體戰略的某一組成部分。

擬訂備選方案的具體步驟分為以下六步：①借鑒戰略管理的分析框架，根據內外部環境對人力資源傳導機制的支持度，將外部環境因素分為機會、威脅兩類，將內部環境因素分為優勢與劣勢兩大類。②將優勢與機會組合形成利用外部機會、發揮自身優勢解決人力資源管理問題的「SO 戰略因子」。例如，某一公司在內部有良好的財務狀況，在外部有成熟的人力資源管理信息化的市場，這時公司就有可能提出電子化的人力資源管理模式（e-HR），以減少公司人力資源行政事務的成本。③將優勢與威脅組合形成利用自身優勢、克服外部威脅的「ST 戰略因子」。例如，公司在內部已經形成良好的文化氛圍，但在外部面臨的卻是競爭對手對高素質人才的搶奪，在這種情況下，公司就有可能提出弘揚公司文化、增強企業凝聚力的解決辦法。④將內部劣勢與外部機會組合，形成利用外部機會扭轉內部不足的「WO 戰略因子」。例如，當公司面臨內部人員年齡結構老化、學歷層次偏低，而外部人力資源市場非常成熟、人力資源供給充足的情況時，公司可採取從外部引進人才的方式解決公司內部現有人力資源不足的問題。⑤將內部劣勢與外部威脅組合，形成避免威脅、減少劣勢影響的「WT 戰略因子」。例如，當公司面臨競爭對手對高素質人力資源的搶奪，而公司內部又因為體制的原因無法提供有競爭性薪酬待遇時，公司可以採取有保障的雇用辦法和有利於激勵員工長期工作的薪酬結構來解決這一問題。⑥將上述戰略因子進行組合，形成人力資源總體戰略的備選方案。在組合時，戰略制定者應注意戰略各組成部分的協調性、一致性，不能產生內部衝突。

2. 戰略決策

戰略制定者在對人力資源戰略備選方案進行選擇時，可以設計關鍵因素評價矩陣，採取賦值的辦法，以備選方案和關鍵影響因素的契合程度為依據，對方案進行評分。評分標準為：非常契合計 4 分，契合計 3 分，不契合計 2 分，矛盾計 1 分。戰略制定者應根據每個影響因素的重要程度，給每個因素賦予權重。權重與評分的乘積，即是該備選方案對這一因素的反應程度。總分最高的備選方案即是最可行的備選方案。

通過以上程序，一個完整而規範的人力資源戰略就形成了。但是，人力資源戰略制定者始終應注意到，由於企業的實際情況受多方面因素的制約，一個有效的人力資源戰略要綜合各方面的因素來建立，不同的企業有不同規劃，絕不能生搬硬套；不僅如此，即使在同一個企業內，員工的類型也不盡相同，對於不同的員工應採取不同的

辦法。這些情況都使人力資源戰略的制定變得十分複雜，所以沒有一成不變、完全可以套用的戰略模式。適合的即是最好的，這永遠都是管理學的真諦。

3.3.4 人力資源戰略實施中的其他方法——雇主品牌建設

如同產品品牌一樣，發展與推廣雇主品牌策略同樣至關重要。現在較新的方法是「4P」法，即從 People、Product、Position 和 Promotion 四個維度來研究目標員工的特徵，識別驅動目標員工的關鍵因素，提煉出雇主品牌的關鍵訴求並進行內外溝通，以迎合目標員工的獨特需求。

1. 識別戰略對核心員工的要求和驅動因素（People）

組織內任何項目或活動的推動，皆需與企業戰略相結合，才有助於企業目標的實現，發展雇主品牌也是如此。首先，管理者需要明確企業的願景、長短期戰略目標以及達成目標的關鍵成功因素是什麼；其次，還需要明確企業的關鍵成功因素是什麼，企業需要哪些核心員工；最后，還要考察企業目前的員工狀況如何，還存在哪些差距。

接下來，管理者應考慮什麼是核心員工的工作驅動力；在薪酬待遇、福利制度、發展與升遷的機會、工作內容豐富程度、工作環境等因素中，哪些是核心員工最關心的因素；當前的人力資源現狀是否能滿足企業的需求；在此基礎上應怎樣制定求才留才策略。

2. 提供滿足目標員工需要的工作體驗（Product）

識別出目標員工的特徵後，企業就需要為員工提供滿足其需要的「產品」。比如，西南航空公司在發現優秀雇員崇尚西南航空的「自由」理念後，就制定了包括自由保健、自由建立財務保障制度、自由學習與成長、自由進行積極變革等項目在內的「自由員工計劃」。這樣做既增強了雇主的吸引力，又使得其「自由飛行」的產品品牌在組織內部得到了理解和貫徹。

3. 定位雇主品牌（Position）

在掌握核心員工驅動力的基礎上，企業需要用簡潔的語言提煉雇主品牌的定位。比如，強生公司雇主品牌定位於「盡享不同」，西南航空公司定位於「自由從我開始」，花旗銀行定位於「一份沒有不可能的事業」等，都是在宣傳雇主的獨特的價值觀和文化。

4. 雇主品牌推廣（Promotion）

雇主品牌的溝通過程同樣類似於產品品牌營銷，內部員工是公司最佳的代言人。很多在校園招聘中享有盛譽的雇主如殼牌石油、匯豐銀行等，都會選擇讓員工成為雇主品牌的代言人，讓潛在的雇員認識到雇主帶來的獨特工作體驗。渣打銀行以其領先的網絡招聘系統吸引了大量優秀員工的眼球，從而招聘到符合企業價值觀的優秀員工。大新銀行更是綜合運用聊天室、新聞簡報、員工意見調查、實習計劃、網絡宣傳等手段來提升雇主品牌在潛在和現有雇員心目中的價值。

3.4 人力資源戰略的評估

人力資源戰略評估就是對人力資源戰略的實施效果進行評估。由於組織的內外部環境不斷變化，人力資源戰略也需要隨之進行不斷的調整和修改。人力資源戰略評估就是在人力資源戰略實施過程中尋找戰略與現實之間的差異，發現戰略規劃的不足，並及時進行修正。同時，戰略評估還包括對人力資源管理戰略產生的效益進行評估，即人力資源戰略評估需要根據一系列的評估指標對業績進行衡量。人力資源戰略評估可以證明人力資源管理戰略存在的價值，說明人力資源管理對組織目標的顯著貢獻；可以為爭取更多的預算說明理由；有利於從員工與直線主管那裡獲得對人力資源戰略管理效果的反饋；能夠幫助人力資源部在實現組織共同目標的同時改進職能和角色；能夠使企業更具社會責任感和競爭優勢。

3.4.1 人力資源戰略的評估對象

傳統觀念一般認為人力資源戰略的評估對象是績效，其實人力資源戰略評估還包括對人力資源戰略的可行性以及人力資源戰略管理人員在變革管理、診斷、交流溝通和影響力等方面的評價。但這些都是抽象的概念，不好量化，需要借助一定的工具才能夠進行評估。評估人員在對人力資源戰略進行評估之前，應界定其主客體。

1. 人力資源戰略評價的主體

參與人力資源戰略評價的主體包括高層管理者、人力資源管理者、有關專家、直線經理和員工。

高層管理者一般具有一定的專業工作能力、良好的信譽以及廣泛的經營知識，熟知各部門的功能及經營方法，有卓越的協調能力，能協調各部門解決問題。在對人力資源戰略進行評價時，高層管理者需保證各部門積極配合人力資源戰略評價工作，給予人力資源部足夠的支持，保證人力資源戰略評估的全面性，把握人力資源戰略評價哲學。

人力資源管理者，包括人力資源總監和人力資源經理。從總體上看，人力資源總監是人力資源戰略方向的指引者、人力資源制度和政策的制定者、人力資源戰略審核和運作的指揮者，也是人力資源部門的主要責任承擔者。首先，制定戰略是人力資源總監的重要職能。人力資源總監要對人力資源管理工作給出方向性的、前瞻性的規劃，並根據企業的戰略需要制定人力資源管理的綱領性制度和文件，從而對人力資源工作起領導作用。人力資源戰略要解決如何依靠人力資源實現企業戰略目標的問題。其次，戰略的實現，要靠政策來保證。人力資源總監要制定企業用工政策、員工分類政策和薪酬分配政策這三大塑造企業經營機制的關鍵政策。最後，人力資源總監掌握著較多的企業資源，可以站在更高的戰略角度來審視資源是否得到了合理的配置。人力資源經理是人力資源戰略的執行者，負責執行人力資源戰略的各項指示，設計人力資源管理評價方案，負責人力資源戰略的具體實施。

在實際的企業管理中，直線經理承擔了人力資源開發和管理的更多責任，通過員工小組會議、團隊工作、員工溝通、員工評估和直接與員工打交道來解決問題。因此，直線經理負責貫徹人力資源管理部門的政策，從事相關的實際活動，與人力資源管理部門之間是合作夥伴關係。在對人力資源戰略進行評價時，直線經理可以提供人力資源信息和數據，支持人力資源戰略的評價工作。員工也是人力資源戰略實施的最終落實者，對人力資源戰略的實施有著切實的感受。

2. 人力資源戰略評估的客體

人力資源管理的核心職能是人員流動、考核與獎勵以及員工關係。人力資源管理者可以運用一些簡單的定量數據來監督人力資源戰略帶來的企業績效的變化。但僅僅監督人力資源管理的績效恐怕是不夠的，因為人力資源管理人員提供的績效數據都是一些原始數據，如人力資源部門的成本、提供各種服務所需要的時間等。今天的高層決策者需要人力資源部門提供的是以既定的資源投入創造的產出數量、工作質量的水平、組織內部員工和管理者的滿意程度。

（1）把人力資源管理作為業務來經營。人力資源戰略的實施，體現在人力資源管理的各個模塊之中，比如體現在以下方面：①進行人力資源戰略管理要求對企業的人力資源成本進行核算，因而需要計算出員工的招聘成本、使用成本和離職成本。招聘成本包括招聘、面試費用和培訓費用；使用成本包括員工的薪酬、業務費用、辦公費用等；離職成本包括員工離職時可能發生的賠償金、業務暫停的損失、應收款項和潛在的業務損失等。人力資源管理者算出成本以後，應再計算出該員工就職期間為企業創造的利潤或者價值。②招聘是對企業人力資源部「銷售」能力的考量。很多人認為，高素質人力資源來不來企業，是企業自身吸引力的問題和是否有適合的職位的問題，卻忽視了招聘人員在招聘時的表現可能產生的不良影響。其實，當人力資源管理人員在面試應聘者的時候，應聘者也在通過人力資源管理人員評價該企業的實力。如果應聘者發現招聘者的水平、能力低下，就會對企業產生誤解。如果員工發揮了作用和創造了價值，企業就應留住這些員工，就如同留住優質顧客一樣；如果員工的表現不如企業所願，企業就要想辦法「請走」這些不能滿足企業需求的人員，把位子空出來請更好的人。這也需要一定的技巧，既要保障其他員工工作的正常進行，也要讓走的人心平氣和。③企業應充分利用合同和勞動法規，合理維護自身的利益，保障人力資源的穩定。例如，企業可與員工簽訂技術保密協議、從業限制協議等，不能因把關不嚴、方法不當，導致企業的投入付之東流。如果在上述方面再加以深入和細化，逐漸加強人力資源部門的經營意識，就有可能逐步地把人力資源部門變成一個利潤中心。

（2）人力資源的指標。人力資源戰略的評估需要一套有效的核心衡量指標。我們認為，主要應從服務、質量和生產率三個方面來構建人力資源的指標體系。其中，服務是人力資源戰略管理者與組織內部「客戶」（即管理者和員工）之間的相互作用；質量是指人力資源職能提供的服務或產品的錯誤率和缺陷率；生產率一般與人力資源職能所提供的產品或服務的成本和數量有關。

全面反應服務、質量和生產率變化的指標是：①成本。這裡的成本是指單位產品或服務的成本。對於每一項產出，人力資源管理者需度量出經員工、人力資源部門和

生產部門共同努力削減成本之後其成本的實際變動量。對此，人力資源管理者可考慮使用的成本指標包括單位雇用成本、單位培訓成本和單位支付成本等。人力資源管理者應嘗試計算出一項服務的具體成本。例如，對於解決員工遭遇的困難，平均每次的成本是多少。②時間。時間衡量的是員工對客戶需求做出反應，為客戶提供實際服務，或者生產並運輸一件產品所用的分鐘數、小時數或星期數。人力資源管理者可以考慮對招募某一職位所需的員工、規劃和實施一項新的培訓計劃、進行績效評估或為員工提出建議等活動所花的時間進行監控。③數量。數量是從生產率的角度來考慮產出水平，即考慮投入和產出的比率。人力資源管理者可以考慮計量為完成員工招募、製作員工手冊和工資單、處理福利分配請求、設計或實施一項培訓計劃等工作所需要的員工人數。④錯誤率。錯誤率有時候也稱為缺陷率，是指有缺陷的產出與合格產出之間的比率。在人力資源管理中，缺陷率主要是指在員工記錄中出現錯誤的比率，它可以用來衡量員工工作的質量。衡量質量的另一個指標是工作報告的準確性。⑤人的反應。它是指某人對一項服務或產品，或者對所受到的待遇在心理或生理上的反應，多數情況下是從客戶反應、員工態度或士氣等方面來衡量的。

3.4.2 人力資源戰略的評估方法

1. 投資回報率

隨著知識經濟時代的來臨，人力資源在企業中扮演的角色愈顯重要，從財務槓桿效應來看，人力資源絕對是企業獲利與永續發展的唯一利器。如何投資於人力資本，累積人力競爭優勢，以獲得最大的投資報酬，應是人力資源部門的一項緊迫任務。

要確保人力資源戰略對企業有所貢獻，應先檢查企業所擁有的人力資源素質的產能，是否足以勝任高績效目標的挑戰。換句話說，如何衡量人力資源戰略的作用，即如何衡量人力資源素質的產出。人力資源素質的產能的三大構成要素是知識、技能和動機。那如何衡量這三種人力要素呢？或者說，如何衡量人力資源戰略的作用呢？若將整個企業的人力資源視為一個個體，這個個體的知識、技能、動機代表什麼？其所代表的東西，必須能用來衡量組織的能力，同時也能用來評估自己在同業中的競爭實力，所以這三個要素一定要符合簡單、量化、有效的原則。到目前為止，有關人力資源戰略的衡量大部分都停留在成本層面，很少有企業從多角度對企業人力資源戰略的效果進行衡量。現在最新的研究和實踐成果顯示，投資回報率與人力資源計分卡是很好的衡量工具。要找到人力資源職能的價值增加作用，關鍵要從利潤目標入手。

為了衡量人力資源戰略的價值，我們一般需要把人力資源管理的相關數據轉換成為貨幣價值。這些轉換步驟是：第一步，集中於一個績效改進的衡量指標；第二步，為每個衡量指標確定一個貨幣價值；第三步，計算出績效數據的變化（比如，人力資源戰略中的員工關係項目完成5個月後，員工投訴數量下降了30次）；第四步，確定一年中變化的數量，有時可以根據半年的數字變化進行估計；第五步，計算每年人力資源戰略中各個項目因為實施而帶來的價值。一般的計算公式是：

每年績效改進的價值 = P(績效的差異) × V(平均成本值，包括間接損失和直接成本)

評估人力資源管理投資效果的最適當的公式就是項目淨收益除以成本，即投資回

報率（Return On Investment，ROI）。這個比率通常是將分數數值乘以100，然後用百分數的形式來表示。公式的形式為：

$$ROI = \frac{人力資源管理項目淨收益}{人力資源管理項目成本} \times 100\%$$

若一個人力資源管理項目的 ROI 等於50%，那就意味著成本得以收回，此外還有額外的50%的成本作為「利潤」被收回。表3-3是人力資源戰略中常見的ROI項目的清單。

表3-3　　　　　　　　人力資源戰略中常見的ROI項目清單

人力資源核心職能	衡量的 ROI 項目	主要的標準
人員流程	新的招聘計劃； 完善新員工導向計劃； 培訓計劃； 職業發展計劃	・成本、產出、初期離職率； ・初期離職率、培訓時間； ・生產率、銷售率、質量、時間、成本、客戶服務、離職率、缺勤率、員工滿意度； ・離職率、員工滿意度、組織承諾
考核與獎勵	基於技能的薪酬系統； 利潤分享計劃	・勞動力成本、離職率、缺勤率； ・生產成本、生產率、離職率
員工關係	健身計劃； 安全計劃； 勞資合作項目； 自我指導性團隊	・勞動力成本、醫療成本、缺勤率； ・意外事故發生率、嚴重事故比率； ・員工糾紛、缺勤率； ・生產率、質量、客戶服務、離職率、缺勤率、員工滿意度

儘管到目前為止還沒有一個被大家普遍接受的標準，但是有些組織為人力資源管理項目的 ROI 制定了一個最低的要求，或稱為界限比率。

ROI 的評估方法已經被大量應用於人力資源管理項目中並取得了非常顯著的效果。但由於 ROI 的評估過程具有複雜性和敏感性，相關人員在分析、計算和匯報投資回報率時必須保持一定的謹慎態度。實施 ROI 的評估過程對許多企業的人力資源管理部門來說都是一個重要的目標。為了防止這一過程出現偏差，應該重點強調以下問題：一是 ROI 的評估過程更適用於那些已經進行了需求分析的人力資源管理項目；二是在進行估計時，應使用最為可靠和可信的方法，在計算收益和成本時應使用比較保守的方法；三是在計算項目回報時，要求管理層參與；四是不要把 ROI 評估方法用於每一個項目，應只針對少數關鍵的人力資源管理項目或計劃。

2. 人力資源計分卡

平衡計分卡是由哈佛大學的羅伯特・卡普蘭（Robert Kaplan）教授和來自波士頓的顧問大衛・諾頓（David Norton）兩個人共同開發的。1990年，卡普蘭和諾頓帶領一個研究小組，對十多家公司進行研究以尋求一種新的績效評價方法。這項研究的起因使人們越來越相信財務績效指標對於現代企業而言是無效的。這些公司和卡普蘭與諾頓都相信依靠財務指標的績效評價會影響公司創造價值的能力。他們討論了多種可能的替代方法，最后決定使用一種囊括整個企業活動（如顧客問題、內部業務流程、員

工活動和股東關心的問題等）的績效指標的計分卡體系。[1] 卡普蘭和諾頓將這種新的評估工具命名為「平衡計分卡」，隨后在《哈佛商業評論》上發表《平衡計分卡——驅動績效的評價指標體系》一文介紹了這一概念。

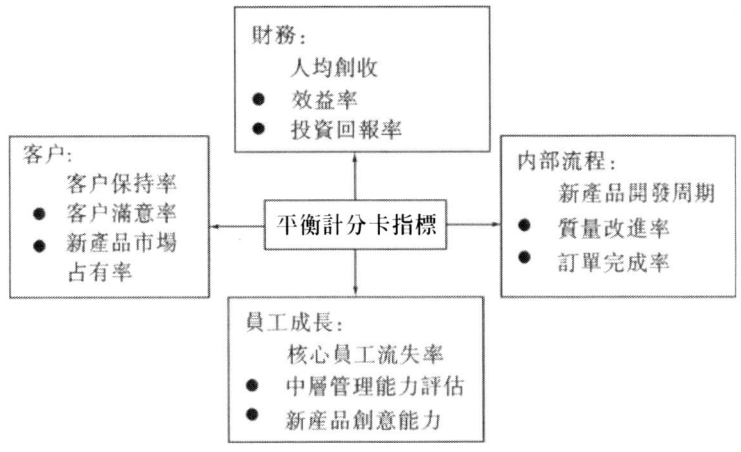

```
                    ┌─────────────┐
                    │ 財務：      │
                    │   人均創收  │
                    │ ● 效益率    │
                    │ ● 投資回報率│
                    └─────────────┘
                           ↑
┌──────────────┐           │           ┌──────────────┐
│ 客戶：       │           │           │ 內部流程：   │
│ ● 客戶保持率 │←──[平衡計分卡指標]──→│   新產品開發周期│
│ ● 客戶滿意率 │                      │ ● 質量改進率 │
│ ● 新產品市場 │                      │ ● 訂單完成率 │
│   占有率     │                      └──────────────┘
└──────────────┘           │
                           ↓
                 ┌──────────────────┐
                 │ 員工成長：       │
                 │   核心員工流失率 │
                 │ ● 中層管理能力評估│
                 │ ● 新產品創意能力 │
                 └──────────────────┘
```

圖3-2　平衡計分卡指標示意圖

我們發現，平衡計分卡中有關學習與成長的指標，一般都與人力資源戰略有關，幾乎等同於對公司人力資源管理的考核指標。因此，平衡計分卡對人力資源管理或人力資源戰略起到了指導與評估的作用。

那麼如何在人力資源管理中運用平衡計分卡這一戰略工具？我們認為，它可以作為對人力資源管理進行評價的工具或手段。通過建立和運用人力資源計分卡，我們就可以對人力資源戰略進行評估。

在建立人力資源計分卡之前，需要讓企業的人力資源戰略具備下列必要特點：①戰略規劃。戰略規劃即建立企業或部門未來的使命、遠景、核心價值觀以及目標與戰略之間的聯繫。②組織的動態協調。其作用是使人力資源戰略與組織的核心業務結合起來。③領導力。這是指在組織中培養具有承諾精神的領導者團隊，並為接班人計劃提供必要的連貫性支持。④優才。企業必須招募、留住和開發能夠完成與企業使命密切相關任務的高素質員工。⑤績效文化。企業必須將權力下放，在保證職場公平性的同時鼓勵員工主動承擔責任。

在人力資源戰略的實施過程中，企業需要具備一定的基礎，而且應根據人力資源戰略的側重點與組織的發展階段，採取不同的人力資源戰略。

（1）實現企業人力資源戰略的標誌。通常，企業實現人力資源戰略的標誌有以下幾點：①領導力。公司有一大批具有領導才能的管理人員，但是要發揮他們的領導力作用，需要具備兩個基本條件：人力資源管理部門的承諾和人力資源部門所扮演的角色。②戰略人力資源規劃。人力資源戰略是與企業的使命和願景密切聯繫的，公司需

---

[1] 胡玉明．平衡計分卡是什麼：一個管理工具的神話 [M]．北京：中國財政經濟出版社，2004：28．

要隨時整合併動態調整人力資源戰略與業務戰略之間的聯繫。③獲取、強化與維護人員的素質。也就是說在對人進行有目的投資的同時，人力資源戰略還必須根據組織需求的變化，隨時設計出量身定制的人力資源方案。④建立以素質為基礎，結果或績效為導向的組織文化。企業應賦予員工自主權並鼓勵多樣性。另外，部門與個人的目標必須與企業目標有機結合。因此，人力資源計分卡的實施要以以上四個標誌為最終評估準則。在平衡計分卡與企業的人力資源戰略結合後，我們認為可以設計出人力資源計分卡來評估人力資源戰略的效率與效能。

（2）人力資源計分卡的維度。結合上述人力資源戰略應該具備的特點及其在企業中取得成功的標誌，人力資源計分卡的維度應包括下列幾個方面：①戰略動態調整。企業人力資源管理的有關政策與習慣做法，即組織慣性，應該是能夠支持企業組織實現它的使命、願景、戰略和目標的。②戰略性的人員素質。企業應招募、開發與留住能夠完成企業使命並具有戰略性素質的人員。③領導力。具有領導力的管理人員能夠根據不同的場合調整自己的領導風格來指導下屬，並且在尊重個人的同時，樹立誠實、誠信、信任與開誠布公的行為標準。④績效文化。企業建立的文化系統應該是能夠鼓勵員工追求高績效的。

由於人力資源計分卡的維度具有指導意義，因此可將人力資源計分卡作為人力資源戰略評估系統。這就需要建立人力資源計分卡的關鍵績效指標（KPI），並且需要用行為語言把它「錨定」下來。另外，企業還可以運用IT系統輔助平衡計分卡的實施，實施與業務全面掛鈎的IT系統，使各部門能夠靈活地存取數據並生成報告，並由各部門靈活控製。該系統使高級管理層能夠定期檢查公司的戰略和人力資源計分卡（按月或按季度），並且能夠根據人力資源環境的變化及時調整人力資源戰略和目標。

人力資源計分卡系統是一個戰略管理系統，而不只是一個人力資源項目。它的成功實施依賴於高層管理人員的決心、支持和推動。人力資源管理人員則需將它提升到戰略高度，使自己成為企業高層管理人的合作夥伴，以保證人力資源計分卡成功實施。其他重要的成功因素還包括設定與企業戰略目標相連接的合適的指標、行動計劃和任務。這需要跨部門的團隊合作，以連接企業戰略和績效管理、素質模式開發以及浮動薪酬體系。人力資源計分卡的實際應用已超越了發明者最初僅僅把它作為公司績效評估工具的範疇，它作為一個全新的戰略管理平臺和評價系統，為管理人員提供了一個全面的分析框架，用以把公司的戰略轉化為一套系統的績效測評指標，並且應該與績效管理、素質模式和激勵系統結合起來應用。

3. 人力資源調查問卷評價與控製法

這種評估方法將員工態度與組織績效相聯繫，以實現對企業人力資源工作的評價。一般而言，員工態度與組織績效正相關，儘管相關性的原因仍不清楚，但已有的一些研究表明：或者是好的組織氣氛提高了企業業績；或者是成功企業的環境產生了良好的氣氛。問卷調查方式經常用於人力資源戰略規劃的評價與控製。這種方式就是給職工一個機會來表達他們對人力資源部門的各種工作，包括人力資源戰略規劃工作的看法。員工意見調查可以有效地用於診斷哪些方面存在著具體的問題，瞭解職工的需要和偏好，發現哪些方面的工作得到了肯定，哪些方面被否定。除了常規性的問卷調查

外，為了打消員工提出意見和建議的顧慮，企業也可以通過電子信箱調查和按鈕話機對話式調查來瞭解員工的意見。

3.4.3 人力資源戰略實施中的問題

儘管理論和實踐活動都一再表明了人力資源戰略對企業發展的重大作用，並且這種作用還在不斷加強，但仍有很多企業在採用人力資源戰略指導人力資源管理的過程中遇到了不少問題，困難重重。這就是說，企業要想真正實施人力資源戰略還面臨著許多挑戰。

1. 企業的短期行為影響了人力資源戰略的制定和實施

很多企業都有短期行為，只關注眼前的工作績效。比如，企業投資方看重季度盈利指標和短期組織業績，往往忽視了各種長期發展指標。因此，為了得到股東的認可，企業的管理層就不得不專注於每個季度的短期財務業績。高層管理者知道，倘若連續幾個季度這些指標下滑的話，他們往往會受到批評，甚至被免職。於是，著力提高一些短期指標的理念便在企業中蔓延，慢慢滲透到日常的管理實踐中，其結果是一些長期的規劃方案被大家忽視。例如，一個在未來 5 年以後才會有豐厚利潤的規劃就不容易得到管理層的認同；同時，那些關注長期決策，指望通過長期決策的實施，使企業受益的管理者就得不到投資者的支持與獎勵。所以，具有長期規劃特點的戰略管理就很可能得不到重視。

2. 人力資源管理人員無法從戰略的角度思考問題

企業中的人力資源管理工作是一項極其具體、繁瑣和多樣的工作，它要求管理者們具有豐富的管理知識與技能。企業在推行人力資源戰略時，就要求其人力資源管理者能夠結合本企業的實際情況用戰略的眼光看待具體問題。但現實情況是人力資源管理者所擁有的知識和技能有很大的局限性，往往缺乏企業內其他崗位所要求的專業技能。這種知識結構幾乎不足以使他們理解其他部門的工作特點和所面對的問題，他們所在的職位也使其對企業的其他部門缺乏足夠的影響力。因此，他們以戰略的方式為組織做貢獻是非常有限的，要贏得組織中其他部門負責人的理解和支持同樣也非常困難。

3. 企業的直線經理不注重人力資源戰略管理

幾乎沒有多少直線經理人員認為他們自己是人力資源管理者，他們經常將人力資源部門看做對自身工作沒有多大幫助的官僚機構，或者將人力資源部門看做和自己工作無關的部門，平時也不會配合人力資源部門的工作，有時甚至因為某些考核和績效評估等，對人力資源部門產生敵意。他們認為那些來自人力資源部門的工作人員妨礙了他們的正常工作。實際上，大部分直線經理都沒有承擔起管理本部門員工的責任。

4. 企業高層管理者缺乏對人力資源戰略的正確認識

在一些企業中，企業的高層管理者對人力資源戰略管理的重要性認識不夠，不大清楚人力資源從戰略的角度管理會出什麼結果。許多人只知道傳統的人力資源工作職能，而沒有認識到人力資源職能部門作為戰略合作夥伴的重要作用。

5. 人力資源戰略的結果很難量化

在市場經濟中，競爭的升溫使企業更加以利潤為導向，因此人力資源戰略管理中的一些不易直接計量的利益，如高效團隊的建設、企業文化的改良等，就會被輕而易舉地忽略。人力資源管理人員始終感覺到，在資源分配上，那些利益難以有形體現和精確計量的人力資源戰略，制定起來受到的阻力要大得多。

6. 企業承擔人力資本投資的風險始終心有余悸

由於人力資源的流動性與勞動者對自身技能發揮的控製性，使得企業對人力資本的投資比對物質資本的投資風險更大。尤其在一些競爭激烈的行業，企業可以從對手那裡「挖」來優秀人員，而不需要自己長期投資去慢慢培養。而且，企業也會擔心自己培養的優秀員工被競爭對手「挖」走。這樣使得其成本更高，風險更大，所以很多企業都不大願意對員工進行過多的人力資本投資。

7. 變革的人力資源戰略往往會受到抵制

在企業中，採取戰略性的人力資源管理方法意味著隨時會對一系列環節實施重大變革，以適應企業對人力資源的迅速變化的需要。上述可能發生變革的環節包括工作的組織方式、員工的雇傭政策、培訓與開發政策、工作績效與標準、薪酬設計方案等。這些變革一旦開始，負責實施變革的人，就會面臨著很大的風險。組織很可能會「懲罰」那些變革失敗的負責人，而不會認為是既有的經驗和問題導致了變革的失敗。

本章小結

本章從人力資源戰略的定義及研究意義、實施方法、實施過程和評估四個角度進行了闡釋，使讀者對人力資源戰略的全貌有了初步的把握。人力資源戰略作為人力資源職能工作的出發點和目標，直接關係到人力資源工作在組織中的有效性。而人力資源戰略實施效果的評估，目前在國內外學者的研究中和企業的實踐過程中都沒有得到良好的體現，因此本章對人力資源戰略實施效果的評估在結合人力資源計分卡的基礎上做了初步的論述，並且進一步闡述了人力資源戰略在實施過程中可能會遇到的一些問題。現階段國內對人力資源戰略的重視初步顯現，但其理論和實踐都還在出於探索的過程中，因此還需要對其作進一步的總結和研究。

復習思考題

1. 實施人力資源戰略有什麼意義？人力資源戰略實施的最終目標是什麼？
2. 人力資源戰略的制定有哪些方法？
3. 人力資源戰略的實施流程是什麼？雇主品牌中的4P要素分別指什麼？
4. 人力資源計分卡的指標體系主要從哪幾個層面展開？

案例分析

IBM 與寶潔：從 BTO 透視人力資源的戰略轉型

BTO 與傳統外包

某些人力資源（HR）功能如工資管理、人力資源管理和培訓的部分外包已經十分成熟，雖然這種方式能夠提高效率和降低成本，但並沒有進一步為人力資源經理們提供增加價值或提供「隨需應變」服務的機會。

人們還認識到，傳統的外包方法並不能通過支持新的業務機會來幫助實現營業收入的增長。此外，通過外包獲得 HR 功能的公司在擴張進入新的領域時仍然必須支付新的 HR 資本費用。

由於認識到外包的缺陷，人們對所謂的業務轉型外包（BTO）越來越感興趣。與幾乎原封不動地為公司提供部分功能（原來自有）的傳統外包不同，BTO 不僅提供 HR 功能外包，而且還對這些功能進行改造——以最佳實踐作為這些功能的基準，使用更好的規格對外包功能進行改進，以及提供更好的供應渠道，如企業門戶和員工服務中心。

BTO 運行機制

BTO 將流程、人員和技術的轉變與外包業務模型結合在一起。業務模型追求的本質是可變、具有回應特性、重點突出和富於彈性的 HR。BTO 提供的很多改進都是源自從外包中吸取的教訓。

例如，在一項 BTO 功能中，HR 流程是在可變的基礎上購買的。因此，在市場狀況不好的時期，公司只需購買與自己的業務量相匹配的外包服務。在市場狀況好的時候，公司可以通過購買更多 BTO 服務實現快速擴張，而不需要付出任何資本支出。

BTO 的目標是通過以隨需應變的方式重新調整自己的功能，滿足不斷變化的公司環境的需求，從而使 HR 具有回應的特性。通過優化 HR 功能，BTO 能夠對進行收購、開設新的辦公機構和進入新業務領域的需求作出回應，在這一過程中同樣不需要付出新的資本支出。

BTO 通過減少花費在非核心業務流程的時間和投資來改善組織的重心，允許 HR 經理將重點集中在人力資源管理這樣的戰略問題上。同時，BTO 將全球最佳實踐規程應用於 HR 功能的全過程，並通過使用高級管理層報告系統，使 HR 的成本和供應變得更加透明。

實踐跟上理論

IBM（國際商業機器公司）與寶潔公司達成的為期超過 10 年、價值 4 億美元的全球 HR BTO 協議運用了這些投資和 IBM 的規模。IBM 將通過其 HR BTO 服務中心網絡為寶潔公司在 80 多個國家中的大約 9.8 萬名員工提供支持。IBM 將會把寶潔公司的 3 個員工服務中心集成到這一網絡之中，並雇傭將近 800 名寶潔公司的人員。

IBM 提供給寶潔公司的服務將基於全球標準。IBM 人力資源的典型基準包括每一 HR 人員為大約 150~200 個客戶員工提供服務。管理和系統成本保持在 HR 預算的 20%，余下的 80% 可用於雇傭 HR 專家。

寶潔公司購買的服務之中包括完整的 IBM HR 服務，即將管理、決策支持、專業處理、事務處理與電子學習、基於角色的門戶、增強服務中心以及對員工報告的即時訪問結合在一起。

資料來源：佚名. IBM 與寶潔：從 BTO 透視人力資源的戰略轉型案例 [EB/OL]. [2005 - 9 - 19]. http://www.chinahrd.net/management - planning/strategic - planning/2005/0919/122108.html.

討論與思考：

1. 寶潔公司為什麼會選擇與 IBM 合作？合作后寶潔公司的人力資源戰略的核心是什麼？

2. IBM 隨需應變的企業戰略需要什麼樣的人力資源戰略作為支持？

參考文獻

[1] 趙曙明. 人力資源戰略與規劃 [M]. 北京：中國人民大學出版社，2002.

[2] 郭春梅，魏鈞. 人力資源戰略制定流程及要點 [J]. 中國人才，2003 (3).

[3] 詹姆斯 W 沃克. 人力資源戰略 [M].11 版. 吳雯芳，譯. 北京：中國人民大學出版社，2001.

[4] 許慶瑞，劉景江，周趙丹.21 世紀的戰略性人力資源管理 [J]. 科學研究，2002 (1).

[5] 胡玉明. 平衡計分卡是什麼：一個管理工具的神話 [M]. 北京：中國財政經濟出版社，2004.

[6] 方振邦. 戰略與戰略性績效管理 [M]. 北京：經濟科學出版社，2005.

4 人力資源規劃

引導案例

人力資源規劃？那是什麼？

你是一個人力資源顧問，一家大型造紙公司新任命的總經理給你打來電話。

總經理：我在這個職位上大約一個月了，而我要做的所有事情似乎只是與人們面談和聽取人力資源問題。

你：你為什麼總在與人面談？你們沒有人力資源部嗎？

總經理：我們有。然而，人力資源部還沒有雇用最高層管理人員。我一接管公司，就發現兩個副總經理要退休，而我們還沒有一個可代替他們的人。

你：你雇用了什麼人嗎？

總經理：是的，雇用了，這就是問題的所在。我從外部雇用了一個人，我一宣布這個決定，就有一個部門經理前來辭職。他說他想得到副總經理這個職位已經有八年了，他為此感到十分氣憤。我怎麼知道他想得到這個職位呢？

你：你打算如何安置另一個副總經理的職位？

總經理：還沒想好，因為我害怕又有其他人由於沒有考慮讓他擔任這個職位而辭職。另外，我剛剛發現公司最年輕的專業人員——工程師和會計師，在過去的三年中流動率達到了 80%。他們是在我們這裡得到了提升的人。

你：有人問過他們為什麼離開嗎？

總經理：問過，他們的回答基本相同。他們說感覺在這裡沒有發展空間。也許我應該把他們所有人聚集在一起，解釋一下我將怎樣使公司取得進步。

你：你考慮過推行人力資源規劃系統嗎？

總經理：人力資源規劃？那是什麼？

學習目標

1. 理解對人力資源規劃的界定、分類及其影響因素。
2. 掌握人力資源規劃的主要內容。
3. 理解人力資源規劃的作用。

4. 掌握人力資源規劃的技術方法以及供需預測的定性、定量方法。
5. 瞭解人力資源規劃的制定和實施。
6. 領會人力資源規劃的制定原則。
7. 熟悉人力資源規劃的流程。
8. 理解人力資源規劃的評估指標體系。

4.1 人力資源規劃概述

4.1.1 人力資源規劃的含義

伴隨著知識經濟的到來,人力資源的競爭日益成為競爭的焦點。一個組織如果要維持生存和發展,就必須順應環境的變化,擁有足夠的人力資源、良好的人員結構和較強的員工競爭能力,從而就必須進行人力資源規劃。

1. 人力資源規劃的界定

對人力資源規劃這一概念的理解和認識,眾說紛紜,理論界的觀點大致有以下幾種:

(1) 人力資源規劃,有時也被稱為人力資源計劃。它的定義是:使恰當數量的合格人員在合適的時間進入合適的工作崗位的過程。此外,還有另一種定義,即「人力資源規劃是使人員的供給——內部的(現有的員工)和外部的(要雇用或在尋找的員工),在給定的時間範圍內與組織預期的空缺相匹配的系統」[1]。

(2) 人力資源規劃是指「企業根據戰略發展目標與任務要求,科學地預測、分析自己在變化的環境中的人力資源供給和需求情況,制定必要的政策和措施,以確保企業在需要的時間和需要的崗位上獲得各種需要的人才的過程」[2]。

(3) 企業人力資源規劃是指「根據企業的發展戰略、企業目標及企業內外環境的變化,科學地分析和預測未來的企業對人力資源的需求和供給狀況,並據此制定和調整相應的政策和實施方案,以確保企業在恰當的時間、在不同的職位獲得恰當人選的動態過程」[3]。

(4) 人力資源規劃是指「在企業發展戰略和經營規劃的指導下進行人員的供需平衡,以滿足企業在不同發展時期對人員的需求,為企業的發展提供符合質量和數量要求的人力資源保證」[4]。簡單地講,就是對企業在某個時期內的人員供給和人員需求進行預測,並根據預測的結果採取相應的措施來平衡人力資源的供需。

(5) 人力資源規劃是指「使企業穩定地擁有一定質量和必要數量的人力,為實現

---

[1] 勞埃德·拜厄斯,萊斯利·魯. 人力資源管理 [M]. 7版. 李業昆,譯. 北京:人民郵電出版社,2004:86.
[2] 鄭曉明. 人力資源管理導論 [M]. 北京:機械工業出版社,2005:102.
[3] 王惠忠. 企業人力資源管理 [M]. 上海:上海財經大學出版社,2004:35.
[4] 董克用,葉向峰. 人力資源管理概論 [M]. 北京:中國人民大學出版社,2003:153.

包括個人利益在內的整個組織的目標而擬定的一套措施，從而求得人員需求量和人員擁有量在企業未來發展過程中的相互匹配」。[1]

通過對以上定義的理解，對於人力資源規劃的概念，我們應著重把握以下要點：①人力資源規劃隨組織環境的發展而變化，以保證人力資源與未來企業發展階段的動態平衡。②人力資源規劃的核心是保持未來人力資源供給與需求的平衡，即系統化地評價人力資源供給與需求。人力資源規劃是對人力資源進行調整、配置和補充的過程。③人力資源規劃應以組織發展戰略為出發點，要求組織人力資源在數量、質量、結構上與組織生產的物質基礎相適應。④人力資源規劃要求在完成組織目的的同時，兼顧員工福利的實現，充分激發員工的積極性和創造性，使人力資源的供給和需求達到最佳平衡，使組織和員工的價值實現最大化。

因此，所謂人力資源規劃，可以界定為：人力資源規劃主體在組織戰略的指引下，在組織內部現有的資源和能力條件下，按照組織戰略目標的要求，客觀、充分、科學地分析實現組織願景和組織目標所需要的人力資源的數量、質量、種類以及結構，同時分析組織外部和內部環境對所需人力資源的供給情況，對組織人力資源的供給與需求進行預測，並盡可能地平衡人力資源的供給與需求，引導組織的人力資源管理活動更好地與組織的整體活動相協調，保證人力資源管理目標與組織目標相一致，從而促進實現組織戰略目標的過程。

人力資源規劃是組織發展戰略的重要組成部分，也是組織各項人力資源管理工作的起點和依據。組織的人力資源規劃要和組織的整體規劃，如組織發展戰略、組織經營計劃、組織年度計劃等相互配合和支持，同時也要和人力資源管理的各項工作，如工作分析、招聘管理、培訓管理、績效管理和薪酬管理等相互協調。

2. 人力資源規劃的分類

人力資源規劃的類型可以按照不同的角度來劃分。

按照時間跨度來分，人力資源規劃可分為長期規劃、中期規劃和短期規劃。長期規劃一般是指3年及其以上的規劃，主要是對組織的未來發展指明方向的綱領性政策；中期規劃一般是1～3年的規劃，有一定的任務和較強的運作週期；短期規劃一般是指6個月至1年的規劃，要求任務明確、具體，具有較強的可操作性。組織人力資源規劃的期限取決於組織所面臨環境的不確定程度，如表4-1所示：

表4-1　　　　　　　　　人力資源規劃的期限與經營環境的關係

短期規劃：不確定/不穩定	中長期規劃：確定/穩定
組織面臨許多新的競爭者	組織擁有較強的市場競爭力
社會經濟條件飛速變化	漸進的社會、政治、技術變化
不穩定的產品或服務要求	有效的管理信息系統

---

[1] 胡八一．人力資源規劃實務［M］．北京：北京大學出版社，2008：5.

表4－1(續)

變化的政治法律環境	穩定的產品或服務需求
組織發展規模的限制	卓有成效的管理時間
落后的管理水平	

　　按照性質來分，人力資源規劃可分為戰略規劃、戰術規劃和作業規劃。戰略規劃是指與組織戰略相適應的人力資源規劃，包括人力資源的供需預測、人力資源相關政策、組織發展的遠景等；戰術規劃，是指將人力資源規劃中的願景確定為具體的操作方案，並規劃方案完成的預期時間；作業規劃，即對一系列操作實務的規劃，涵蓋招聘管理、培訓管理、績效考核等具體細節。

　　按照範圍來分，人力資源規劃可分為整體規劃、部分規劃和項目規劃。整體規劃將組織的所有部門都納入規劃的範圍之內，關係到整個組織的所有人力資源管理活動；部門規劃是指在某個或某幾個部門範圍內進行的規劃，涉及各業務部門的人力資源管理活動；項目規劃，指對某項具體任務或工作的規劃，涵蓋了人力資源管理活動的某項特定課題或為此做出的決策。

　3. 人力資源規劃的影響因素

　　影響人力資源規劃的因素大致可以分為組織外部因素和組織內部因素。組織外部因素主要有人力資源市場的供需變化、技術革新、法律法規的約束等，組織內部因素主要包括高層管理者的管理理念、組織的戰略目標、組織結構、員工的認同度、組織發展階段的影響等。由於組織外部因素的範圍過於寬泛，並且不在組織的可控範圍內，在此僅討論影響人力資源規劃的組織內部因素。

　　(1) 高層管理者的管理理念。組織高層管理者的管理理念，直接影響他們對組織人力資源管理工作的支持程度，也對人力資源規劃工作的成效起著重要作用。只有高層管理者認識到人力資源規劃的重要性，人力資源規劃才能真正在該組織中得到重視並與組織戰略更好地結合。高層管理者如果重視人力資源規劃，他們將更能從全局上把握組織未來的發展，更能瞭解在未來發展中組織需要多少人和需要何種人，也更容易發現組織應採取何種經營發展戰略才會在競爭中取勝。

　　(2) 組織的戰略目標。全球化背景下，組織環境日趨複雜，競爭壓力日益增大，變化速度不斷加快，組織為了謀求生存和發展，需要根據自身情況和外部環境的變化及時調整戰略目標。組織戰略目標發生改變，必然要求人力資源規劃做出相應的調整，以適應組織戰略目標的變化。

　　(3) 組織結構。現代組織要適應環境的變化，要求組織結構不斷革新和調整，以適應激烈的競爭環境。傳統的「寶塔形」組織結構層次過多、人際關係複雜、傳遞信息緩慢且信息容易失真、對環境的敏感度低。現代組織朝著扁平化、柔性化和網絡化的方向發展，旨在減少中間的層級數，減少信息耗損，改善人際關係，適應環境變化，從而使組織能夠高效運行。因此，組織的人力資源規劃也要隨之調整，要更加關注組織結構的重新設計、對員工的授權、員工之間的協調溝通、工作描述、信息共享等。

（4）員工的認同度。對組織結構和人員安排等的調整，會直接影響員工的既得利益和地位，會使員工感覺受到了威脅。在人力資源規劃過程中，員工可能會對其中的組織變革產生抵制情緒。因此，當某項戰略方針出抬後，在進行人力資源規劃之前，人力資源管理者應對員工進行講解和培訓，加強與員工的溝通交流，增強他們對組織戰略和人力資源戰略的認識，以求獲得大多數人的認同。

（5）組織的發展階段。組織在不同的發展階段，對人力資源數量和結構的需求不盡相同。組織在成長期，隨著業務的增長，規模的不斷擴大，對人力資源的需求數量必然增長，對人員素質的要求偏重於人員的開拓性；組織在成熟期，對人力資源的需求數量逐漸穩定，對人力資源的質量要求有所提高，並要求外來人員要與組織文化相適應；組織在衰退期，為保持內部活力，更強調人員的經驗和資歷。因此，人力資源管理者在進行人力資源規劃時，必須要考慮組織所處的發展階段。只有根據組織發展階段的不同特點制定的人力資源規劃才能更好地與組織的戰略規劃相協調，促使組織正常發展。

4.1.2 人力資源規劃的主要內容

人力資源規劃有兩個層次：總體規劃與各項業務規劃。人力資源總體規劃是有關計劃期內人力資源開發的總目標、總政策、實施步驟及總預算的安排。人力資源各項業務規劃包括人員補充計劃、人員分配計劃、人員接替和提升計劃、培訓計劃、薪酬激勵計劃、勞動關係計劃、退休解聘計劃等。這些業務規劃是總體規劃的展開和具體化。人力資源規劃的內容如表4-2所示：

表4-2　　　　　　　　　　　　人力資源規劃內容

類型＼內容	目標	政策	步驟	預算	具體內容
總體規劃	總目標：績效、人力資源總量和素質、員工滿意度等	基本政策：擴大、收縮、保持穩定等	總步驟：按年安排，降低人力資源成本等	總預算：____萬元	依據組織發展戰略目標，通過建立人力資源信息系統，預測人力資源供給和需求狀況，採取措施平衡人力資源的供給和需求

表4-2(續)

類型 \ 內容		目標	政策	步驟	預算	具體內容
業務規劃	人員補充計劃	人力資源素質結構和績效的改善	人員素質標準、人員來源範圍、起點待遇等	擬定補充標準、發布信息、設定選拔方法、錄用、崗前培訓	招聘、選拔費用	制定需補充人員的數量、類型、層次,擬定人員任職資格,擬招募地區、形式以及甄選方法
	人員分配計劃	人力資源結構優化、績效改善、人職匹配、輪崗幅度等	任職條件、輪崗範圍和時間	職業性向測試、輪崗選擇報名	按使用規模、類別及人員狀況決定的工資、福利預算	規劃部門編製,擬定各職位人員任職資格,做到人適其位,並規定輪崗範圍和時間以及輪換人選等
	人員接替和提升計劃	保持后備人才儲備,提高人才結構及績效目標	選拔標準、晉升比例、未晉升人員的安置等	性向測試、志願填報、培養計劃的制訂	職位變動引起的工資變動	建立后備管理人員梯隊,規劃員工職業發展方向,確定晉升比例和標準,以及未提升人員的安置
	培訓計劃	提高素質、技能、技巧、轉變態度和作風等	培訓時間的保證、培訓效果的評估等	略	培訓投入及脫產培訓的工資費用	擬定重點培訓項目,有關培訓時間、培訓對象、培訓師、培訓方式、培訓效果的保證以及與工資、獎勵、晉升制度的聯繫
	薪酬激勵計劃	減少人才流失,提高士氣,改進績效等	薪酬政策、激勵政策、激勵重點	略	增加的工資獎金金額	進行薪酬調查和內部工作評價,擬定工資制度,獎勵政策及績效考核指標
	勞動關係計劃	降低離職率,改進勞資關係,減少投訴,提高員工參與率等	鼓勵員工參與管理,加強溝通	略	法律訴訟費	為了提高員工滿意度,增進溝通,實行全員參與管理,建立合理化建議制度等
	退休解聘計劃	編製合理,降低勞動成本	退休政策及解聘程序	略	退休人員安置費、人員重置費用	退休政策及解聘程序,制定退休解聘規定,擬定退休解聘人選

4.1.3 人力資源規劃的作用

1. 人力資源規劃的必要性

管理專家蘇珊・杰克遜（Susan E. Jackson）和蘭道爾・舒勒（Randall S. Schuler）指出「人力資源規劃是把其他所有的人力資源活動連接在一起並把這些活動與組織的

其餘部分整合起來的線」[1]。人力資源規劃是組織為適應動態的環境變化而做出的靈活的應對措施，它能不斷調整人力資源管理的政策以實現各種資源的供求平衡，從而實現組織目標。

人力資源規劃的必要性主要體現在以下幾個方面：①組織只有將人力資源規劃與人力資源管理活動緊密結合起來，才能解決因缺乏人力資源規劃而導致的人力資源開發不足以及不適應組織戰略發展要求的問題。②在不同的發展階段，組織對人力資源的需求不同，需要借助人力資源規劃進行相應的調整。③人力資源規劃能改變現有人力資源結構的不合理性。④有效的人力資源規劃可以減少組織未來發展的不確定性，可以對人力資源的數量、質量、結構進行相應的調整，內部人力資源的補充也離不開人力資源規劃。

2. 人力資源規劃的作用

（1）人力資源規劃的戰略作用。在組織環境變化的條件下，任何組織都會不斷地追求生存和發展的空間，人力資源的獲得和運用是其中最主要的制約因素。無論是人員需求量、供給量的確定，還是職務、人員以及任務的調整，不通過一定的規劃是難以有效實現的。將人力資源規劃提升到組織發展戰略的高度，與組織的其他發展策略相結合，為組織的人力資源管理提供了方向、指明了道路，可以保證從人力資源方面協助組織各部門實現組織目標，提高組織的工作績效。

（2）人力資源規劃的先導作用。人力資源規劃具有前瞻性，通過對組織未來環境的預測，可以及時為組織人員的錄用、晉升、培訓、調整以及用人成本的控製等，提供準確的信息和依據。人力資源規劃能預先監測到組織發展對人力資源需求的動向，可以及早引導組織開展相應的人力資源工作，以免組織面對環境的變化措手不及。因此，人力資源規劃有助於組織把握未來發展趨勢，能夠引導組織的人力資源決策，有助於組織幫助員工開展職業生涯規劃。

（3）人力資源規劃的保障作用。預測人力資源供求差異並進行調整，是人力資源規劃的基本職能。對於一個動態的組織來說，組織的內外環境由於種種原因處在不斷變動之中。外界環境的變化、組織內部人員的離職等都會造成人力資源缺口。這種缺口不可能自動修復。人力資源規劃可以通過對供求差異的分析，採取適當的措施吸引和留住組織所需的人員，同時調整這種差異，保證適時滿足組織對人力資源的各種需求。

（4）人力資源規劃的控製作用。人力資源規劃一方面通過對組織現有人力資源結構的分析，預測和控製組織人員的變化，逐步調整人員結構，使之趨於合理化，促進人力資源的高效使用；另一方面通過有效的薪酬規劃，盡可能降低用人成本。因此，在預測未來組織發展的條件下，有計劃地逐步調整人員的分佈狀況，把用人成本控製在合理的範圍內並加強人力資源規劃，就顯得非常重要。

（5）人力資源規劃的激勵作用。人力資源規劃有助於調動員工的積極性。通過合理的人員培訓和調配規劃，員工能夠找到適合自己的崗位，充分發揮自己的潛能；通

---

[1] 李昕. 略論企業人力資源規劃 [J]. 人口與經濟, 2006 (S1): 117.

過晉升和薪酬規劃，員工可以看到自己的發展前景，從而更有工作積極性。

（6）人力資源規劃的協調作用。人力資源管理是一個系統的過程，而人力資源規劃又是人力資源管理工作的基礎之一。它將人力資源管理的各項活動連接在一起，可以使組織的人力資源管理者在及時瞭解人力資源變化的基礎上，協調各方面的關係，改進相應的策略，有效地利用人力資源，促進組織的發展。

4.2 人力資源規劃的技術方法

組織進行人力資源規劃，通過進行具體的人力資源存量分析、需求預測以及供給預測來明確自身的人力資源狀況以及未來的人力資源需求變動和供給情況。

4.2.1 人力資源存量分析

人力資源規劃的首要工作是明確組織目前的現狀。要解決「我是誰」、「我在哪裡」的問題，就需要對組織現有的人力資源存量進行分析，包括對組織外部和內部人力資源存量的分析，主要是要搞清楚現有人力資源的數量、質量和分佈結構。

1. 外部人力資源存量分析

組織所掌控的資源是有限的，而其面臨的變化是層出不窮的，任何組織永遠都不可能將所有未來導向的相關高素質人力資源納入旗下。組織既要保留那些既能做好現有工作、又有能力執行下一步戰略的員工，又不能無視那些遊離在組織之外的高素質人力資源。將這些人力資源以虛擬的形式儲存起來顯得相當必要。被組織虛擬儲存的人員主要包括應聘人員中由於種種原因未被組織吸納的優秀人力資源、競爭對手的關鍵人物以及相關行業中引領潮流的權威等。組織要明確這部分人力資源的數量、質量以及目前的分佈狀況，從而進行有效的虛擬儲存，並不斷評估和更新虛擬儲存，為組織未來的發展儲備可用之才。

2. 內部人力資源存量分析

內部人力資源存量分析主要從四個方面進行：一是要摸清組織的人力資源現狀，可通過人力資源信息管理系統瞭解員工的工作經歷、能力和專長、教育水平、所受培訓等，以評價組織現有人力資源的狀況。在調查分析過程中，人力資源管理人員要做好工作分析，因為工作分析定義了各崗位應有的職責和權力，以及所需的任職資格，從而有助於人力資源管理者更準確地進行人力資源規劃。二是要判斷組織的人力資源結構是否合理。人力資源的結構性指標主要包括各部門人員比例，各層級人員比例，各層級以及各部門人員的知識結構、年齡結構、學歷結構和職稱結構。三是要運用測評技術對核心員工進行評估。四是要對組織內部人力資源狀況進行總體或分類統計。

內部人力資源存量分析的重點在於人力資源的標準體系，通常有以下幾種分析方法：

（1）動作時間研究。動作時間研究是指對一項操作動作需要的時間（包括正常作業、疲勞、延誤、工作環境配合、努力程度等因素）制定一個標準，再根據這個標準

和業務量，核算出人力資源的標準。

（2）業務審查。業務審查是測定工作量與計算人力資源標準的方法之一，該方法包括兩種：最佳判斷法——通過運用各部門負責人以及人力資源部門和策劃部門人員的經驗，分析出完成各種工作所需的工作時間，再據此計算人力資源標準；經驗法——根據完成某項任務或工作所消耗的人力資源，研究並分析每個部門的工作負荷，再利用統計平均數、標準差等確定完成某項工作所需的人力資源標準。

（3）工作抽樣。工作抽樣是一種統計推論的方法，它是以隨機抽樣的方法測定一個部門在一定時間內，實際從事某項具體工作所花費的時間占規定時間的百分比，以此百分比來測定人力資源通用的效率。[①]

4.2.2 人力資源需求預測

人力資源需求預測是人力資源規劃的基礎，它是指以組織戰略目標、發展規劃和工作任務為出發點，綜合考慮各種因素的影響，對組織未來某一時期所需人力資源的數量、質量等進行預測的活動。人力資源需求預測是否合理、科學，是整個人力資源規劃是否成功的關鍵。人力資源管理者進行人力資源需求預測，必須全面考慮組織內部和外部的各種因素，準確把握組織發展與人力資源需求之間的規律。

人力資源需求預測的方法大致可分為定性預測方法和定量預測方法兩大類。本節內容對定性預測法主要介紹現狀規劃法、經驗預測法、德爾菲法和因素描述法，對定量預測法著重介紹趨勢預測法、趨勢外推法、工作負荷法以及計算機模擬法。

1. 定性預測方法

（1）現狀規劃法。人力資源現狀規劃法是一種最簡單的預測方法，較易操作。它假定組織保持原有的生產規模和生產技術不變，則組織的人力資源也應處於相對穩定狀態，即組織目前各種人員的配備比例和人員的總數完全能滿足其預測規劃期內的人力資源需要。在此預測方法中，人力資源規劃人員所要做的工作只是測算出在規劃期內有哪些崗位的人員將得到晉升、降職、退休或調出本組織，再準備調動人員去彌補就行了。

（2）經驗預測法。經驗預測法是根據管理人員以往的經驗，由組織的最底層開始自下面上預測各部門的人員需求，並結合組織未來業務量的變動來預測人員需求變動量的方法。採用經驗預測法進行預測，需要那些熟悉業務且有豐富經驗和較高綜合分析能力的管理人員。這種預測是組織管理者對收集到的信息的一個全方位判斷，預測的結果將在核定人員配置計劃反饋後執行。該方法受主觀因素的影響較大，一般應用於短、中期預測。

（3）德爾菲法。德爾菲法又稱為專家意見法，是由美國蘭德公司於20世紀40年代提出來的。德爾菲法分為以下幾個步驟：首先，要求專家以書面形式提出各自對組織人力資源需求的預測結果，在預測過程中，各位專家不能互相討論或交換意見；其次，將專家們的預測結果收集起來進行綜合，再將綜合的結果通知各位專家，以進行

---

① 汪玉弟. 企業戰略與 HR 規劃 [M]. 上海：華東理工大學出版社，2008：188.

下一輪的預測；最後，將前面步驟重複多次，直至得出大家都認可的結論。通過這種方法得出的是專家們對某一問題的一致看法。

（4）因素描述法。因素描述法是人力資源規劃人員通過對組織在未來某一時期有關因素的變化進行描述或假設，並從描述、假設、分析和綜合中對將來人力資源的需求進行預測的方法。由於這是假定性的描述，因此對人力資源需求的預測就有多個結果，目的是應對環境因素的變化。

2. 定量預測方法

人力資源需求除了定性預測方法之外，還有一些實用的定量預測技術，有助於管理人員做出有關未來人員配置需求的判斷。以下主要介紹幾種定量預測方法：

（1）趨勢預測法。趨勢預測法是一種基於過去5年左右時間裡的員工雇用數據來分析組織的未來變化趨勢並以此預測組織未來某一時期人力資源需求量的預測方法。它具體又分為一般散點圖法和模型法。①一般散點圖法。該方法的具體做法是：收集組織在過去幾年內人員數量的數據並作出散點圖，然後運用數學方法對其進行修正，使其成為一條平滑的曲線，從該曲線可以估計出企業人員數量的未來變化趨勢。②模型法。該方法根據組織人員數量的變動情況，分析其影響因素，再選取合適的模型進行需求預測。趨勢預測法在使用時一般都要假設其他的一切因素都保持不變或變化的幅度保持一致，往往忽略了循環波動、季節波動和隨機波動等的影響。

（2）趨勢外推法。趨勢外推法又稱時間序列預測法。它是按已知的時間序列，用一定方法向外延伸，以得到現象的未來發展趨勢，具體又分為直接延伸法、滑動平均法。①直線延伸法只有在組織人力資源需求量在時間上表現出明顯均等延伸趨勢的情況下才可運用，可由需求曲線直接延伸得出未來某一時點的組織人力資源需求量。②滑動平均法是在組織人力資源需求量的時間序列不規則、發展趨勢不明確時，通過修勻進行預測的一種趨勢外推法。它假定現象的發展情況與較近一段時間的情況有關，而與較遠時間無關，故以近期內現象已知值的平均值作為后一期的預測值，主要適用於短期預測。

（3）工作負荷法。工作負荷法又稱比率分析法。它針對組織目標與實現目標所需人力資源數量間的關係，考慮每個人的工作負荷與組織目標的比率。組織的目標一般是指生產量或銷售量等易量化的目標。每個人的工作負荷則是指某一特定工作時間內每個人的工作量。運用工作負荷法，預測人員先預測未來一段時間裡組織要達到的目標，如根據待完成的產量或銷售量折算出工作量，再結合每個人的工作負荷就可以確定出組織未來所需人員的數量。

（4）計算機模擬法。運用計算機技術來完成人力資源需求預測在很大程度上要依靠計算機強大的數據處理能力。隨著人力資源信息系統的發展，一些組織已經在組織內部開發出了完善的人力資源信息系統，使用IT技術管理人力資源，將人力資源部門和相關部門所需的信息集中在一起，建立起綜合的計算機預測系統。比如，預測人員根據預先保存的單位產品直接工時信息和當前產品系列的銷售計劃，就可以初步確定直接生產人員的人數，進而確定組織內部的人力資源需求。

4.2.3 人力資源供給預測

人力資源供給預測也稱人員擁有量預測，是指組織為了實現既定目標，對未來一段時間內組織內部和外部各類人力資源的補充情況的預測。人力資源供給預測分為內部人力資源供給預測和外部人力資源供給預測。

1. 內部人力資源供給預測

內部人力資源供給預測的主要對象是組織內部的人力資源。其預測方法主要介紹以下幾種：

（1）馬爾科夫模型。馬爾科夫模型是一種內部人力資源供給的統計預測技術。其基本思路是通過歷史數據的收集，找出組織過去人力資源變動的規律，由此推測出未來的人力資源變動趨勢。馬爾科夫模型在理論上有點複雜，這裡主要以一個公司的實例進行說明。

首先，作人員變動矩陣表。表中每一個元素表示從一個時期到另一個時期人員變動的歷史平均百分比，一般以 5～10 年為一個週期來估計年平均百分比。週期越長，估計的結果越準確。如表 4-3 中的 G、J、S、Y 各列分別表示下一年留在該崗位的人數或百分比。從表 4-3（A）中可以看出，在任何一年裡，平均 80% 的高層領導人仍留在該組織；70% 的基層領導留在原崗位，10% 被提升為高層領導；80% 的高級會計師留在原崗位，5% 被提升為基層領導，5% 被降為初級會計師；大約 65% 的初級會計留在原工作崗位，15% 被提升為高級會計師。

表 4-3　　某公司人力資源供給預測的馬爾科夫模型分析

(A) 職位層次	人員變動概率				離職率
	G	J	S	Y	
高層領導（G）	0.80				0.20
基層領導（J）	0.10	0.70			0.20
高級會計師（S）		0.05	0.80	0.05	0.10
初級會計（Y）			0.15	0.65	0.20

(B) 職位層次	初期人員數量	G	J	S	Y	離職人數
高層領導（G）	40	32				8
基層領導（J）	80	8	56			16
高級會計師（S）	120		6	96	6	12
初級會計（Y）	160			24	104	32
預計人員供給量		40	62	120	110	68

註：① G 表示高層領導；J 表示基層領導；S 表示高級會計師；Y 表示初級會計師。② 職位層次自上而下依次為高級領導、基層領導、高級會計師、初級會計師。這種層次關係不是必然的，依每個公司的具體情況和制度而異。

其次，用歷史數據來表示每一種工作人員變動的概率，將計劃初期的每一種人員數量與人員變動比率相乘，繼而縱向相加，即得到組織內部未來人力資源的淨供給量。在表4-3（B）中，從行的方向，將各行初期人員數量與下一年留在該崗位的人數相減，就可以得出預計離職人數。根據表4-3中的數據，從列的方向，我們可以預計下一年有同樣數目的高層領導40人（G列預計人員供給量），即下一年留在高層領導（G）職位的32人與從基層領導（J）變動而來的8人之和；基層領導為62人（J列預計人員供給量），即下一年留在基層領導（J）職位的56人與從高級會計師（S）變動而來的6人之和；高級會計師有120人（S列預計人員供給量），即下一年留在高級會計師（S）職位的96人與從初級會計（Y）變動而來的24人之和；初級會計有110人（Y列預計人員供給量），即下一年留在初級會計（Y）職位的104人與從高級會計師（S）變動而來的6人之和。

（2）技能清單。技能清單是用來反應員工工作能力特徵的一張列表，這些特徵包括教育、由組織資助進修的課程、以前的經歷、持有的證書、已通過的考試等。技能清單是對員工競爭力的一個反應，可以用來幫助人力資源規劃人員估計現有人員調換工作崗位的可能性大小，判斷有哪些員工可以補充組織的空缺。人力資源規劃者不僅要保證為組織空缺的工作崗位提供相應數量的員工，同時還要保證每個空缺的崗位都有合適的人員來填充。

表4-4　　　　　　　　　　　員工技能清單實例

姓名	部門	到職日期	來源	出生日期	職稱

教育背景	類別	學位種類	畢業日期	畢業學校	專業
	大學				
	碩士				
	博士				
	博士後				

培訓背景	培訓主題	培訓機構	培訓時間

技能	技能種類	技能證書

評價	

培訓需要	改善目前的技能和績效
	使員工具備完成工作所需要的經驗和能力

表4-4(續)

職業發展興趣	是否願意到其他部門工作	是	否
	是否願意擔任其他類型的工作	是	否
	是否願意接受工作輪換以豐富工作經驗	是	否
目前可晉升或輪換的崗位			

(3) 現狀核查法。現狀核查法就是對組織現有人力資源的質量、數量、結構以及分佈狀態進行核查，並掌握組織現有人力資源的具體情況，以便為組織的人力資源決策提供依據。它的典型步驟有：①對組織的工作職位進行分類，劃分其級別；②確定每一職位、每一級別所需的人數（見圖4-1）。

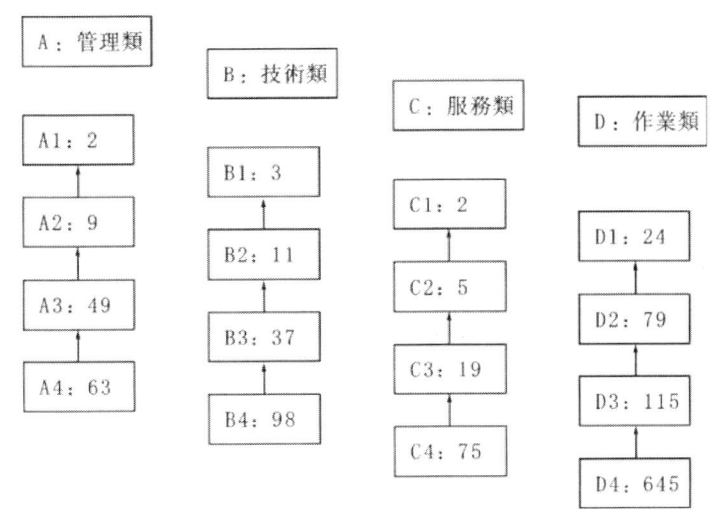

```
A：管理類          B：技術類        C：服務類        D：作業類

A1: 2             B1: 3           C1: 2           D1: 24
 ↑                 ↑               ↑               ↑
A2: 9             B2: 11          C2: 5           D2: 79
 ↑                 ↑               ↑               ↑
A3: 49            B3: 37          C3: 19          D3: 115
 ↑                 ↑               ↑               ↑
A4: 63            B4: 98          C4: 75          D4: 645
```

圖4-1 現狀核查法圖示

註：冒號后面的數字表示人數。

(4) 替換圖法（見圖4-2）。替換圖法是根據現有人力資源的不同專業崗位來描述組織結構的方法。這種方法最早應用於人力資源供給預測，主要針對高層管理者。此方法是在現有人力資源分佈狀況、未來理想人員分佈和流失率已知的條件下，根據待補充職位空缺所要求的晉升量和人員補充量，求知人力資源供給量，並分析出組織中每一個空缺職位的內部供應源。其基本思路是：①根據組織結構圖，確定需要替換職位的架構，制訂一份組織內各層次、各部門管理職位的繼任計劃，對每一管理職位確定1~3名繼任候選人；②根據現有的人力資源分佈狀況及績效評估資料，對各個職位的替換人選預作安排，並記錄各職位備選人員預計可晉升的時間；③綜合分析整個組織的人員替換情況，作出人力資源替換圖，明確人力資源供給量；④對組織戰略目標與個人職業生涯進行評估，實現人力資源的成功替換。

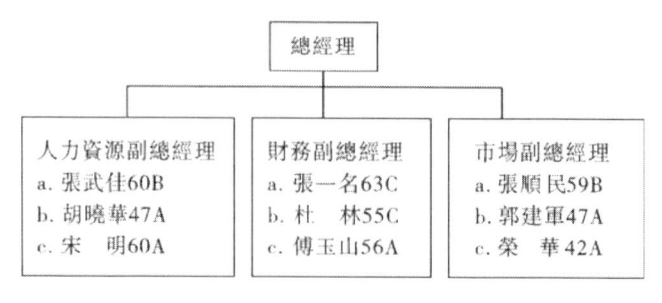

```
                    ┌──────────┐
                    │  總經理   │
                    └────┬─────┘
        ┌────────────────┼────────────────┐
┌───────────────┐ ┌───────────────┐ ┌───────────────┐
│人力資源副總經理│ │ 財務副總經理  │ │ 市場副總經理  │
│ a. 張武佳60B  │ │ a. 張一名63C  │ │ a. 張順民59B  │
│ b. 胡曉華47A  │ │ b. 杜 林55C   │ │ b. 郭建軍47A  │
│ c. 宋  明60A  │ │ c. 傅玉山56A  │ │ c. 榮  華42A  │
└───────────────┘ └───────────────┘ └───────────────┘
```

圖 4-2　人員替換圖

註：①數字表示年齡；
　　②目前表現：（左列）　　　提升潛力：（右列）
　　　　出色的 - a　　　　　　可以提升 - A
　　　　滿意的 - b　　　　　　需要進一步培訓 - B
　　　　有待改進的 - c　　　　有問題 - C

2. 外部人力資源供給預測

內部人力資源供給不足時，人力資源規劃人員需要考慮外部人力資源供給的可能。外部人力資源供給預測是針對具體組織而言的，主要預測未來一段時期內外部人力資源市場的供給狀況，對可能為組織提供各種人力資源的渠道進行分析，最終得到組織所需人力資源的實際供給情況。外部人力資源預測的方法很多，常用的有市場調查預測法、相關因素預測法和統計預測法三種。

（1）市場調查預測法。市場調查預測法是指運用科學的方法，系統地、客觀地收集、整理和分析與人力資源市場相關的信息，並在此基礎上判斷人力資源市場的未來發展趨勢。組織可以通過國家統計年鑒或各種專業調查諮詢機構公布的數據及時掌握人力資源市場的動態，也可親自參與市場調查，獲得有價值的第一手資料來預測人力資源市場的變化規律。市場調查的方法有很多，在此列舉幾種常用方法：①文獻查閱法，即通過查閱各種經濟信息期刊、市場行情資料及產品目錄大全等文獻，瞭解市場的一般狀況；②問卷調查法，即設計開放性問卷，通過對調查對象進行採訪或詢問取得所需資料；③直接觀察法，即依靠有經驗的市場調查研究人員對市場直接觀察的結果，來判斷市場狀況；④根據組織本身累積的資料進行調查；⑤會議調查法，即通過各式各樣的會議收集信息，如每個時期的人才招聘會、人才信息發布會等。

（2）相關因素預測法。相關因素預測法就是通過調查來確定影響人力資源市場的各種因素，分析這些因素對人力資源市場的作用和影響力度，以預測未來人力資源市場的發展規律和趨勢。人力資源市場的影響因素較多，一般只需分析組織因素和勞動生產率這兩個主要影響因素。以聯想集團為例，該組織在成為奧運會贊助商和併購IBM 的 PC 業務之後，開始迅速發展海外業務，預測這些地區的顧客量、銷售量、產量變化等因素對聯想品牌的國際化影響程度。相關因素預測法所選取的組織因素必須滿足兩個條件：①與組織基本特性直接相關，組織以此來制定戰略規劃；②與所需員工數量成比例。

（3）統計預測法。統計預測法是指根據過去的情況和資料建立數學模型並以此對未來人力資源供給趨勢做出預測。常用的統計預測法有比例趨勢分析法、經濟計量模型法、一元線性迴歸預測法、多元線性迴歸預測法、非線性迴歸預測法等，這裡就不再一一介紹。

4.2.4 人力資源供需平衡的方法

組織的人力資源需求與人力資源供給相等，就稱為人力資源供需平衡。組織在不同的生命發展週期，其人力資源供需平衡的狀態是幾乎沒有的，即人力資源供需失衡是時常存在的。供需失衡主要有三種可能的情況，即供大於求、供不應求和結構失衡（某類人員供不應求，而同時其他類型的人員供過於求）。組織需要針對不同的情況採取相應的措施，對其進行調節。

1. 供不應求

當人力資源預測的供給小於需求時，組織可以採取以下調節措施：其一，外部調節。外部調節主要有兩個方面——外部招聘和對組織的某些人力資源業務外包。外部招聘包括返聘退休人員，雇用全職人員，招聘臨時人員或提供兼職崗位等。通過對組織某些人力資源業務的外包也可以滿足組織的人力資源需求。其二，內部調整。內部調整可以從以下幾方面著手：①採用正確的政策和措施調動現有員工的積極性；②培訓本組織的職工，對受過培訓的員工，視情況擇優提升、補缺，並相應提高其工資等待遇；③進行平等性崗位調動，適當進行崗位培訓；④延長員工工作時間或增加工作負荷量，並給予超時超工作負荷獎勵；⑤改進技術或進行超前生產。[1]

2. 供過於求

當人力資源的預計供給大於需求時，組織可以採取以下措施進行平衡：①組織擴大經營規模，或者開拓新的增長點，以增加對人力資源的需求。②實行提前退休政策。組織可以適當放寬退休的年齡等限制，或者給那些接近退休年齡的員工以補償，促使更多的員工願意提前退休。③永久性的裁員或者辭退。這種方法比較直接，但要受相關法律法規的限制。④縮短員工工作時間、實行工作分享或者降低員工的工資。⑤對多餘人員進行培訓，這相當於進行人才儲備，為未來發展做好準備。⑥凍結招聘。組織可以停止從外面招聘人員，通過自然減員來減少供給。

3. 結構失衡

在實踐過程中，人力資源供求失衡可能不是單一的供不應求或供過於求。組織往往出現人力資源的結構失衡，比如高級人力資源供不應求，而初級人力資源供大於求。組織應根據實際情況，對各類員工採取相應的調整措施，制定出合理的人力資源規劃，使各部門的人力資源在數量和結構等方面都能趨於平衡。組織可以以內部調節為主，把某些多餘的員工調整到需要的崗位上，也可外聘新員工，給組織帶來新的技術和新的管理思想。

---

[1] 王玉坤. 淺談企業人力資源規劃方法 [J]. 經濟技術協作信息, 2008（8）：11.

4.3 人力資源規劃的制定與實施

從組織人力資源規劃的整體過程來看，人力資源規劃應包括規劃的制定和實施兩個階段。對於人力資源規劃的制定階段，本節將介紹人力資源規劃制定的原則與流程；對於人力資源規劃的實施階段，本節將介紹人力資源規劃的實施與控制。

4.3.1 人力資源規劃制定的原則

人力資源規劃的制定主要遵循以下六個原則：充分考慮組織內外部環境的變化；組織與員工共同成長；注重與組織文化的融合；注意人力資源規劃的穩定性；注重人力資源規劃的完整性；注重人力資源規劃的動態性。

1. 充分考慮組織內外部環境的變化

人力資源規劃只有充分地考慮了組織內外部環境的變化，才能適應組織的現實需要，做到為組織的發展服務。內部環境變化主要是指銷售、開發或組織發展戰略的變化，還有組織員工的流動等；外部環境變化指社會消費市場、政府的人力資源政策、人力資源市場方面的變化等。為了更好地適應這些變化，人力資源管理者在進行人力資源規劃時，必須對可能影響組織運作的內部和外部力量加以衡量、評估並做出反應，應該對可能出現的情況做出風險預測，最好設計出應對風險的策略。

2. 組織與員工共同成長

組織的成長是指組織資本的累積，銷售額的增加，組織規模和市場的擴大。組織人力資源管理的目標是為了幫助組織壯大和發展。同時，人力資源規劃不僅是面向組織的計劃，也是面向員工的計劃。組織的發展與員工的發展之間是互相依託、互相促進的關係。如果只考慮組織的發展而忽視員工的發展，就會有損於組織發展目標的實現。有效的人力資源規劃，一定是能夠使組織與員工獲得長期利益的計劃，也是能夠使組織與員工共同發展的計劃。

3. 注重與組織文化的融合

組織文化的核心就是培育組織的價值觀。人力資源管理者在組織人力資源規劃中必須充分注意組織文化的融合與滲透，保障組織的文化特色。只有這樣，才能使組織的人力資源具有延續性，才能使組織擁有符合本組織文化的人力資源。國外的一些大公司都非常注重人力資源規劃與組織文化的結合。比如，松下的「不僅生產產品，而且生產人」的組織文化觀念，就是組織文化在人力資源戰略中的體現。

4. 注意人力資源規劃的穩定性

人力資源規劃在組織發展的各個階段都是不可或缺的，但針對組織不同的生命週期階段，人力資源管理者需要制定不同的人力資源規劃。在組織的初創期和成長期，人力資源規劃的基本內容和目標是為了組織的壯大和發展，這個時期需要制定人員擴張的人力資源規劃；在組織的轉型期，要明確組織的未來發展方向，協調好勞資關係，因而需要制定戰略性的人力資源規劃，做好組織的人力資源再造和接續工作，要重點

考慮組織未來是增員還是減員等問題；在組織的發展期，需要制定一個穩健的人力資源規劃，要以組織的穩定發展為前提，也可考慮人員淘汰方面的人力資源規劃，以便為未來組織的再造期做好準備；在組織的再造期，可以再次制定人員擴張的人力資源規劃，主要考慮人員招聘方面的問題。

5. 注重人力資源規劃的完整性

一般的人力資源規劃只包括人員配置計劃，即人員增長、人員補充、人員調配和員工離職等方面的計劃。但在市場競爭激烈且人力資源管理日益成熟的條件下，這些最基本的人力資源規劃遠遠不夠。一個完整的人力資源規劃應該包括總計劃、職務編製計劃、人員配置計劃、人員需求計劃、人員供給計劃、教育培訓計劃等。

6. 注重人力資源規劃的動態性

面對瞬息萬變的信息、技術革新和紛繁複雜的市場需求，組織必須不斷改變經營觀念和管理策略，逐步改變把人力資源規劃簡單理解為收集靜態信息和制定相關人力資源政策的舊觀念，而應該將人力資源規劃看做一個動態的過程。人在不斷發展，組織也在不斷成長。人力資源管理者必須隨著組織的不斷發展和市場的不斷完善，靈活地制定相應的人力資源規劃，從而達到發現人才、使用人才、留住人才的目的。

4.3.2 人力資源規劃的流程

為了達到預期的目的，人力資源規劃需要按照一定的流程來進行。人力資源規劃的流程可分為以下五個步驟：組織發展戰略和外部環境分析、現有人力資源存量分析、人力資源供需預測、人力資源規劃的制定以及人力資源規劃的評估與控製。人力資源規劃的流程如圖4-3所示。

1. 分析組織發展戰略和外部環境

組織的發展戰略是制定人力資源規劃的根本依據。因此，人力資源管理者在進行人力資源規劃時有必要具體分析組織的發展目標、發展規劃、發展重點、經營策略等。戰略的變化會對組織的人力資源需求產生重要影響，人力資源規劃必須滿足組織發展戰略的要求。

組織的外部環境包括人力資源市場供求狀況、人力資源文化素質、法律法規、本地區和本行業的平均工資水平、擇業偏好、教育水平等。這些因素也會制約人力資源規劃的制定。因此，人力資源管理者必須充分考慮這些因素的影響，將其作為制定人力資源規劃的重要參考因素。

2. 分析現有的人力資源存量

在組織戰略的指導下，核查現有人力資源的狀況，其關鍵在於弄清現有人力資源的數量、質量、結構以及分佈狀況。人力資源存量分析在第二節裡已經提及，這裡就不再贅述。

3. 人力資源供需預測

人力資源供需預測的主要任務是在充分掌握信息的基礎上，選擇適用的預測技術方法,對組織在未來某一時期的人力資源供給和需求做出預測。這是人力資源規劃中

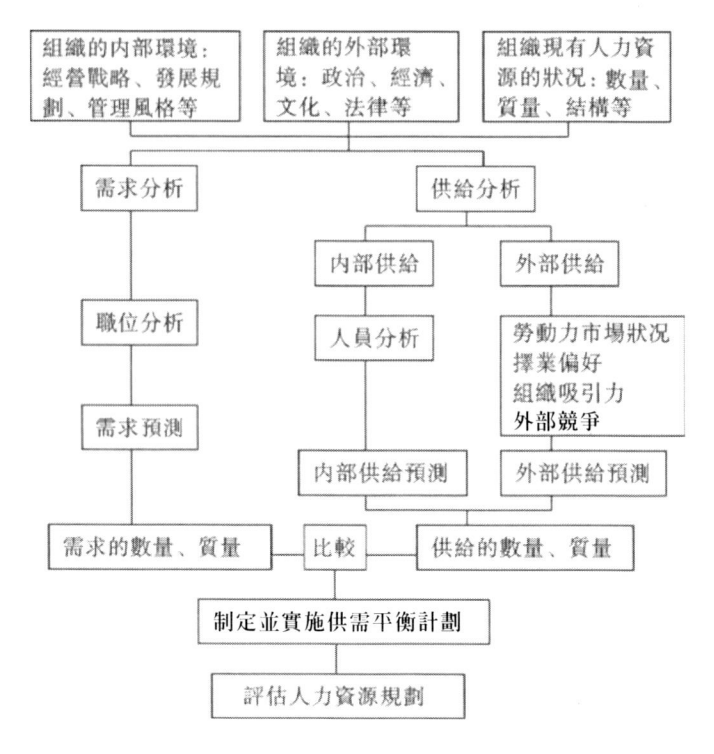

```
┌─────────────────┐  ┌─────────────────┐  ┌─────────────────┐
│ 組織的內部環境： │  │ 組織的外部環   │  │ 組織現有人力資 │
│ 經營戰略、發展規 │  │ 境：政治、經濟、│  │ 源的狀況：數量、│
│ 劃、管理風格等   │  │ 文化、法律等   │  │ 質量、結構等   │
└────────┬────────┘  └────────┬────────┘  └────────┬────────┘
         │                    │                    │
      需求分析              供給分析
                      ┌──────┴──────┐
                   內部供給       外部供給
         │                              │
      職位分析           人員分析    勞動力市場狀況
                                     擇業偏好
                                     組織吸引力
         │                              │  **外部競爭**
      需求預測        內部供給預測   外部供給預測
         │                  │            │
   需求的數量、質量    比較      供給的數量、質量
                         │
              制定並實施供需平衡計劃
                         │
                 評估人力資源規劃
```

圖 4-3　人力資源規劃流程[1]

最關鍵的一個環節，直接決定著人力資源規劃的成敗。人力資源管理者只有科學地預測出人力資源的供給和需求，才能採取有效的措施平衡供需。

4. 人力資源規劃的制定

組織人力資源規劃的制定，包括總體規劃和各項業務規劃的制定。人力資源管理者要注意總體業務規劃和各項業務規劃以及各項業務規劃之間的銜接和平衡，提出調整供需的具體政策和措施。典型的人力資源規劃應包括規劃的時間限制、目標、現狀分析、具體內容、制定者等。人力資源規劃的制定要做到全面考慮、統籌兼顧。

5. 人力資源規劃的評估與控製

組織的人力資源規劃在實施過程中可能會出現一些偏差，出現與實際不符或偏離組織戰略的情況。因此，在規劃實施完畢時，人力資源管理者要及時評估、檢驗相關規劃的合理性和有效性，發現問題並及時調整規劃。人力資源規劃本身就是一個動態的變化過程，隨著組織戰略的變化，組織的人力資源規劃也應隨之調整。

4.3.3 人力資源規劃的實施

組織的人力資源管理工作就是在人力資源規劃「制定—實施—成功—再制定—再實施」的不斷循環中完成的。人力資源規劃的成功實施對組織人力資源的順利、健康

---

[1] 董克用，葉向峰．人力資源管理概論［M］．北京：中國人民大學出版社，2003：159．

發展有很大的指導作用。

1. 人力資源規劃的實施方式

組織人力資源規劃的實施方式主要是自上而下的實施。其中自上而下的實施又包括指令型人力資源規劃實施方式、指導型人力資源規劃實施方式和合作型人力資源規劃實施方式。

(1) 指令型人力資源規劃實施方式。指令型人力資源規劃實施方式主要依賴於組織最高領導層對人力資源規劃和具體決策方案的認可。在這種執行方式下，人力資源規劃和方案的最後決定權集中在少數人手中，使規劃在具體實施中可以根據環境變化進行調整，具有很大的靈活性。

(2) 指導型人力資源規劃實施方式。在指導型人力資源規劃實施方式下，組織的高層領導也是人力資源規劃和方案的設計者和指導者，人力資源規劃和方案的實施主要依賴於組織結構、組織激勵和系統控制。這種人力資源規劃實施方式，使得人力資源規劃對外界環境變化的反應不夠靈敏，可能會導致組織人力資源規劃在迅速變化的環境中失去應有的作用。

(3) 合作型人力資源規劃實施方式。在合作型人力資源規劃實施方式下，人力資源規劃和方案的最高決策權依舊控制在最高領導層手中，但是各種人力資源規劃和決策方案的產生需要組織的管理層乃至作業層共同參與。這種實施方式更容易得到組織中大多數員工的支持，從而調動員工的積極性和創造性，有利於人力資源規劃的成功實施。

2. 人力資源規劃的具體實施

在組織人力資源規劃的實施中，首先要將人力資源規劃的戰略目標分解到部門和員工個人，使每一個部門和員工都有自身的目標、方向和責任；其次，需要對組織結構進行調整，以保證規劃目標的實現。人力資源規劃最終能否實現還取決於組織資源的支持，因此還需要對組織的人、財、物等各種資源進行優化配置，以保證人力資源規劃的順利實施。

(1) 人力資源規劃目標的時間分解。人力資源規劃需要將組織長期的戰略發展目標分解成一個個中期目標，再將這些中期目標分解成以年為單位的短期目標。這樣通過對目標的時間分解，可以使人力資源規劃十分清楚，具體到每一個階段、每一年度，使人力資源規劃容易實現，並且有利於人力資源規劃在實施過程中的監督、控製和檢查。

(2) 人力資源規劃目標的空間分解。要想調動組織全體員工和所有部門實施人力資源規劃的積極性，人力資源管理者就必須將人力資源規劃的整體目標分解到每一個部門、每一個員工。每一個部門都應當瞭解本部門在人力資源規劃中所處的地位和應當發揮的作用，明確所需人力資源的數量和質量，主動、積極地採取各種有效措施配合人力資源規劃的實施；每一個員工瞭解本部門未來的人力資源發展目標以後，就可以確定或調整自己的職業生涯規劃，以便在實現部門人力資源規劃目標的同時也實現自己的職業生涯目標。

(3) 人力資源規劃目標的過程分解。組織人力資源規劃的實現過程可分為培養、

配置和使用三個環節。組織通常需要對所需的人力資源進行培養，這主要是由組織外部的社會教育部門或其他組織來完成的，也有組織自己完成培養的情況。人力資源在使用以前還應該進行合理的配置，使各種人力資源能夠按照資源的最佳配置原則得到合理運用。人力資源規劃的最後實施過程是人力資源的使用過程。人力資源的使用效果是評價人力資源規劃成功與否的關鍵，如果人力資源的使用效果沒有達到預期目標，就需要及時進行人力資源的重新配置，甚至是人力資源的再培養。在人力資源規劃的實施過程中，人力資源的培養、配置和使用交織一起，互相作用。

（4）人力資源規劃的組織資源支持。人力資源規劃的組織資源支持包括以下兩個方面：①組織結構的調整支持。組織結構是人力資源規劃實施的基礎和保證，人力資源規劃的實施離不開組織結構的支持。在實施人力資源規劃時，人力資源管理者需調整組織結構以適應人力資源規劃的目標。組織結構的調整應遵循適應性和高效精簡的原則。②資源重新配置的支持。人力資源規劃的實施，首先依賴於人力資源的培養，而人力資源的培養需要資源的投入，即人力、財力和物力的投入。對組織人、財、物等資源的重新配置，就是為了在人力資源規劃中充分發揮人力資源的最大效用。

4.3.4　人力資源規劃實施的控制

在人力資源規劃的實施過程中，人力資源管理者可能會遇到許多在之前的人力資源規劃制定過程中未曾預見的問題。如果這些問題不能及時被發現和解決，有可能使人力資源規劃的實施陷入進退兩難的窘境，甚至給組織戰略帶來極大的危害。因此，為保證人力資源規劃的順利實施，及時應付人力資源規劃實施過程中出現的突發事件，人力資源管理者需要對人力資源規劃實施控制。

1. 人力資源規劃實施的控制方式

（1）事前控制。事前控制是指在人力資源規劃實施之前，對人力資源規劃的可靠性和可行性進行檢查、驗證，並設計適當、可行的計劃，預計人力資源規劃執行過程中所需要的各種條件和資源。在人力資源規劃實施前，人力資源管理者就應當為規劃的發展方向、發展軌跡和發展速度進行事前估計，並準備好各種控制方案。

（2）關鍵控制和全程控制。關鍵控制是指在人力資源規劃的實施過程中，對人力資源規劃實施的關鍵時機、環節、人員、崗位、部門和資源進行控制。全程控制是對人力資源規劃實施過程中的所有環節進行控制。前者的控制成本明顯要低於後者。

（3）全員控制和專業控制。全員控制是指參與人力資源規劃的所有相關人員均參與控制，並且對所有人力資源規劃對象進行控制。專業控制則只由人力資源管理部門中負責規劃實施的人員參與控制活動。前者的控制成本高，但是控制更全面。

在對組織人力資源規劃的實施進行控制時，人力資源管理者通常將多種控制方式結合使用，以確定是否繼續實施人力資源規劃，或者是否需要採取措施對人力資源規劃實施中的問題進行糾正。

2. 人力資源規劃實施的控制過程

（1）確定控制目標。為了對人力資源規劃的實施進行有效控制，人力資源管理者首先應當確定控制目標。一般情況下，規劃的實施目標與人力資源規劃目標是一致的。

在設立控制目標時，人力資源管理者應選擇與組織發展戰略有關的控制目標。控制目標是一個體系，包括總目標、分目標和具體目標。

（2）制定控制標準。控制標準是依據控制目標而定的。控制標準也是一個完整的體系，由定性控制標準和定量控制標準構成。定性控制標準應該與人力資源規劃目標一致，能夠進行具體評價。定量控制標準必須能夠計量和對比。人力資源規劃控制標準必須能夠與本組織的歷史狀況相比較，與同行業的競爭對手相比較，或者與國內外的先進組織相比較。

（3）建立控制體系。組織需要建立一個完整的，可以及時反饋、準確評價和及時糾正的體系來對組織人力資源規劃的實施進行控制。該體系能夠從人力資源規劃實施的具體部門和個人那裡獲得有關人力資源規劃實施狀況的信息，並將這些信息迅速地傳遞到人力資源規劃的管理控制部門。管理控制部門可以將這些信息與控制標準進行對比、評價。該體系還可以在必要的情況下對實施中的問題進行及時糾正。

4.4 人力資源規劃的評價

4.4.1 人力資源規劃的評價指標體系

本節主要從人力資源規劃與組織戰略的一致性、人力資源規劃的可行性、實施的可操作性、效果的可衡量性四個相互聯繫、相互支持的角度來衡量具體的人力資源規劃對組織的適應性。在這四個方面，人力資源規劃與組織戰略的一致性是核心，人力資源規劃的可行性和實施的可操作性是一致性的保證和支持，效果的可衡量性是評價該人力資源規劃，進而反過來幫助修正和完善原有人力資源規劃的前提。通過這些指標，人力資源管理者可以對已制定的人力資源規劃進行評價，找出最適合組織的人力資源規劃。

1. 人力資源規劃與組織戰略的一致性

人力資源規劃是組織戰略規劃在人力資源供需方面的分解，為實現組織的戰略目標而服務。因此，人力資源規劃的制定必須基於組織的戰略目標。衡量人力資源規劃和組織的戰略是否一致，可採用以下兩個衡量指標：

（1）人力資源規劃與組織戰略目標的一致性。人力資源規劃所指向的目標應該與組織的戰略目標一致，為組織的戰略目標服務。按照美國著名戰略學家波特的競爭戰略理論，組織戰略可分為低成本戰略、差異化戰略和集中化戰略。人力資源規劃必須與不同的組織戰略目標一致。①低成本戰略。低成本戰略的核心是使組織的成本低於競爭對手。人力資源規劃應強調在人力資源取得、使用、調整等環節的有效性和低成本性，著力於控制和降低用人成本，精簡機構和人員，保持適當的規模，消除不必要的重複工作，降低福利費用，實施按績效付酬的方案，改進生產效率，避免由訴訟和調整而產生的費用等。②差異化戰略。差異化戰略是對組織提供的產品或服務進行創新，形成一些在全行業範圍內具有獨特性的東西。在人力資源規劃方面，組織需要更

新全體員工的技能，即需要在外部招募、教育與培訓、協同配合、技術轉讓、人員配備、項目管理、跨學科整合、個人技能開發和培訓需求評價等方面進行變革。③集中化戰略。集中化戰略是指組織集中為某個特定的顧客群、某產品系統的一個細分區段或某一個地區市場服務。

(2) 人力資源規劃與組織文化的整合性。組織文化決定著員工的價值觀、行為、習慣，因此組織制定的人力資源規劃應當充分體現組織文化的精髓。一個組織的人力資源規劃是否符合該組織的文化，表現在：①人力資源規劃的管理理念是不是從組織文化的核心內容中提煉出來的；②人力資源的招募計劃是不是以組織文化為指導的，是否招募到認同本組織文化的人力資源；③在人力資源規劃的編製中，有沒有體現組織文化，組織是否建立了組織文化控製體系，以維護其正確的發展方向；④薪酬計劃有沒有與組織文化結合起來，做到同工同酬。

2. 人力資源規劃的可行性

人力資源規劃不是紙上談兵，它必須與組織的實際情況相吻合，有其現實可行性。組織的發展狀況和境遇各不相同，組織的人力資源規劃也應有所不同，其制定應該立足於組織的生命發展週期、面臨的機遇與挑戰、組織形式、組織現有的人力資源等。人力資源規劃的可行性可以從以下兩方面衡量：

(1) 編製的人力資源供需清單是否符合組織實際。適合組織的人力資源規劃，應該充分考慮到組織所面臨的人力資源供給和需求的特殊狀況，考慮到實行規劃的可能性。要考察人力資源清單是否切合實際，人力資源管理者首先應分析組織內部人力資源供給的可能性。人力資源管理者在編製人力資源需求清單之前應當利用「技能清單數據庫」、「人員替換圖」、「人力接續計劃」等方法和工具，分析組織內部人力資源供給的可能性，編製內部人力資源供給清單。其次，人力資源管理者還應分析組織外部人力資源供給的可能性。當組織內部的人力資源供給無法滿足組織未來的人力資源需求時，人力資源管理者應當審視組織外部人力資源供給是否能夠滿足組織未來的人力資源需求，並編製外部人力資源供給清單，從而主動利用組織的外部條件來支持戰略的實施。

(2) 人力資源規劃與其他規劃的相容性。人力資源規劃是組織目標在人力資源供需方面的分解，它與組織其他方面的規劃，如生產計劃、銷售計劃、財務計劃、研發計劃等共同構成組織目標的支撐系統，所以必須與其他規劃在資金、人員、時間等方面相互配合。

3. 人力資源規劃實施的可操作性

人力資源規劃必須要有現實的可操作性。可操作性的衡量標準有：

(1) 人力資源規劃的內容和程序是否完全。從橫向的角度來看，人力資源規劃的內容應包含總規劃、人員補充計劃、人員使用計劃、人員接替與提升計劃、教育培訓計劃、評估與激勵計劃、勞動關係計劃和退休解聘計劃。從縱向的角度來看，人力資源規劃的程序主要應包括組織發展戰略和外部環境分析、現有人力資源存量分析、人力資源供需預測、制定和實施人力資源規劃，以及對實施結果進行評估和反饋。

(2) 人力資源規劃的實施細則和控製體系是否詳盡。人力資源規劃對各項工作的

規定和描述是否清楚也是人力資源規劃的一個評價指標。人力資源規劃的實施細則和控製體系建立以後，在人力資源規劃的實施過程中，人力資源管理者還應當進行即時跟蹤控製，以保證人力資源活動始終與人力資源規劃一致。

（3）人力資源信息系統是否具備。人力資源信息系統是收集、匯總和分析與人力資源管理有關信息的計算機操作系統。在組織力所能及的條件下，信息系統所涵蓋的信息不僅要詳細，還應符合組織的特點和需要，使眾多複雜數據和資料的調閱、處理都能在計算機上完成。

4. 人力資源規劃效果的可衡量性

人力資源管理活動產生的結果不是直接與組織效益掛勾的。因此，人力資源規劃的效果不易直接衡量，而應通過人力資源規劃所引導的實踐活動對其他計劃的協助作用來進行衡量。衡量指標有：員工的流失率；員工離職后，崗位重新被填補的時間和所花費的成本；人力資源規劃部門與提供數據和使用人力資源規劃的業務部門之間的工作關係；有關部門之間信息溝通的難易程度；決策者對人力資源規劃中提出的預測結果、行動方案和建議的使用程度。

4.4.2　人力資源規劃過程中的問題及解決方案

在人力資源規劃被廣泛運用並取得較好效果的同時，一些組織也在制定人力資源規劃的過程中遇到許多難以解決的問題。下面將介紹人力資源規劃過程中的一些常見問題，並提出了相應的解決方案。

1. 員工抵觸

員工抵觸是指員工在組織人力資源規劃的實施過程中採取不合作與不配合的態度，甚至產生抵觸情緒。例如，在收集人力規劃信息的時候，一些員工很少提供真實而有用的信息。個別員工甚至聲稱：「規劃規劃，紙上寫寫、牆上掛掛」，「單位還有其他很多重要的事情都沒解決好，人力資源規劃急什麼？」員工的抵觸給人力資源管理者造成了諸多困擾，使人力資源規劃工作不能順利進行。

解決員工抵觸的方案主要有這樣幾種：

（1）樹立人力資源規劃人員專業、公正的形象。在人力資源規劃正式開始之前，組織需要做足準備工作：①對人力資源規劃人員進行必要的培訓，促進人力資源規劃人員知識與技能的提高；②在經費允許的情況下，引入外部智囊團或聘請諮詢機構實施人力資源規劃，可以在一定程度上保證人力資源規劃的質量與公正性；③向員工承諾人力資源規劃不會給其帶來工作上的較大變化，人力資源規劃人員將秉承公正的原則制定各項人力資源政策，以打消員工的顧慮。

（2）鼓勵員工積極參與人力資源規劃的制定。組織應盡可能地將員工代表納入到人力資源規劃過程中，使員工切實瞭解整個人力資源規劃的內涵、重要性、實施進度與過程，應當加強人力資源規劃人員與員工的互相溝通與理解。這樣，員工才會將真實而有用的信息反饋給規劃人員，從而調動員工的主動性和配合性。

（3）爭取領導支持。成功的人力資源規劃離不開領導的大力支持。除了加強與員工的溝通之外，規劃人員還應與領導進行良好的溝通，爭取領導的大力支持，以便規

劃工作順利展開。

2. 流程粗糙

目前，中國有不少組織的人力資源規劃過程主觀性、隨意性較強，流程比較粗糙。事實上，有效的人力資源規劃是一項技術性較強的工作，需要結合組織內部人力資源的現狀，用一系列科學的技術方法來確保人力資源規劃能夠與組織戰略相匹配，能夠適應內外部環境的變化並科學地預測未來，從而為實現組織的戰略目標提供必需的人力資源。

要解決人力資源規劃流程粗糙、主觀性、隨意性較強的問題，有這樣三種解決方案：

（1）採用科學的信息收集方法。收集真實有效的信息是組織人力資源規劃制定的有效保證。信息的收集可以綜合採用前面提到的文獻查閱法、問卷調查法和訪談法等。文獻查閱法能夠獲取組織內外大量的人力資源信息，汲取標杆組織的實踐經驗；問卷調查法的調查範圍廣泛、效率高，而且收集來的信息可以通過描述統計和推斷統計進行現狀研究和預測；訪談法有利於深入收集調查問卷上無法反應的信息。以上三種方法各有利弊，組織在時間與經濟允許的條件下，將三種方法結合運用，效果最佳。

（2）運用數據處理方法全面瞭解現狀。在收集到第一手資料的基礎上，規劃人員還需要運用統計工具對其進行加工分析，以瞭解現狀和預測未來。規劃人員運用統計分析方法主要是為了瞭解和分析組織人力資源的結構、現狀，以及調查對象對人力資源規劃的看法等。

（3）選擇合適的人力資源規劃工具。常用的人力資源規劃工具有三種，即SWOT分析法、問題導向法和PEST法。SWOT分析是指對組織優勢、劣勢、機會和威脅的分析。問題導向法是在制定人力資源規劃時，圍繞組織目前和未來可能會出現的主要問題，在一定約束條件下，提出相應對策的一種分析方法。PEST分析法主要是用於分析人力資源規劃制定的宏觀環境的方法。

3. 人力資源規劃缺乏操作性

員工拿到人力資源規劃書時，有時會覺得規劃在實際執行過程中有較大困難，難以落實，究其原因如下：①規劃人員制定規劃時，對任務安排得過於籠統，難以操作；②規劃缺乏彈性。隨著外界環境變動的加劇，任何人力資源規劃都不可能精確地預測未來組織的內外部的環境。「計劃趕不上變化」，執行人員面對與實際環境脫節的人力資源規劃，會感到無所適從。

然而，這並不代表人力資源規劃無效。「凡事預則立，不預則廢」，組織可從以下幾個方面來加強人力資源規劃的可操作性：

（1）分層設置目標，內容由宏觀到微觀。人力資源規劃應該是包括多個層次、由宏觀到微觀、由粗至細的體系。這個體系的頂層應是人力資源規劃的總方向與總目標，底層應是由總目標具體細化、落實到各個部門、各個環節甚至每個員工的具體任務與安排。比如，一些組織的人力資源規劃就由戰略總目標、分目標、項目和行動計劃四個層級構成。總目標旨在明確方向，具體的項目與行動計劃反過來又支持總目標的實現。

（2）任務時間明確化。人力資源規劃要落到實處，還需要明確具體任務的時間進度。人力資源規劃不僅需要確定實現目標的具體行動計劃，還要明確實現目標的時間限制。比如，員工培訓的具體行動計劃是：①2006年運用訪談法、問卷調查等方法進行員工培訓需求分析；②從2007年開始，根據員工興趣、工作需要、時間安排，開發菜單式培訓計劃；③2008年開始，進行培訓效果評估，根據效果評估的結果，總結經驗和教訓，改善培訓安排。

（3）實施動態的人力資源規劃。動態人力資源規劃就是在人力資源規劃的第一階段結束時，根據該階段規劃的實際執行情況和組織內外環境的變化，對原有的人力資源規劃進行修訂，並在此後根據同樣的方法逐期進行調整的一種人力資源規劃方法。對於中長期人力資源規劃而言，採用動態人力資源規劃可以保證在環境變化出現某些不平衡時，對各期計劃及時進行調節，從而增強人力資源規劃的彈性，保持人力資源規劃對環境的適應性。

4. 虎頭蛇尾

人力資源規劃的一種常見尷尬情形是，一些組織花費了大量人力和物力制定出一份人力資源規劃書之後，就宣告人力資源規劃工作結束了，即「雷聲大、雨點小」或虎頭蛇尾。一個完整的人力資源規劃不僅包括人力資源規劃的制定，還包括實施、控制與評價。無論人力資源規劃如何縝密，由於各種各樣的原因，其在執行時總會或多或少地出現與人力資源規劃不一致的現象，因此需要對人力資源規劃進行控制和評價。

針對「虎頭蛇尾」的人力資源規劃，其解決方案有：

（1）人力資源規劃的全程控制。這主要是指對人力資源規劃的事前控制、同期控制以及事後反饋。當人力資源規劃在執行中出現偏差時，人力資源規劃人員應該首先判斷該偏差是偶然問題還是常見問題，判斷偏差的嚴重程度是否威脅人力資源規劃目標實現；然後，探究導致該偏差的主要原因，對不同的原因應採取不同的糾正措施。比如，培訓效果的降低，可能是由於培訓教材沒有做到理論聯繫實際，也可能是因為組織錯誤地選擇了培訓教師，還可能是由於培訓內容與員工的工作聯繫不緊密，導致員工缺乏興趣等。人力資源規劃人員得知培訓效果降低的真實原因之後，應再尋找合適的解決途徑。

（2）多部門協調、共同控制。人力資源部門在規劃的實施過程中扮演著重要的角色，需要制定各種制度並與各個部門溝通，以保證人力資源規劃的順利實施。在人力資源規劃的實施與執行過程中，人力資源部門還應當尋求其他相關部門的積極配合，實施多部門同時控制。例如，人力資源部門在進行培訓需求調查、滿意度調查、工作分析問卷調查、職位勝任能力調查等時，其他部門都應該共同配合，以完成問卷的發放與回收。

（3）選擇合適的指標進行人力資源規劃評估。在將人力資源規劃的預期結果與實際執行后的反饋結果進行比較、判斷和分析時，人力資源規劃人員應選擇合適的、主觀性與客觀性相結合的指標進行評估，為下一個人力資源規劃的制定與實施提供及時而有意義的信息，幫助組織汲取有益的經驗。

本章小結

本章按照人力資源規劃「是什麼」、「為什麼」、「用什麼技術方法」、「怎麼做」以及「如何評價」的思路展開。

第一節首先介紹了人力資源規劃的含義，包括人力資源規劃的界定、分類、影響因素；然後，介紹了人力資源規劃的主要內容，即總體規劃和各項業務規劃，後者又包括了人員補充計劃、人員分配計劃、人員接替和提升計劃、培訓計劃、薪酬激勵計劃、勞動關係計劃、退休解聘計劃等；最後，闡述了人力資源規劃的必要性和作用。

第二節主要介紹了人力資源規劃的技術方法。著重描述了人力資源供需預測方法。例如，人力資源需求預測的方法主要分為定性分析方法和定量分析方法兩種。其中，定性分析方法包括現狀規劃法、經驗預測法、德爾菲法、因素描述法等；定量預測方法包括趨勢預測法、趨勢外推法、工作負荷法、計算機模擬法等。人力資源供給預測又分為內部人力資源供給預測和外部人力資源供給預測。內部人力資源供給預測方法有馬爾科夫模型、技能清單、現狀核查法、替換圖法等；外部人力資源供給預測方法主要介紹了市場調查預測法、相關因素預測法、統計預測法。

第三節主要介紹了人力資源規劃的制定和實施。本節首先闡述了人力資源規劃制定的原則，即充分考慮組織內外部環境的變化、組織與員工共同成長、注重與組織文化的融合、注意人力資源規劃的穩定性、完整性以及動態性六大原則；其次，描述了人力資源規劃的流程，即組織發展戰略和外部環境分析、現有人力資源存量分析、人力資源供需預測、人力資源規劃的制定以及人力資源規劃的評估與控製；再次，從實施方式及實施過程兩個方面對人力資源規劃的實施作了簡要闡述；最後，從人力資源規劃實施的控製方式和控製過程兩方面介紹了如何對人力資源規劃的實施進行控製。

第四節主要介紹了如何通過構建人力資源規劃的評價指標體系，來對人力資源規劃的優劣進行評價，並對人力資源規劃中遇到的一些問題提出瞭解決方案。

復習思考題

1. 什麼是人力資源規劃？它包括哪些內容？
2. 人力資源規劃的作用如何？
3. 人力資源規劃的流程是怎樣的？
4. 如何進行人力資源規劃的供需預測？其方法有哪些？
5. 如何有效地實施人力資源規劃？
6. 如何對人力資源規劃進行評價？

案例分析

上海銀行：制定人力資源規劃，打造四支人才隊伍

2007—2010年是上海銀行全面建設現代金融企業，努力成為資本充足、內控嚴密、營運安全、服務和效益良好、具有鮮明特色和較強競爭力、符合國際慣例和標準的上市銀行的重要戰略發展時期。為了給全行發展提供良好的人力資源支撐，上海銀行制定了四年人力資源規劃，將致力於打造四支人才隊伍，不斷提高員工的整體素質和能力。

1. 人力資源規劃的制定背景

建行以來，上海銀行始終堅持走人才強行之路，緊緊圍繞建設現代金融企業的中心工作，牢固確立「人力資源是第一資源」的指導思想，始終堅定不移地開展幹部人事制度改革，創新體制機制；堅定不移地調整人員結構，優化人力資源配置；堅定不移地加大人才培養力度，提高全員素質。初步建立了統一、集中、開放的人力資源管理框架，並從傳統的勞動人事管理向現代金融企業人力資源開發轉變，為全行改革發展提供了基本支撐。

隨著外部經營環境的加速變化、市場競爭白熱化，各家金融機構，特別是外資金融機構對人才的爭奪將日趨激烈，以及銀行內業務流程和組織架構再造、跨區域經營等戰略行動的展開，新一代核心業務系統上線、風險控制水平提升、盈利和增長模式轉變等經營管理方式的持續轉型。上海銀行感到要適應變化和轉型，全行幹部員工的素質和能力還需得到進一步提升。

2. 人力資源規劃的目標

上海銀行人力資源規劃的指導思想是：以增強綜合競爭力為主線，貫徹「著眼發展、立足培養、控制總量、優化結構、全面提升」的基本方針，進一步轉變觀念，堅持市場化改革方向，持續創新管理模式，不斷完善體制機制，使全行員工隊伍形成合力、提高能力、激發活力、增強凝聚力，使人力資源管理工作為全行戰略目標的實現提供有力支撐。

堅持六個基本原則：一是控制總量，提高質量。立足全局，在保證業務發展的前提下，注重人力資本效率，有效控制人員數量增長。二是立足培養，多管齊下。引進人才，優化配置等多管齊下，加強培訓、輪崗、輔導和實踐鍛煉，不斷提高員工綜合素質和能力。三是分類管理，分級實施。按照流程銀行的要求，對營銷、風險控制、管理、執行操作等不同類別崗位的人員，探索實施差異化的人才培養、人事管理、考核評價和激勵約束等機制，並由總、分、支行分級實施。四是突出重點，儲備骨幹。以「四支隊伍」建設為重點，帶動全行員工隊伍整體素質的提升。五是德才兼備，全面發展。進一步強化員工職業道德教育，堅持德才兼備的選人用人導向。六是以人為本，制度保障。積極穩妥推進幹部人事制度改革，促進員工與企業的共同發展，努力

提高員工忠誠度，維護和諧穩定的用人環境。

3. 人力資源規劃的實施措施

未來四年，上海銀行將重點建設領軍人才、專業技術人才、基層管理人才和操作服務人才四支隊伍。為此，該行將加強人力資源管理的基礎建設，穩妥推進幹部人事制度改革，科學合理配置人力資源，調整人員結構，完善薪酬體系和考核評價機制，增強培訓的系統性、針對性，使員工隊伍的整體素質和能力提高到新的水平。

（1）進一步完善幹部培養、選拔和任用機制。一是逐步在全行各級領導人員中全面推行競聘上崗，強化「賽馬場上選駿馬」的選人用人機制；幹部使用堅持民主、完善考核、加強監督、加大流動，堅持優勝劣汰。二是建立行內領軍人才和高級專業人才梯形結構的后備人才庫，落實各級組織的培養責任，加強持續跟蹤考察；探索實施人才培養、使用、考察的標準化管理。

（2）探索形成科學、高效的後備人才培養模式。一是進一步提高「中青班」學習、崗位磨煉等人才培養方式的規範化、系統化。實施後備人才交流鍛煉計劃，提高後備幹部實務能力。二是嘗試樹立一批人才培養的示範單位，總結經驗並加以推廣，帶動全行後備人才培養的整體推進，形成良好環境和氛圍。三是對新進行的高校畢業生，按不同業務條線進行定向培養，明確其職業發展方向、目標、實施步驟、考核要求等，形成標準化的操作流程；對有一定行內工作經驗的高校畢業生，通過充分運用行內人才市場等方法，鼓勵其向緊缺崗位流動。

（3）強化有效的人員補充機制。一是對緊缺崗位、引進業務和管理骨幹，對特殊人才提供特殊待遇。二是統籌做好應屆高校畢業生錄用工作，並按照專業條線的人才要求，實行應屆高校畢業生定向招聘。三是每年吸收一定數量的金融職校畢業生，作為櫃面和其他操作崗位人員的補充來源。

（4）持續加強人力資源管理的基礎工作。一是適時修訂《上海銀行勞動合同制實施辦法》等規章制度。二是認真執行《上海銀行員工違反規章制度處理暫行規定》、出台《上海銀行員工崗位聘用實施細則》等制度，將全行人員結構調整與員工日常管理有機結合，從根本上提高員工聘用、使用、考核、獎懲等人事管理工作的規範化、標準化。三是梳理和完善各項人力資源管理工作的操作流程，強化執行，提高全行人力資源管理水平和效率，降低管理成本。

（5）堅持市場化改革方向，完善薪酬福利體系和考核激勵機制。一是結合組織架構再造，對全行崗位體系進行重新梳理，在此基礎上完善薪酬體系的激勵功能。二是探索針對營銷、風險控制、管理、操作等不同部門和人員的考核激勵方法。三是對緊缺的重點、骨幹人才，形成具有充分競爭力的吸引、留住人才的激勵機制。四是探索員工薪酬的動態調整機制，繼續建立、完善多層次、立體型的員工福利保障體系。

（6）以四支隊伍為重點，加大培訓資源投入，進一步完善相應的培訓體系和流程。一是配合後備幹部培養，根據其不同職業發展階段和崗位任職要求，設計實施有連續性和針對性的梯度培訓方案。二是針對不同的專業技術人才，逐步形成和完善不同系列的專項培訓。三是按照各路支行標準化建設要求，探索實行各路支行行長任職資格考試制度，並加強後續培訓。四是對操作服務人員，規範操作技能培訓，同時進一步

加強企業文化、職業道德、風險防範、服務藝術等方面的綜合培訓。

資料來源：佚名. 上海銀行：制定人力資源規劃，打造四支人才隊伍［EB/OL］. ［2007－04－20］. http：//www.chinahrd.net/management－planning/strategic－planning/2007/0420/122755.html.

討論與思考：
1. 怎麼評價上海銀行的人力資源規劃？
2. 如果請你完善這個人力資源規劃，你準備如何完善？

參考文獻

［1］勞埃德·拜厄斯，萊斯利·鲁. 人力資源管理［M］. 7版. 李業昆，譯. 北京：人民郵電出版社，2004.

［2］鄭曉明. 人力資源管理導論［M］. 北京：機械工業出版社，2005.

［3］王惠忠. 企業人力資源管理［M］. 上海：上海財經大學出版社，2004.

［4］董克用，葉向峰. 人力資源管理概論［M］. 北京：中國人民大學出版社，2003.

［5］胡八一. 人力資源規劃實務［M］. 北京：北京大學出版社，2008.

［6］李昕. 略論企業人力資源規劃［J］. 人口與經濟，2006（S1）.

［7］汪玉弟. 企業戰略與HR規劃［M］. 上海：華東理工大學出版社，2008.

［8］王玉坤. 淺談企業人力資源規劃方法［J］. 經濟技術協作信息，2008（8）.

5　招聘管理

引導案例

富士康公司在北京招聘「工讀生」[1] 的方案

富士康為了加強其產品在校園內的推廣，為了加強對渠道的管控，提供學生參加社會實踐的機會，在校園內招聘工讀生，具體要求如下：
(1) 在校大一、大二學生；
(2) 對計算機產品相對有一些瞭解；
(3) 做事情認真、仔細、負責，能熟練使用 Word、Excel，語言表達能力強。

工作內容和時間如下：
(1) 周六和周日，在中關村各大賣場對已裝機客戶的身分進行產品首推等調查；
(2) 平時在校園內進行富士康產品的推廣。

表現優異者，畢業後會推薦到富士康公司工作，工讀生工作期間，可以學到很多知識，還有較好的待遇，期待同學們加盟，期待同學們來電、來信，我們會統一安排面試。

聯繫人：袁莉麗
電話：82888918-39937
郵箱：Li-Li.Yuan@foxconn.com

資料來源：中關村在線. 富士康公司北京招聘工讀生的方案 [EB/OL]．(2007-03-06) [2009-09-27]．http://news.zol.com.cn/51/519167.html．

學習目標

1. 瞭解招聘的概念和招聘的一般程序。
2. 掌握人員甄選的基本技術方法。
3. 瞭解人員招聘的兩種主要招募渠道，闡述內部招募與外部招募的優缺點。

---

[1] 此處的工讀生，即半工半讀的學生，類似兼職學生，而非通常所講的，在工讀學校進行一些半強制的學習、教育和勞動的犯過錯誤的學生。

4. 掌握人員內部招募與外部招募的各種方法。
5. 正確對招聘過程進行評估。
6. 掌握提高招聘效果的途徑。

招聘管理在企業人力資源管理中有著重要地位，招聘結果的好壞不但會影響企業的順利發展，而且也直接影響著企業的員工流動率和人力資源管理費用。在知識經濟時代，企業競爭的核心已經聚焦於人才的競爭，擁有人才是企業在競爭中取勝的法寶，所謂「得人才者得天下」。因此，招聘管理是人力資源管理非常關鍵的職能之一。

5.1 招聘概述

企業會因為各種情況產生人員需求，這就需要通過招聘工作來滿足企業發展對人才的需要。招聘是一項巨大的工程，會耗費大量的人力、物力，所以企業在進行招聘決策時需要慎重行事。

5.1.1 招聘的概念

招聘是指「為了實現組織目標和完成組織任務，由人力資源管理部門和其他部門按照科學的方法，運用先進的手段，選拔崗位所需的人力資源的過程」[1]。

招聘是企業吸收與獲取人才的過程，是獲得優秀員工的保證。人員招聘分為兩部分：招募和甄選。招募是聘用的基礎和前提，聘用是招募的目的與結果。[2] 招募是企業根據工作分析和人力資源規劃的要求，通過一定的渠道與方法，尋找並吸引合適的、有潛力的、薪酬合理的候選人來填補工作空缺的活動。甄選則是通過使用各種測評技術與選拔方法，挑選合格員工的過程。

一般情況下，企業或組織招聘員工的原因有以下幾種：①新創建一個企業或組織，為了滿足企業或組織的技術、生產、經營需要而招聘合適的員工；②原有企業或組織由於業務發展，規模擴大，而現有人員不夠；③現有職員隊伍結構不合理，出現崗位空缺或現有崗位上的人員不稱職；④企業或組織內部因為原有員工調任、離職、退休或升遷等而產生職位空缺；⑤機構調整時的人員流動；⑥為了使企業或組織的管理風格、經營理念更加具有活力，防止「近親繁殖」，從外部招聘新的人員。

總之，企業要與時俱進，就需要不斷吸納新生力量。所以，招聘工作是企業人力資源管理的一項最基本的活動。

---

[1] 諶新民，熊燁. 員工招聘方略 [M]. 廣州：廣東經濟出版社，2002：2.
[2] 鄭曉明. 現代企業人力資源管理導論 [M]. 北京：機械工業出版社，2002：177.

5.1.2 招聘的原則

1. 公開、公平原則

（1）公開原則。企業應向社會公布有關招聘的信息，如招聘單位，招聘職位的種類、數量、所要求的資格條件、招聘的方法和時間等。這樣可以給予社會上的人才一個公平競爭的機會，達到廣招人才的目的。此外，這樣還可以讓社會對招聘活動進行監督。

（2）公平原則。公開招聘信息后，企業對吸引而來的應聘者要做到一視同仁，不得人為地製造不平等的限制和條件（如性別歧視、種族歧視等），以及各種不平等的優先政策。企業應嚴格遵照先前制定的人力資源招聘規劃和招聘流程進行招聘活動，要做到「不拘一格選人才」，防止「拉關係」、「走后門」、「裙帶關係」，貪污受賄和徇私舞弊等現象的發生。

2. 競爭、擇優原則

（1）競爭原則。在人員篩選過程中，企業應通過考試競爭和考核鑑別來確定人員的優劣和人員的錄用。企業可以通過設計一個好的招聘廣告和制定一個合理的應聘標準，來動員和吸引較多的應聘者，這樣競爭才激烈，才容易挑選出優秀的人力資源。

（2）擇優原則。擇優是招聘活動的根本目的和根本要求。擇優是在公開、公平和競爭的基礎上從應聘者中選擇優秀的人力資源。因此，招聘方應該先制定擇優的標準，採取科學的技術與方法進行選擇，為企業或組織引進最合適的人員。

3. 人—崗匹配原則

每個人的能力特點和能力水平存在著差異，各種工作崗位的任務難易程度和要求也有區別，所以企業在招聘人員時，不一定要選擇最優秀的人員，而應該量才錄用，做到人盡其才、用其所長、職得其人，最大限度地發揮和挖掘員工的潛能。堅持該原則必須克服兩種錯誤傾向：一是降低職位的用人標準來選人；二是追求素質最高、質量最好、超出崗位資格要求的人力資源。

4. 效率原則

效率原則是指企業或組織根據各自不同的招聘要求，靈活地選用適當的招聘形式，盡可能用最低的招聘成本錄用最合適的員工。招聘活動都存在招聘成本。招聘成本主要包括廣告費，招聘人員的工資、差旅費、通訊費，對應聘者進行審查、評價和考核的費用以及「崗位試錯費」[①] 等。

5. 先內后外原則

當企業或組織內出現崗位空缺時，原有的內部員工有競爭上崗的優先權。這個原則主要立足於在組織內現有的員工中發現、使用和培養高素質人力資源，有利於組織內部員工工作積極性的調動和個人職業的發展。內部招聘不但可以降低招聘成本，又

---

① 崗位試錯費，即招聘的離職成本。它是指一旦企業招聘到不合格的員工，要將其辭退並重新進行招聘所發生的各項支出（重置成本）以及由此造成的培訓費的流失（歷史成本）和與組織業務有關的商業機密、技巧、方法和經驗等的間接損失（機會成本）。

可以調動員工的積極性，有利於組織的內部穩定和發展。但是，如果組織大部分工作崗位的人員都是從內部招聘而來的，就必然會導致人際關係複雜化，使人際矛盾加劇，導致組織經營思想保守、墨守成規。所以招聘工作要做到內部招聘優先，同時兼顧外部招聘。

6. 雙向選擇原則

招聘者與應聘者作為招聘工作的兩個主體，兩者在招聘過程中是相互選擇的。組織按照預先設計的標準和條件選擇應聘者，同時應聘者也在按照心中的標準選擇適合自身發展的組織，只有當雙方「情投意合」時，才能實現招聘工作的成功。因此，應聘者選擇了組織，就要認可組織的文化和價值觀，忠誠於組織，為組織目標的實現而努力工作。組織選擇了應聘者，就要充分考慮應聘者自我發展與自我實現的需要，盡量為其發展提供良好的機會和條件。

7. 寧缺毋濫原則

如果企業或組織在招聘工作中花費了大量的人力、物力和財力，卻找不到合適的人選，就可能會面對以下兩個選擇：一是「寧缺毋濫」；二是「委曲求全」。這時企業就要從成本損失的角度進行考慮，選擇前者會損失固定的招聘成本，但選擇後者，可能會產生崗位試錯費用。選擇后者所產生的直接、間接損失費用遠遠大於前者的損失費用。

8. 全面原則

在招聘過程中，企業要對應聘者的品德、知識、能力、智力、個性、心理、過去的工作經驗和業績等，進行全面細緻的考試、考核和考察。一個人能否勝任某項工作，或者其發展前途如何，是由多種因素決定的，「特別是非智力因素起著決定性的作用」[1]。

9. 守法原則

在招聘過程中，企業必須遵守國家的法令、法規和政策，尤其應注意性別、種族和宗教等方面的問題。人力資源管理部門在設計招聘計劃時要特別注意這些問題，招聘人員也要注意自己的言行舉止，否則會給企業帶來麻煩或不必要的損失。

5.1.3 招聘的作用

員工的招聘工作是人力資源管理中最基礎的工作，占據首要地位，其作用主要表現在以下幾個方面：

1. 招聘是企業獲取人力資源的重要手段

招聘是為了滿足企業發展對人才的需要。企業要想持續發展，在不同的發展階段就會需要不同數量和種類的人才。企業如果無法獲取足夠且有質量的員工，就無法營運下去。企業在不同的生命週期，也要動態地調整員工的結構，使企業的人力、物力、財力達到最優配置。

---

[1] 鄭曉明. 現代企業人力資源管理導論 [M]. 北京：機械工業出版社，2002：179.

2. 招聘有利於組織形成競爭優勢

招聘可以確保員工素質，有利於組織形成競爭優勢。一個組織的員工素質的高低，在一定程度上決定了企業在競爭激烈的市場中所處的地位。招聘就是企業獲取這些高素質人員的重要環節。它通過科學的技術與方法，經過層層的選拔，從眾多應聘者中篩選出企業滿意的人員。

3. 招聘是組織人力資源管理工作的基礎

招聘是組織人力資源管理工作的基礎，在一定程度上維持著員工隊伍的穩定。組織若想將員工隊伍的穩定性維持在一個較高的水平，組織的人力資源管理部門就要做好人員的招聘工作。在招聘過程中，招聘者要認真審查應聘者的個性、心理、背景和經歷等，從中判斷他們的忠誠度，從一開始就要消除一部分不穩定因素，以減少新員工的非正常流動及其給企業造成的損失。

4. 招聘有助於樹立良好的組織形象

成功的招聘工作是樹立良好組織形象的廣告活動。在進行外部招聘時，招聘宣傳資料包括了組織的基本情況介紹、發展方向、政策方針等，通過向社會公眾傳播這些信息，可以使更多的人瞭解和認識該組織。因此，招聘也成為向公眾宣傳企業的大好時機。此外，公正透明的招聘過程也有助於組織樹立良好的雇主品牌。

5. 招聘有利於組織文化建設

有效的外部招聘工作通過引進新員工，給企業帶來新的經營管理理念，使員工隊伍具有活力；同時，內部招聘也有利於職員工之間的良性競爭，使他們能夠面對新的工作挑戰。這就有利於組織文化的長期建設。

5.2　招聘的測試技術方法

招聘的測試過程就是對應聘者進行甄選的過程。要從眾多的應聘者中選拔出與空缺崗位最匹配的人員，就要在甄選過程中選用合適的測試方法與技術。測試工作由人力資源管理部門會同用人部門共同組織實施，主要的測試方法有筆試、面試、測試、工作樣本和管理評價中心等。

5.2.1　筆試

筆試又叫知識考試，是指「通過紙筆測驗的形式對應聘者的知識廣度、知識深度和知識結構進行瞭解的一種方法」[1]。筆試也就是讓被測試人在試卷上筆答事先擬好的試題，然後由主考官根據被測試人解答的正確程度評定成績的一種測試方法。這種方法可以有效地測量應聘者的基本知識、專業知識、管理知識、相關知識、綜合分析能力和文字表達能力等素質及能力要素。

筆試的優點主要有：適用面廣、費用較少、取樣較多、對知識、技能和能力考核

---

[1] 鄭曉明. 現代企業人力資源管理導論［M］. 北京：機械工業出版社，2002：200.

的準確性較高；可以對大規模的應聘者同時進行篩選，費時少、效率高；可以大規模地應用，報考人員的心理壓力較小，較易發揮水平，成績評定比較客觀，相關資料易於保存；可以進行團體測試，效率較高。

筆試的缺點是不能全面考察應聘者的價值觀、責任心、積極性、品德、工作態度，以及組織管理能力、口頭表達能力和操作技能等。但筆試最大的缺點還是命題者的命題技術水平因人而異，導致試題的隨意性大、質量參差不齊。因此，筆試雖然有效，但還需要以其他測評方法進行補充，如測試、技能測試等。

一般來說，在組織的人員招聘中，筆試主要作為對應聘者的初次選拔，成績合格者才能繼續參加面試，或者進行下一輪的測試。

5.2.2 面試

一般來說，面試有五大要素，即應聘者、主考官、測試內容、實施程序和面試結果。在招聘工作中，人力資源管理者在設計面試時，需要圍繞這五大要素來進行。通過面試，招聘者與應聘者可以雙向溝通，相互瞭解各自需要的信息。招聘者在面試過程中，運用一些適當的面試技術，可以瞭解應聘者的語言表達能力、反應能力、個人修養、求職動機、邏輯思維能力等；同時，應聘者也可以瞭解自己將來在這個組織中的發展前景，並將個人期望與現實情況進行比較分析，從中判斷組織提供的職位是否與個人的興趣相符等。因此，面試是人員甄選過程中十分重要的一種測試方法。

1. 面試的類型

（1）面試按所要達到的效果劃分，可以分為初步面試和診斷面試。初步面試類似於面談，比較簡單、隨意。它由人力資源部門負責，主要用來增進用人單位與應聘者的相互瞭解，起到初步篩選作用。診斷面試則是對經初步面試篩選合格的應聘者進行實際能力與潛力的測試，往往由用人部門負責，人力資源部門參與。對於高級管理人員的面試，企業高層領導也要參加。這種面試對組織的錄用決策與應聘者是否加入組織至關重要。

（2）面試按參與面試過程的人員數量來劃分，可以分為個別面試、小組面試、集體面試與流水式面試。個別面試是一對一的，有利於雙方深入瞭解，但其結果易受主考官主觀因素的干擾。小組面試是多對一的，可提高面試結果準確性，克服主觀偏見。集體面試，是多對多的，通常由主考官提出一個或幾個問題，引導應聘者回答、討論，並從中發現、比較應聘者的表達能力、思維能力、組織領導能力、解決問題的能力、交際能力等。集體面試的效率較高，但對面試主考官的素質要求高，要求每位主考官在面試前對每位應聘者的情況要有大致的瞭解。流水式面試是每一位應聘者按事前安排好的次序分別與幾個考官面試。面試結束後，各主考官聚集在一起，匯合及比較對各應聘者的觀察與判斷。這種方法能對應聘者所具有的各種能力加以全面考察，具有較大的優越性。流水式面試在外企的招聘中是一種常用的測試方法。

（3）面試按組織形式是否標準化和程序化，可分為結構化面試、非結構化面試以及半結構化面試。結構化面試是指事先對面試的內容、方式、評委構成、程序、評分標準及結果的分析評價等構成要素制定統一的標準並嚴格按此標準進行面試。結構化

面試減少了主觀性，對考官的要求低，信度與效度較高，但缺點是過於僵化，難以隨機應變，收集信息的範圍會受到限制。結構化面試取得成功的關鍵在於事前的準備，尤其是對工作技能需求的分析。非結構化面試無固定模式，所提的問題往往是開放式的，帶有較大的隨意性。主考官所提問題的真實目的往往帶有很大的隱蔽性，要求應聘者有很好的理解能力與應變能力。半結構化面試綜合了結構化面試與非結構化面試的特點，是一種常見的面試方法。

(4) 面試按測試的目的劃分，可分為壓力面試與評估性面試。壓力面試往往給應聘者一個意想不到的問題或將應聘者置於一種不舒適的環境中，以考察其對壓力的承受能力，常常用於招聘銷售人員、公關人員與高級管理人員。評估性面試主要用於評估工作業績。

(5) 面試按內容的側重點劃分，可分為行為描述面試與能力面試。行為描述面試是基於行為的連貫性原理發展起來的。行為描述面試中所提的問題，都是從工作分析中得到的。主考官通過詢問應聘者過去的工作經歷，以判斷在特定的工作情形下，應聘者的哪些行為模式有效，哪些行為模式無效，並據此預測他在本組織中將會採取的行為模式。能力面試不太注重應聘者的以往經歷，更關注他們如何去實現所追求的目標。在能力面試中，主考官通過尋找 STAR（S 即情景，Scene；T 即任務，Task；A 即行為，Action；R 即結果，Result）的方法來確定應聘者的能力優勢。

2. 面試的程序

(1) 面試前的準備。面試前的準備主要包括：①明確面試的目的；②認真瀏覽應聘者的材料；③制定面試提綱，提綱要有側重點；④確定面試的時間、地點並制定面試評價表。

(2) 構建面試氣氛。主考官要創造一種和諧的面談氣氛，常用的方法有握手歡迎、寒暄、問候、自我介紹、微笑、放鬆的姿勢等。和諧的面談氣氛可使面試雙方建立一種信任、親密的關係，消除應聘者的緊張恐懼感，同時也給應聘者留下良好印象。

(3) 正式面試。正式面試的內容包括：①詢問應聘者的職業經歷、職業計劃以及調換工作的原因；②基於應聘職位，瞭解應聘者的有關技能和專業知識；③主考官要就此得出相關結論；④向應聘者介紹企業及各部門、各工作崗位的情況；⑤讓應聘者提問。

(4) 結束面試。面試應當在友好的氣氛中結束，主考官可以稍作總結，表示面試結束。不論應聘者是否會被錄用，主考官要告訴他面試結果的通知時間。

(5) 面試評價。當應聘者離開後，主考官應當檢查並整理面試記錄，填寫面試評價表，核對有關材料，得出總體評價意見。在所有面試結束後，招聘者需要將多位主考官的評價結果匯總，形成對應聘者的統一認識，並根據需要將所有應聘者的面試評價結果綜合排序。

5.2.3 測試

測試是對人的智力、潛能、氣質、性格、態度、興趣等心理特徵進行測度的標準化測量工具。它應當具有較高的信度和效度，以及穩定的常用模型。

常見的測試包括智力測試、特殊能力測試、一般能力傾向測試、人格測試、職業興趣測試、價值觀測試、筆跡測試等。

1. 智力測試

智力是「一種思考和解決問題的總體能力，與語文能力、理解能力、記憶能力、抽象思考能力、判斷能力等都有關係」[1]。智力測試主要是對應聘者的數字能力和語言能力進行測試，是一種被廣泛使用的甄選工具。智商用於表示被試智力水平的高低。智商的表示方式有比率智商和離差智商兩種。比率智商主要用於表示兒童的智力水平，而成年人的智力水平常採用離差智商來表示。

現今世界上比較有影響的個體智力測試有：斯—比量表、韋克斯勒智力量表、瑞文測驗和考夫曼精簡智力測驗以及考夫曼青年和成人智力測驗。斯—比量表是1916年由斯坦福大學教授特曼（Lewis Terman）發表的，採用比率智商表示。韋克斯勒智力量表簡稱韋氏量表，是由戴勒·韋克斯勒（David Wechsler）編製的、用於成人智力測驗的量表。其后，韋克斯勒又相繼開發出了不同版本的量表。瑞文測驗是由英國心理學家瑞文於1938年編製的一種非文字智力測驗，適用於6歲以上的被試。考夫曼精簡智力測驗以及考夫曼青年和成人智力測驗是考夫曼（Kaufman）根據卡特爾的液體智力和固體智力理論開發的。前者適用於4~90歲的被試，后者適用於11~85歲的被試。但是后者比前者要多花3~4倍的時間。比較有影響的團體智力測試有翁德里克人事測驗。翁德里克人事測驗在商業和工業領域被廣泛用作人員甄選的工具，其信度與效度都比較高。

2. 特殊能力測試

特殊能力測試又叫技能測試，主要是針對一些特定職位而設定的測試。比如，對秘書進行文書能力測驗；對機修工進行機械能力測試；對會計進行珠算、記帳、核算等能力測試。

3. 一般能力傾向測試

一般能力傾向測試是用於測量被試從事某項工作所具備的某種潛在能力的測試。它在人員選拔與安置中應用最廣。美國勞工部的一般能力傾向成套測驗（General Aptitude Test Battery，簡稱GATB）由8項紙筆測驗和4項儀器測驗組成，可以測量9個因素，即語言能力、數字能力、空間能力、一般學習能力、形狀知覺、文書知覺、運動協調、手指靈巧、手的敏捷。這9個因素中的不同因素組合代表著不同種類的職業能力傾向，如數字能力、空間能力和手的敏捷性較好的人適於從事設計、製圖作業以及電器類職業。因此，一般能力傾向成套測驗也常用來測定職業傾向，進行職業指導。

4. 人格測試

人格測試又叫個性測試，主要有自陳式測驗量表測試與投射式測驗量表測試兩種測試方式。

自陳式測驗量表人格測試就是由主考官向應聘者提出一組有關個人行為、態度意

---

[1] 鄭瀛川. 有效的選才與面談技巧：如何突破人才甄選的瓶頸 [M]. 廈門：廈門大學出版社，2007：152.

向等方面的問題，應聘者根據自己的實際情況如實回答，主考官將應聘者的回答與評分標準或模式相比較，從而判斷應聘者的性格特徵。自陳式測驗量表人格測試主要有卡特爾16種人格因素測驗（Sixteen Personality Factor Questionnaire，簡稱16PF）、愛德華個人愛好測驗（Edwards Personal Preference Schedule，簡稱EPPS）、艾森克人格問卷（Eysenck Personality Questionaire，簡稱EPQ）、明尼蘇達多相個性測驗（Minnesota Multiphasic Personality Inventory，簡稱MMPI）以及YG性格測驗（Yatabe Gnilford Test）等。

投射式測驗量表人格測試主要用於探知個體行為的內在衝動和動機，以及個體在潛意識層面的深層態度，主要採用圖片測試方式，如羅夏墨跡測驗、主題統覺測驗等。羅夏墨跡測驗是由瑞士精神病學家羅夏（H. Rorschach）編製的，能夠對應聘者的智力、情緒、控製能力、經驗類型、一般適應能力等方面進行解釋性診斷。主題統覺測驗是由摩爾根（C. D. Morgan）和莫瑞（H. A. Murray）於1935年編製的。它是通過類似「看圖講故事」的形式對應聘者的個人意識與潛意識進行分析研究，從中瞭解個人的需要及問題。

5. 職業興趣測試

職業興趣是指人們對具有不同特點的各類職業的偏好和從事這一職業的願望。職業興趣測試的目的在於揭示人們想做什麼以及他們喜歡做什麼。如果當前所從事的工作或將要從事的工作與應聘者的職業興趣不相符，那麼就無法保證其會盡職盡責、全力以赴地完成本職工作。在這種情況下，一般不是工作本身，而更可能是高薪或社會地位促使人們從事自己並不喜歡的職業。如果能根據應聘者的職業興趣進行人員合理匹配，則可最大限度地發揮人的潛力，保證工作圓滿完成。

現實中，最常用的職業興趣測試是霍蘭德職業興趣測驗。它把人的職業興趣分為六種類型，即現實型、研究型、社會型、傳統型、企業型、藝術型。

6. 價值觀測試

價值觀是指個人對客觀事物以及對自己行為結果的意義、作用、效果和重要性的總體評價。價值觀是區別好壞、分辨是非以及判斷事物或行為的重要性的心理傾向體系，它是指引人做出決定和採取行動的原則與標準。價值觀測試有助於測試者瞭解被試的行為傾向及其穩定性。

價值觀研究量表最初發表於1937年（Vernon, Allport, 1941），於1951年修訂成現在的形式。該測試的理論依據是斯普蘭格（Edward Spranger, 1928）的人格理論。[1] 斯普蘭格提出了測量人格的6種相對重要的基本興趣和動機：理論型、經濟型、審美型、社會型、政治型和宗教型。理論型的人致力於發現真理，其生活的主要目標是使自己對世界的理解變得有條理、成體系。經濟型的人關心的是什麼最有用。審美型的人對外形和協調性感興趣，其主要關心的是美，而不單純是真理或有用。社會型的人關心的是利他或慈善意義上對他人的愛，是一種對全人類的無私的愛。政治型的人則被權力、對人和事的控制慾望以及對個人影響和聲譽的需要所支配。宗教型的人關心的是

---

[1] 楊杰. 有效的招聘 [M]. 北京：中國紡織出版社，2003：339.

一種完整、統一的感覺，一種以個人方式建立的超自然的理解宇宙的願望。[1]

7. 筆跡測試

筆跡是指書寫者利用書寫工具在書寫面上留下的痕跡，是書寫動作特點的反應，也是一個人書寫習慣特殊性的反應。通過筆跡來測試人的心理，這種方法在國外一些企業中得到應用。筆跡測試法就是以字跡分析為基礎，判斷應聘者個性，從而預測其未來業績的一種方法。筆跡學家進行筆跡測試時，一般需要應聘者至少一整頁一氣呵成的字跡，最好是用鋼筆或圓珠筆寫在白紙上的字跡，其內容並不重要。但筆跡學家一般不希望應聘者照抄一段文字，因為這樣會影響書寫速度。接下來，筆跡學家要遵循一套嚴格的規定測定字跡的大小、斜度、頁面安排、字間距、行間距、行勢、線條及書寫力度等，從中判斷一個人的氣質、心理特徵、社交特徵、工作特徵和道德品質等。這些測量的結果可轉譯為書寫者的個性說明。比如，書寫力度的大小反應了書寫者的精力是否旺盛。再如，字體大小也可反應人的個性。字體巨大，表明此人自信心強，為人公正無私，做事積極且大刀闊斧。字體細小，表明此人缺乏信心、謹慎、思考細緻，觀察力強，但氣量狹小，有時貪圖小利。字體不大不小，表明此人適應能力強，待人接物舉止大方，但做事容易反悔。字體大小不一，則表明此人喜怒易形於色，頭腦靈活，但缺乏自制力。

5.2.4 工作樣本

工作樣本是人員甄選測試方法中的一種，它可以直接用於測量工作績效，即用於測量候選人在執行某些基本工作任務時的實際表現。[2]

工作樣本的基本測試程序是：挑選幾個對完成有關招聘崗位的工作最為關鍵的工作任務作為工作任務樣本；然後，分別用每個工作任務樣本對應聘者進行測試，讓其在規定的條件下完成，在測試過程中，由一位觀察員監控每項任務的執行情況，並在一張清單上記錄應聘者執行該任務的情況；最後，根據清單上的記錄數據，給應聘者評分。

工作樣本測量的是實際工作任務，應聘者很難提供虛假答案，從而能夠很好地體現公平性。工作樣本所選用的內容是被錄用者在將來工作中必須執行的實際工作任務，因此工作樣本與所進行測試的目標職位之間存在明顯相關性。工作樣本測試不侵犯應聘者的隱私，它只探究應聘者的個性特徵或對工作任務的實際處理能力。一個設計適當的工作樣本測試比其他用於預測工作績效的測試具有更好的效度。

5.2.5 管理評價中心

管理評價中心又被稱為情景模擬測試，是近幾十年西方企業較流行的一種選拔高級管理人員和專業人才的人員甄選方法。它是通過把候選人置於相對隔離的一系列模擬工作情景中，以團隊作業的方式，採用多種測評技術和方法，觀察和分析候選人在

---

[1] 楊杰. 有效的招聘 [M]. 北京：中國紡織出版社，2003：340.
[2] 加里·德斯勒. 人力資源管理 [M]. 9版. 吳雯芳，劉昕，譯. 北京：中國人民大學出版社，2007：184.

模擬的各種情景下的心理、行為、表現以及工作績效，以測評候選人的管理技術、管理能力和潛能等素質的一個綜合的、全面的測試系統。

測試人員根據職位需求設置各種不同的模擬工作情景，讓候選人參與，並考查他們的實際行為表現，以此作為人員甄選的依據。管理評價中心是一種為期2~3天的模擬活動，在這個過程中，10~12名候選人要在專家的觀察下完成實際管理工作任務（如演講），然後由實施觀察的專家來評價每名候選人的領導潛力。[1]

管理評價中心所採用的測評技術和方法包括文件筐測驗、無領導小組討論、管理遊戲、演講、客觀測試等。

(1) 文件筐測驗。文件筐測驗是評價中心技術中最常用、最具特色的工具之一。它是對實際工作中管理人員掌握和分析資料、處理各種信息，以及做出決策的工作活動的一種抽象和集中。在該測驗中，候選人要面對一大堆報告、備忘錄、來電記錄、信函以及其他資料，它們被裝在文件筐或計算機化的文件筐裡，候選人要從這種文件筐著手進行模擬工作。候選人必須對每個文件進行適當的處理。在測驗完成後，訓練有素的專家會對候選人的工作情況作出評價。

(2) 無領導小組討論。無領導小組討論是指由一組求職者（5~7人）組成一個臨時工作小組、討論給定的問題、並作出決策。主考官給出一個無領導小組討論題，並要求參加討論的成員達成一個小組決議。然後，主考官根據自己的觀察，評價每個小組成員的人際關係技巧、群體接受度、領導能力以及個人影響力。

(3) 管理遊戲。這一測試要求多個應聘者共同參加一個管理性質的活動，每個人扮演一定的角色，模擬實際工作中的一系列活動。參加者作為在市場上競爭的模擬公司的成員來解決一些實際問題。

(4) 演講。演講是由應聘者根據給定的材料形成並表達自己的觀點和理由的過程。通常，應聘者拿到演講題目后有5~10分鐘的準備時間。正式演講大約控製在5分鐘左右，有時演講完畢后，主考官還可針對演講內容對應聘者提出疑問或質詢。演講能迅速反應出應聘者的語言表達能力、思維邏輯能力、反應能力和承受壓力的能力等，具有操作簡單、成本較低等優點。但由於僅僅通過演講反應出的個人特質具有一定局限性，因此演講往往和其他形式結合使用。

(5) 客觀測試。客觀測試通常包括個性測試、智力測試、興趣測試以及職業興趣測試等（詳見本章第二部分）。

一項研究表明，評價中心法與候選人檔案評價法結合起來能成為一種比較好的預測因子。[2] 表5-1是管理評價中心各種測評方法的綜合使用情況。

---

[1] 加里·德斯勒. 人力資源管理 [M]. 9版. 吳雯芳, 劉昕, 譯. 北京: 中國人民大學出版社, 2007: 185.
[2] 加里·德斯勒. 人力資源管理 [M]. 9版. 吳雯芳, 劉昕, 譯. 北京: 中國人民大學出版社, 2007: 186.

表 5-1　　　　管理評價中心各種測評方法的綜合使用情況[1]

難易程度	各種測評方法		在評論中心中使用的情況
比較複雜　↑↓　比較簡單	文件筐測驗		81%
	管理游戲		25%
	小組任務		未調查
	小組討論	分配角色的	44%
		未分配角色的	59%
	演講		46%
	案例分析		73%
	搜尋事實		38%
	模擬面談		47%

5.3　招聘的實施

5.3.1　招聘計劃

1. 招聘的前提

招聘有兩個基本前提：一是人力資源規劃，即從人力資源規劃中得到的人力資源淨需求預測，決定了預計要招聘的職位與部門，招聘人員的數量、類型以及需要到崗的時間等因素；二是工作說明書，它決定了對所需人員的生理、心理、技能、知識、品格等的要求，同時也為應聘者提供了有關該工作的詳細信息。這兩個前提也是制訂招聘計劃的主要依據。

2. 招聘決策

員工招聘決策是企業在招聘工作正式開展前，制訂的招聘工作的具體行動計劃，主要包括以下內容：

（1）招聘類型。企業應首先確定是雇用固定員工，還是招聘兼職員工，或者兩者都要招聘。

（2）招聘人數。企業需要招聘的人數一般多於最后實際錄用的人數，因為一部分新聘用者由於難以勝任工作、對工作缺乏興趣或不能適應企業文化而離開，或者會在接到錄用通知后，選擇其他企業。圖 5-1 是人員招聘篩選金字塔，可以作為企業確定招聘人數時的參考。

---

[1] 吳志明. 員工招聘與選拔實務手冊 [M]．北京：機械工業出版社，2002：318.

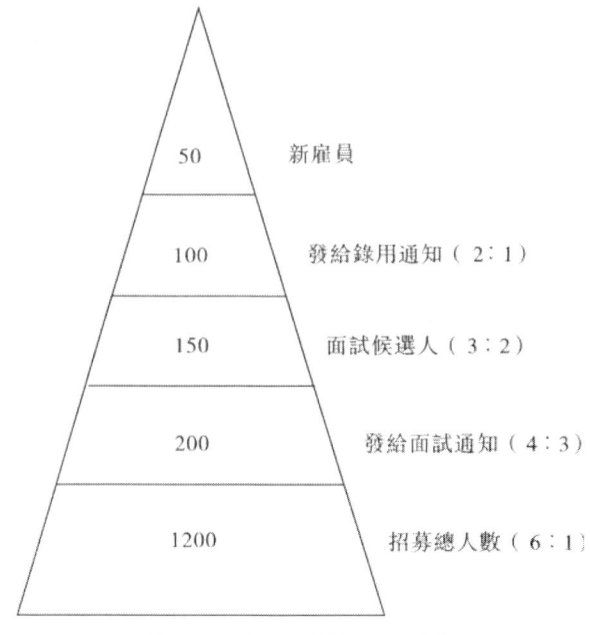

```
        50      新雇員
       100      發給錄用通知（2∶1）
       150      面試候選人（3∶2）
       200      發給面試通知（4∶3）
      1200      招募總人數（6∶1）
```

圖 5-1　人員招聘篩選金字塔[1]

（3）人員招募範圍，即選擇人員的招募渠道。比如，企業是採用外部招募，還是採用內部招募。

（4）招聘標準。招聘標準就是確定錄用什麽樣的人員，其內容包括年齡、性別、學歷、工作經驗、工作能力、個性品質等。

（5）招聘時間。求職者從得知招聘信息，到成功應聘，再到正式上崗，都要耗費時間，故招聘時間一般應當比有關職位空缺可能出現的時間早一些，即招聘工作要有超前性。

（6）招聘地點。招聘者選擇招聘工作在什麽地方進行，一般要考慮潛在應聘者尋找工作的行為、企業的位置、勞動力市場狀況等因素。基於經費和時間的考慮，招聘者通常會根據所需人力資源的類型在不同的地方進行招聘，如在企業所在地的人力資源市場上招聘一般工作人員，在跨地區的人力資源市場上招聘專業技術人員，而在全國甚至國際範圍內招聘高級管理人才等。

（7）招聘經費預算。招聘經費包括：招聘人員的工資、差旅費、通信費、廣告費、考核費，文具費等費用。合理的招聘經費預算有利於保證招聘工作正常進行。

（8）招聘的具體實施方案。其內容包括：確定招聘工作小組的人員組成，制訂測評方案和擇優錄用的條件，擬定招聘簡章，制定招聘工作進度表等。

---

[1] 加里·德斯勒. 人力資源管理 [M]．9 版. 吳雯芳，劉昕，譯. 北京：中國人民大學出版社，2007：128.

3. 招聘的程序

員工招聘程序一般分為招聘計劃、人員招募、人員甄選、人員錄用和招聘效果的評估五個階段（見圖5-2）。

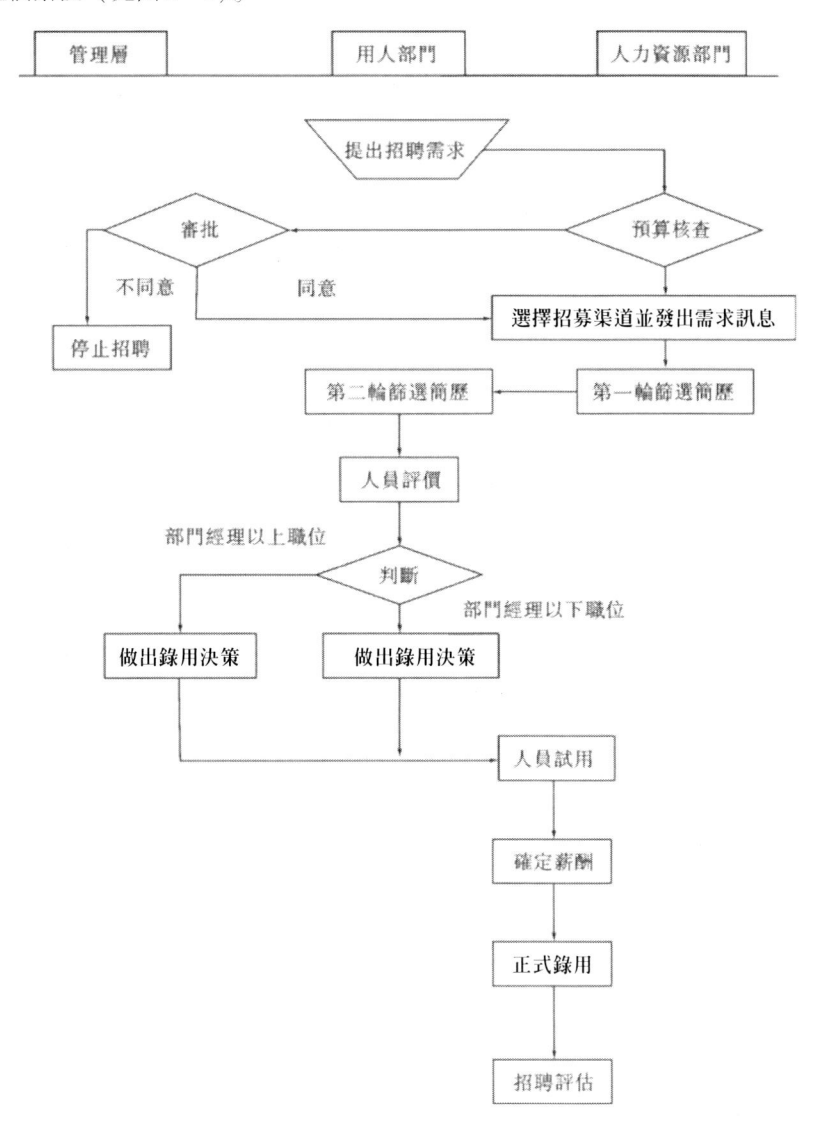

圖5-2　招聘程序①

4. 招聘職責分工

在現代人力資源管理招聘工作中，起決定性作用的一般是用人部門，它們直接參與整個招聘過程，並且在招聘計劃、人員甄選、人員錄用、人員安置與招聘績效評估

---

① 馬新建. 人力資源管理與開發 [M]. 北京：石油工業出版社，2003：187.

等環節擁有決定權。人力資源部門則主要負責招聘過程的組織和服務。招聘過程中用人部門與人力資源部門的職責分工如表5-2所示：

表5-2　　　　　　　　　用人部門與人力資源部門的職責分工[①]

用人部門	人力資源部門
1. 招聘計劃的指定與審批 3. 招聘崗位的工作說明書及錄用標準的提出 4. 應聘者初選，確定參加面試人員的名單 7. 負責面試、考試工作 9. 錄用人員名單、人員工作安排及試用期間待遇的確定 12. 正式錄用決策 14. 員工培訓決策 16. 錄用員工的績效評估與招聘評估 17. 人力資源規劃修訂	2. 招聘信息的發布 3. 應聘者申請登記，資格審查 5. 通知參加面試的人員 6. 面試、考試工作的組織 8. 個人資料的核實、人員體驗 10. 試用合同的簽訂 11. 試用人員報到及生活方面的安置 13. 正式合同的簽訂 15. 員工培訓服務 16. 錄用員工的績效評估與招聘評估 17. 人力資源規劃修訂

註：表中的數字表示招聘工作中各項活動的順序。由於部門職責不同，所以即使是同一流程，各部門負責的具體工作也不同。

5.3.2　人員招募

1. 人員招募的含義

企業在制訂了較為詳細的招聘計劃之后，下一步就需要進行人員招募，即通過各種方法盡可能地吸收應聘者前來應聘。有效的人員招募將會使企業擁有較為充分的人員選擇余地，避免因應聘人數過少而不得不降低錄用標準，或者因不符合要求的應聘者過多而影響工作效率；同時，有效的人員招募也可使應聘者更好地瞭解企業，減少因盲目參加招聘而給企業和個人造成不必要的損失。

2. 人員招募的程序

人員招募主要包括兩個步驟：一是發布招聘信息，二是獲取企業所需應聘者的相關資料。

（1）發布招聘信息。企業的招聘計劃決定了招聘信息發布的範圍、渠道、方式和時間。完整的招聘信息應包括以下一些內容：①工作崗位的名稱；②有關工作職責的簡明闡述，以說明完成工作所需的技巧、能力、知識和經驗；③工作條件，如地理位置、時間、每週工作天數、管轄的下屬人數等；④薪酬和享受的福利；⑤申請的時間和地點；⑥申請方式，如是否要寄送簡歷、填寫申請表以及如何面試等。

（2）收集應聘者的相關資料。應聘者在獲知招聘信息後，可以通過多種方式向招聘單位提出應聘申請，如通過信函申請、網上申請、直接去招聘單位指定的地點報名等。在招聘工作中，企業常採用填寫申請表的形式獲取應聘者的個人信息。

[①]　鄭曉明. 現代企業人力資源管理導論［M］. 北京：機械工業出版社，2002：181-182.

應聘申請表往往包含這樣的一些信息：①應聘者所要申請的職位；②個人簡歷，著重說明學歷、工作經驗、技能、成果、個性等信息；③各種學歷、技能、成果（包括獲得的獎勵）的證明（複印件）；④身分證（複印件）；⑤是否願意從事其他崗位的工作；⑥對工資的要求；⑦家庭成員。

3. 人員招募的渠道

招募渠道可分為內部招募和外部招募兩種。公司在出現職位空缺需要招聘員工時，可以通過內部招募和外部招募來填補公司職位空缺，但在選擇哪種招聘渠道時，要綜合考慮公司的戰略業務、經費、市場供給、人力資源政策和工作的要求等。表 5-3 列示了內部招募與外部招募各自的優缺點。

表 5-3　　　　　　　　　內部招募與外部招募的優缺點比較

渠道 優缺點	內部招募	外部招募
優點	1. 可提高被提升者的士氣 2. 組織能準確地判斷員工能力 3. 可降低招募的風險和成本 4. 獎勵高績效，調動員工的工作積極性 5. 成功的概率高，成本低 6. 組織僅僅需要在基本需求水平上雇用員工	1. 引入新鮮血液，拓寬企業視野 2. 方便快捷，降低培訓費用 3. 可一定程度上平息和緩和內部競爭者之間的緊張關係 4. 降低徇私的可能性 5. 激勵老員工保持競爭力、發展新技能
缺點	1. 易出現思維和行為定勢，缺乏創新性 2. 導致未被提升人員士氣低落 3. 導致「近親繁殖」 4. 選擇範圍有限 5. 需要有效的培訓和評估系統 6. 可能會因操作不公或心理因素導致內部矛盾	1. 可能引來窺探者 2. 可能未選到適應該職務或企業需要的人 3. 影響內部未被選拔的申請者的士氣 4. 新員工需較多的培訓和適應時間 5. 新員工可能不適應企業文化 6. 增加與招募和甄選相關的難度和風險

根據招聘的先內后外的原則，大多數企業重視內部招募，在向外公布空缺職位之前，首先應向內部公布。在實際中，企業一般優先考慮內部招募，這樣不但可以降低成本，又可以調動員工的積極性，有利於組織的內部穩定和發展。

4. 人員招募的方法

人員招募的方法根據招聘渠道的不同，可分為內部招募方法與外部招募方法。

（1）內部招募方法。內部招募的渠道包括提升、工作調換、工作輪換、內部員工重新聘用（返聘或重新聘用）。內部招募的常用方法有人力資源檔案法、空缺職位公告法、推薦法和職業生涯開發系統。

①人力資源檔案法。每個企業都應建立詳細的人力資源檔案，記錄每位員工的教育培訓經歷、專業技能、職業目標等各種信息。當企業內部出現崗位空缺時，人力資源部門就可以調用檔案中的信息，搜尋空缺職位的合適人選。用這種方法，企業可以迅速在全公司範圍內挑選候選人。但需要注意的是，檔案中存儲的只是員工客觀的或實際的信息，缺少一些較為主觀的信息，如有關人際技能、團隊精神、品德等的信息，而這些信息對於許多工作崗位來說卻是至關重要的。所以，企業在選拔人員時不能單

憑檔案，還必須結合其他的人員甄選方法進行選拔。

②空缺職位公告法。在企業內部以公告的形式發布空缺職位信息是最常使用的內部招募方法。發布的信息應說明工作的性質、任職資格、主管的情況、工作時間和待遇標準等相關情況。對於企業來說，這種做法增強了人崗匹配的合理性，提高了企業人力資源的使用效率。同時，此方法也可促使各部門的主管更有效地實施管理，減少員工「跳槽」。這種方法的局限性在於：其一，企業內部人員有限，可能因缺乏合格候選者而導致職位長時間地空缺；其二，那些申請被拒絕的員工有可能會離開企業或對企業的忠誠度下降。

③推薦法。這種方法是由職位空缺部門的主管或上級主管推薦他們認為合適的人員，以供決策部門考核。因為主管一般對他推薦的候選人的各方面情況較為瞭解，便於以后在工作上進行合作，所以這種方法成功的概率較大。但主管的推薦通常帶有主觀性，易受偏見和歧視的影響，使一些合格的員工失去機會，導致內部矛盾。

④職業生涯開發系統。職業生涯開發系統是從企業內部選擇合適的人員以填補工作空缺的方法。企業並不鼓勵所有合格的員工競爭一項工作，而是傾向於將高潛能的員工置於職業生涯路徑上，使之接受培養以適應特定目標的工作。這種人員開發方法可以降低企業中高績效者外流的可能性，並有助於確保在某個職位出現空缺時總有候選者隨時填補它。但未被選中接受培養的員工可能會對企業產生不滿並離開。而且，如果目標職位長時間沒有出現空缺，被選中的候選員工可能由於期望的晉升沒能兌現而感到灰心，降低工作積極性。[1]

（2）外部招募的方法。外部招募的渠道主要包括熟人介紹、主動上門求職者、失業者（下崗者）、競爭對手與其他公司、就業機構（職業介紹機構）、學校和人才市場等。外部招募主要通過廣告招募、委託就業服務機構、校園招募、委託獵頭公司、員工推薦與自薦、人才招聘會和互聯網招募等方式開展。

①廣告招募。通過媒體廣告形式向社會公開招募人才是目前運用最為廣泛的人員招募方式。組織通過廣告形式進行人員招募主要有以下兩個關鍵思考點：一是廣告媒體的選擇。一般說來，廣告媒體主要有報紙雜誌、廣播、電視、網站以及隨機發放的宣傳材料等。組織在選擇招募媒體時，主要考慮的是媒體本身的信息傳播的能力，即各種傳播媒體的優缺點和適用範圍。二是廣告形式與內容的設計。好的廣告形式有利於吸引更多求職者的關注，而且有利於樹立組織的公共形象，因此在選擇了合適的媒體之後，組織應根據自身的實際需要設計廣告的具體形式，同時還要注意廣告的創造性。

②就業服務機構。在中國，就業服務機構有兩種類型：一是私人就業服務機構，二是公共就業服務機構。兩者的區別在於，私人就業服務機構要向其安置的每位求職者（也可能是雇主）收取一定的服務費，而公共就業服務機構不收取費用。就業服務機構一般指人才交流中心、職業介紹所、人力資源就業服務中心等。它是一種專業的仲介機構，擁有比單個企業更多的人力資源資料，其招聘篩選方法也比較科學，效率

---

① 馬新建. 人力資源管理與開發 [M]. 北京：石油工業出版社，2003：195.

較高,能為企業節省時間。另外,就業服務機構作為第三方,能夠堅持公事公辦、公開考核、擇優錄用,公正地為企業選擇人才。可是,就業服務機構在進行篩選時,由於某些原因有可能會使較差的求職者通過初選階段,導致企業最終雇用這些不合格的人,給企業帶來損失。企業可能還需要支付仲介費,從而增加招聘的費用。企業通過就業服務機構進行招聘,對於招聘普通員工,效果會比較好;對於招聘高級人才或專門技術人才,則效果不佳。

③校園招募。校園招募是企業招募未來管理人員、潛力型人員以及專業技術人員的一種重要渠道。每年學校都要為社會提供大批的應屆畢業生,這就等於為企業提供了一個大型人力資源庫。校園招募的方式有一年一度或一年兩次的高校人才供需洽談會、定期宣傳、贊助校園文化活動和學術活動、設立獎學金和助學金、與學校建立長期穩定關係、工作現場訪問、讓學生到企業實習等。校園招募的優勢在於學生的可塑性強、發展潛力大、選擇餘地大、專業多樣化、招聘成本低、利於宣傳企業形象等。但校園招募也有其不足之處,應屆畢業生缺乏實際工作經驗,對工作和職位容易產生不現實和不公平的感覺,離職率比較高。一般而言,大學畢業生的素質較高,具有生機和活力,並具有較強的發展潛力。企業在校園招募時要注意以下幾個問題:一是選派具有較高素質和能力的招募人員;二是在進行校園招募以前,必須做好準備工作;三是要瞭解大學生的求職願望,對他們的問題要及時答復,態度熱情。

④獵頭公司。獵頭公司又叫高級主管人力資源公司,擁有專業的人力資源搜尋手段和渠道,建立了優質的高層次人力資源庫,能夠實施專業管理並不斷更新相關數據,能夠為企業推薦高素質的高級人才。現今越來越多的企業委託獵頭公司物色高級管理人才和技術人才。這種方法針對性強,成功率較高,而且招聘過程較隱蔽,聘用的人能馬上入職,很可能比企業自己招聘的人質量好。但是,這種招募方法比較費時,各方需要反覆接洽談判;而且,招聘費用昂貴,企業一般要向獵頭公司支付占所推薦人年薪1/3甚至更高比例的服務費,並且策劃難度較高,程序複雜;此外,這種招聘方式也有可能影響內部員工的工作積極性。

⑤員工推薦與自薦。員工推薦方法被越來越多的企業所採用。一些企業還在所推薦的人被錄用后給予推薦人獎勵。員工可推薦自己的親戚、朋友、熟人、同學等到本企業工作。員工通常都會提供有關被推薦人的準確信息,或者為其做擔保;被推薦來的新人也會從與員工的交談中瞭解企業。這種方式有以下優點:招聘雙方在事先就已經有一定瞭解,所招聘的新人比較可靠,可節約招聘時間和招聘費用,特別適合初級人員與高技術人員的招募和多元化員工隊伍的招募;同時,內部員工推薦的新人通常比通過其他方式招聘到的新人表現更好,不容易出現「跳槽」現象。但其缺點也比較明顯,如招聘面較窄,影響招聘質量,容易出現「裙帶關係」,不利於企業的文化建設。有時,一些聲譽良好的企業會有直接上門求職的人。企業對這些自薦的人要以禮相待,這樣不但可以保持企業自身的良好聲譽,而且也是對自薦人的一種尊重。一般這些自薦人對公司和職位都事先做過特別的瞭解,一旦應聘成功,能夠較快適應新環境。而且,這種自薦方法的效率比較高、成本低。可是,從自薦人提出申請到企業出現職位空缺,其間可能存在「時間差」。此外,自薦人為獲得職位可能會提供虛假個人

信息。

⑥人才招聘會。企業可參加定期或不定期的人才交流會，以選擇所需人員。在人才招聘會上企業與求職者可以雙向交流，其可信度較高，現場就可以確定初選意向。這樣不僅節省費用，又可縮短招聘週期，並可在信息公開、競爭公平的條件下，公開考核、擇優錄用。但在招聘會中，應聘者數量大，洽談環境差，挑選範圍往往會受到限制，所以只適用於初中級人才或急需人員的招聘。

⑦互聯網招募。互聯網招募已逐漸成為越來越多企業的人員招募工具，成為一種趨勢。美國一家諮詢公司公布的一份研究報告顯示，世界500強企業中通過互聯網進行人員招募的企業已占88%。[1] 互聯網招聘的優勢在於，成本效益高，比較及時，招聘信息傳播範圍廣，不受時空限制，方便快捷。企業可以利用各種各樣的專業招聘網站或企業自己的網站發布招聘信息，也可直接在網上搜索所需人員的簡歷。但是這種招募方式也存在一些弊端，如求職信息量大，篩選工作量比較大，一些不合格的求職者也會發出申請，或者一些求職者在非常遙遠的地方，存在地理區域問題。

5.3.3 人員甄選

1. 人員甄選的含義

招聘中的人員甄選過程是指「綜合利用心理學、管理學等學科的理論、方法和技術，對候選人的任職資格和對工作的勝任程度，即與職務的匹配程度，進行系統的、客觀的測量和評價，從而做出錄用決策」[2]。有效的人員甄選過程不但有利於提高企業中人與事的匹配程度，還有利於員工在企業中的發展，也可為企業節約成本。

2. 人員甄選的內容

招聘者進行人員甄選時，主要應考慮應聘者所掌握的與工作相關的知識、能力、個性、動力等因素。人員甄選的內容主要包括以下幾個方面：

（1）知識。知識分為普通知識和專業知識。普通知識就是我們所說的常識，而專業知識是指特定職位所要求的特定的知識。人員甄選過程中，招聘者尤其應關注應聘者是否具備相關的專業知識。應聘者擁有的文憑和一些專業證書可以證明他所掌握的專業知識的廣度和深度。除此之外，進行人員甄選時，招聘者還應通過筆試、測試等多種方式對應聘者「知識掌握的層次」[3] 進行測評。

（2）能力。能力是指引起個體績效差異的持久性個人心理特徵。通常，能力分為一般能力與特殊能力。一般能力是指人們在不同活動中表現出來的一些共同能力。這些能力是我們完成任何一種工作都不可缺少的能力，如記憶能力、想像能力、觀察能力、注意能力、思維能力、操作能力等。特殊能力是指在某些特殊活動中所表現出來的能力，也就是專業技能。

（3）個性。每個人為人處世總有自己獨特的風格，這就是個性的體現。個性是指

---

[1] 彭劍鋒．人力資源管理概論［M］．上海：復旦大學出版社，2003：273.
[2] 馬新建．人力資源管理與開發［M］．北京：石油工業出版社，2003：199.
[3] 知識掌握的層次分為記憶、理解和應用三個層次。

人的一組相對穩定的特徵，這些特徵決定著特定的個人在各種不同情況下的行為表現。個性與工作績效密切相關。

（4）動力。員工要取得良好的工作績效，不僅取決於他的知識、能力水平，還取決於他做好這項工作的意願是否強烈，即是否有足夠的動力促使員工努力工作。員工的工作動力來自於企業的激勵系統，但這套系統是否起作用，最終取決於員工的需求結構。不同個體的需求結構是不相同的。在動力因素中，最重要的是價值觀，即人們對目標和信仰的觀念。由於具有不同價值觀的員工與企業文化的相融程度不同，企業的激勵系統對他們的作用效果也就不一樣。所以，企業在招聘員工時有必要對應聘者的價值觀等動力因素進行鑑別測試。

3. 人員甄選的程序

人員甄選的程序一般分為材料篩選、初次面試、測試、再次面試、評價與初步錄用決策五個步驟（見表5-4）。

表5-4　　　　　　　　　　　　人員甄選程序

步驟	內容
材料篩選	通過求職者填寫的申請表掌握初步的信息，篩選出可參加測試者
初次面試	由人力資源管理部門對求職者進行初次面試，決定下一輪的候選者
測試	智力測驗：測試學習、分析、解決問題的能力，包括表達、計算、推理、記憶和理解能力等
	專業能力測驗：測試某些具體工作所要求的特殊技能，如手的靈巧程度、手與眼的協調程度等；測試某些具體工作所要求的熟練程度，如應聘者打字、操作電腦、速記的熟練程度
	個性測驗：測試應聘者的性格類型、事業心、成就慾望、自信心、耐心等
	職業興趣測驗：測試應聘者對某些職業的興趣和取向等
再次面試	由招聘專家組對應聘者進行更多的瞭解，如求職者的激勵程度、個人理想與抱負、與人合作的精神
評價與初步錄用決策	根據招聘專家組的綜合評價，作出初步錄用決策

在實際操作中，各個企業可以根據自身的需要和招聘條件對人員甄選步驟進行調節。但是，在人員甄選過程中，企業必須遵守招聘原則。

4. 人員甄選的方法

人員甄選的方法由人力資源管理部門會同用人部門共同確定，通常採用的測試方法包括筆試、面試、測試、工作樣本和管理評價中心等。招聘者運用不同的測試方法可以對應聘者的知識、能力、性格、職業興趣和個人素質等不同方面進行評定和甄選，並據此選擇出組織需要的人才（詳細見本章第二部分）。

5.3.4　人員錄用

企業通過人員甄選，作出初步錄用決策後，接下來就要對這些入選者進行背景調

查與健康檢查。企業應及時向合格的應聘者發出錄用通知,安排被錄用者與企業簽訂試用協議。

1. 初步錄用決策

企業根據崗位的要求,綜合運用各種測試方法對候選人的任職資格和對工作的勝任程度進行測量和評價后,在此基礎上就可以做出初步的錄用決策。

系統性的雇用決策方法包括定性的方法和定量的方法。所謂定性的方法就是對候選人的各方面勝任特徵進行描述或評價,列舉出該候選人的主要優點與不足,然後再對各候選人進行比較,以做出錄用決策。所謂定量的方法就是通過對候選人的各項勝任特徵進行打分,以做出錄用決策的方法。在實踐運用中,定性的方法和定量的方法往往是結合在一起來使用的。

在雇用決策過程中,招聘人員應當注意:第一,錄用標準不應設置得太高。招聘的指導思想應該是招聘最合適的,而不是最優秀、最全面的員工。第二,錄用標準應根據崗位的要求有所側重,在給候選人評分時,不同的項目應有不同的側重點,而不是每個方面都同樣重要。這樣才能突出重點,招聘到最能與崗位相匹配的員工。第三,初步錄用的人員要多於實際錄用的人數,因為在隨後的背景調查和確定薪酬的過程中,可能有一些候選者不能滿足企業的要求,或者有些人出於個人原因而放棄這次就業機會。企業要為此事先做好準備。

2. 背景調查與健康檢查

(1) 背景調查。背景調查的主要目的是瞭解應聘者與工作有關的一些背景信息,以及對他的誠實性進行考察。背景調查的內容主要包括學歷學位調查、工作經歷調查以及不良記錄調查等。企業可以向應聘者過去的雇主、過去的同事,甚至客戶瞭解其背景信息。進行背景調查時,調查人員應注意把重點放在與應聘者未來工作有關的信息上,盡量從各種不同的信息渠道驗證信息,避免偏見,但也要注意避免侵犯應聘者的個人隱私。

(2) 健康檢查。企業應根據相關法律法規與企業自己的要求,對擬錄用者進行健康檢查,如發現擬錄用者患有不宜從事所招聘職位工作的疾病的,應不予錄用。

3. 通知應聘者

當擬錄用者通過健康檢查后,企業就要將有關錄用決定及時告知被錄用者。從尊重應聘者的努力和維護企業形象出發,無論應聘者是否被錄用,招聘者都應當向應聘者發一份正式的書面通知,即錄用通知或辭謝通知。因為這些未被錄用的應聘者以後還有可能成為企業的一員,也有可能成為企業的顧客或競爭者。

4. 簽訂試用協議

企業應當與被錄用者簽訂試用協議,以法律形式明確雙方的權利義務。

5. 錄用者入職

被錄用者攜帶錄用通知書和其他材料到企業人力資源部報到、註冊,試用合格后,再與企業簽訂正式用工合同。

5.4 招聘效果的評估

招聘過程結束以後，招聘者應該對招聘工作進行評估。招聘效果評估是招聘管理中的重要一環。招聘效果評估包括兩個方面的工作：一是對招聘方法的效果進行評估，如效度與信度的評估；二是對招聘結果的效果進行評估，如招聘成本效益評估、錄用人員效果評估。

通過對各種評估指標的核算與分析，招聘者可發現招聘過程中具有規律性的束西，有利於企業或組織不斷改進招聘的方式方法，從而使招聘工作更有成效。

5.4.1 招聘方法的效果評估

招聘方法的效果是指企業在招聘過程中通過應用相關的測試技術方法是否有效地選擇了符合要求的人，或者是否有效地排除了不符合要求的人。招聘方法的效果可以從效度和信度兩個方面進行評估。

1. 效度的評估

效度是指「真正測評到了的品質與想要測評的品質的符合程度」[①]。在招聘甄選過程中，有效的招聘測試，其結果應該能夠正確地反應出應聘者將來的實際工作績效，即招聘甄選的結果與應聘者被錄用后的實際工作績效是密切相關的。這兩者之間的系數稱為效度系數，其取值範圍為 $-1\sim1$，其值越大，說明招聘測試越有效。

通常，效度分為預測效度、內容效度和同測效度。

（1）預測效度。預測效度是指對應聘者將來行為的預測的有效性。通常，把應聘者在選拔測試中得到的分數與他們被錄用后的實際工作績效考核分數相比較，可求得兩者的相關係數。若相關係數值越大，則兩者的相關性越大，此測試方法就越有效，即此測試方法可以較準確地預測應聘者將來的實際工作績效，也可以預測應聘者的潛力；若相關係數值等於0或趨近於0，說明兩者無相關性或相關性很小，則不能用此測試方法預測應聘者將來的工作績效和潛力。

（2）內容效度。內容效度是指招聘過程所選用的測試方法的各組成部分對於測量應聘者的某種特性，或者對於得出某種預計結果有多大效用，即測試方法的某些重要因素是否代表了工作績效。內容效度主要用於考察所用的測試方法是否與需要測試的特性有關。例如，招聘一名商品銷售員，選用對應聘者的表達能力和應變能力進行測試的方法，其內容效度是較高的；若選用對應聘者的打字速度及準確性進行測試的方法，其內容效度就較低。一般來說，內容效度的高低可由招聘者憑藉經驗來判斷。內容效度多應用於知識測試與實際操作測試，而不適用於對工作能力和潛力的測試。

（3）同測效度。同測效度是指通過對企業現有員工的測試來檢驗某種測試方法的有效性。比如，通過對企業現有的員工實施某種測試，然后將其測試結果與被測試員

[①] 陳維政、余凱成、程文文．人力資源管理［M］．北京：高等教育出版社，2006：137．

工的實際工作表現和工作績效考核得分進行比較，若兩者相關係數很大，則說明此測試方法的效度很高。這種效度測試的特點是節省時間，可以盡快檢驗某種測試方法的效度，但將其用於人員甄選測試時，難免會受其他因素的干擾，從而無法準確地預測應聘者將來的工作潛力。例如，與企業現有的員工相比較，應聘者可能缺乏相應的工作經驗和對組織的瞭解等，進而有可能被錯誤地認為是沒有潛力或沒有能力的，從而失去被錄用的機會。

2. 信度的評估

信度是指一系列測試所得結果的穩定性與一致性的高低。當應聘者在多次接受同一測試或相關測試時，其得分應該是相同的或相近的，因為人的個性、興趣、技能、能力等素質在一定時間內是相對穩定的。如果對同一個人經過某項測評，沒有得到相對穩定而一致的結果，那說明測評本身的信度不高。

測試信度的高低，是用採取同一種測試方法對同一組應聘者在不同時間進行若干次測評所得結果之間的相關係數來表示的。信度的取值範圍為 -1 ~ 1。可信的測評，其信度係數值大多在 0.85 以上。比如，當智力測試的信度達到 0.9 以上，就可以認為此項測試相當可信。由於測試的信度受多種因素的影響，如測試內容的組織與安排，測試者個人的因素（如語音、語調、語速等），被測者情緒、注意力、疲倦程度、健康水平的變化等，都會影響測評結果的穩定性。[1] 因此，我們不可能要求測評的信度係數達到 1，也就是不能要求幾次測評的結果完全相同。

測試的信度分為再測信度、對等信度和分半信度。

（1）再測信度。再測信度是指對一組應聘者進行某項測試后，過一段時間再對他們進行同一測試，兩次測試結果之間的相關程度就是再測信度。一般來說，同一測試的時間間隔在兩個月以上，才比較準確。但是此法不適合於受熟練程度影響較大的測試，因為被測試者在第一次測試中很可能記住了某些東西，從而提高了下一次測試的分數。

（2）對等信度。對等信度是指用兩個內容相當的測試技術先后對應聘者進行測試，然後對兩次測試的結果進行相關性分析，從而得到兩次測試結果之間的相關程度，以此來確定測試方法的信度。此法能夠減少再測信度中前后兩次同一測試的影響，但不能完全消除兩次測試間的相互作用，並且很難找到兩個內容相當的測試技術。

（3）分半信度。將對同一組應聘者的同一測試的題目分成對等的兩部分或若幹部分對應聘者進行測試，應聘者各部分測試所得分數之間的相關程度即為分半信度。此方法不但節省時間，而且可以消除前后兩次測試間的相互影響。

在實際的招聘工作中，對應聘者進行招聘測試時，應盡可能做到信度和效度的「雙高」。需要注意的是，可信的測試不一定有效，但有效的測試必定是可信的。

5.4.2 招聘結果的評估

1. 招聘成本效益評估

招聘成本效益評估是指對招聘中的費用進行調查、核實，並對照其預算進行評價

---

[1] 陳維政，余凱成，程文文. 人力資源管理 [M]. 北京：高等教育出版社，2006：138.

的過程，主要是對招聘成本、成本效用和招聘收益—成本比進行評價。

（1）招聘成本。招聘成本分為招聘總成本與招聘單位成本。招聘總成本即人力資源的獲取成本，包括兩部分：一是直接成本，具體包括招聘費用、選拔費用、錄用人員的家庭安置費用和工作安置費用以及其他費用；二是間接成本，具體包括內部提升費用和工作流動費用。招聘單位成本是招聘總成本與實際錄用總人數之比。從招聘的效果來看，招聘總成本與招聘單位成本越低越好。

（2）成本效用評估。成本效用評估是對招聘成本所產生的效果進行的分析。它主要包括招聘總成本效用分析、招聘成本效用分析、人員選拔成本效用分析、人員錄用成本效用分析等。它們的計算公式分別如下：

$$招聘總成本效用 = 錄用總人數/招聘總成本$$

$$招聘成本效用 = 應聘總人數/招聘期間的費用$$

$$人員選拔成本效用 = 被選中的人數/選拔期間的費用$$

$$人員錄用成本效用 = 正式錄用的人數/錄用期間的費用$$

（3）招聘收益—成本比。招聘收益—成本比既是一項經濟評價指標，又是對招聘工作的有效性進行考核的一項指標。招聘收益—成本比越高，說明招聘工作越有成效。其計算公式如下：

$$招聘收益—成本比 = 所有新錄用員工為組織創造的總價值/招聘總成本$$

2. 錄用人員評估

錄用人員評估是根據招聘計劃對實際錄用人員的數量和質量進行評價的過程。對錄用人員數量的評估一般從錄用比率、應聘比率和招聘完成比率三個方面進行。

$$錄用比率 = （實際錄用人數/應聘人數）\times 100\%$$

$$應聘比率 = （應聘人數/計劃招聘人數）\times 100\%$$

$$招聘完成比率 = （實際錄用人數/計劃招聘人數）\times 100\%$$

從上述計算公式可知，錄用比率越小，相對而言，實際錄用者的素質越高；應聘比率越大，就說明公布招聘信息的工作效果越好，也說明實際錄用人員的素質比較高；招聘完成比率等於或大於100%時，說明在數量上全面或超額完成了招聘計劃。

錄用人員質量評估，實際上就是對錄用人員的能力、潛力、素質等進行再次測試，其測試技術方法可參見本章第二部分。

5.4.3 提高招聘效果的途徑

1. 提高招聘的質量

通常，招聘工作應由組織的用人部門和人力資源部門協作完成。具體參與招聘的人選要根據所要招聘的對象來確定。比如，招聘技術人員，應有相關專業人士的參與；招聘中高層領導，企業的高管人員也應作為招聘小組的成員之一。

招聘人員應具備以下基本素質：①對本行業的人力資源市場有所瞭解；②深諳本組織的文化和價值觀；③洞悉本組織的長、中、短期戰略目標；④具有良好的溝通能力和分析能力；⑤具有較強的團隊合作精神。

招聘團隊人員組合的合理配置應做到「四個互補」，即能力互補、知識互補、年齡互補、性別互補。

招聘過程中，主考官起著關鍵性的作用。這就對主考官提出了以下要求：具有良好的個人品格和修養；具備相關專業知識；有豐富的社會工作經驗；具有良好的自我認識能力；善於把握人際關係；能熟練運用各種面試技巧；能有效地應對各類應聘者；能準確控製面試進程；能公正、客觀地評價應聘者；掌握了相關的人員測評技術並瞭解組織狀況及職位要求等。

2. 提高面試效果的途徑

提高面試效果有兩條途徑，即做好面試前的準備和掌握面試技巧。

(1) 做好面試前的準備，具體包括：①設計好面試的程序、方法，準備好面試問題清單；②緊緊圍繞面試的目的提問，提問時圍繞主題，著重瞭解工作崗位所要求的知識、技術、能力和其他特性；③確保面試前向面試官或面試小組成員提供所需的資料，使他們在面試前有充足的時間掌握有關情況；④選擇合適的地點作為面試場所。

(2) 掌握面試中的技巧，具體包括：①應合理安排面試時間，一個應聘者的面試時間最多不超過半小時，使每位應聘者的面試時間基本相同；②注意非語言行為的影響；③盡量讓應聘者多講，並要求應聘者回答一些與崗位有關的開放性問題；④保持良好的雙向溝通渠道；⑤面試過程中要保持和諧的氣氛，緩解考生的緊張情緒；⑥通過小組面試與一對一面試能更全面、從容地瞭解應聘者的信息，但面試小組的人數不宜過多，以 3~5 人為宜，以免給應聘者造成緊張感。

3. 提高測試效果的途徑

提高測試效果的途徑有：①選擇合適的測試環境。由於測試需要應聘者在心平氣和、情緒較穩定的情況下進行，因此測試人員在選擇環境時應盡量安排那些安靜、寬敞的會議室或教室。在環境布置上，房間要明亮、整潔，室內空氣要流通，溫度要適中。②測試時間應安排得當。長時間的測試會使應聘者產生疲勞感，影響其作答效果。如果要進行長時間的測試，應適當安排中間的休息時間。③避免練習效應。如果前一測試對后一測試具有提示作用，即應聘者在先進行的測試中學習到了某些應答技巧，就會使其后一測試的成績顯著提高。因此在安排測試順序時，要特別注意避免此類練習效應。④測試的安排要合理。首先進行的測試一般應較簡單，並且能引起應聘者的興趣。否則，枯燥複雜的測試會破壞應聘者的情緒，影響后面一系列測試的有效性。另外，如果要實施多個能力測試和個性測試，最好將它們交替安排，以達到良好的測試效果。

本章小結

本章比較系統地介紹了招聘管理的概念、原則、作用、招聘測試的技術方法、招聘的實施過程以及對招聘效果的評估。

招聘過程，就是從經營目標與業務發展要求出發，在人力資源規劃的指導下，根

據工作說明書，制定招聘計劃，用合適的測試方法與技術，從眾多的應聘者中選拔出與空缺崗位最匹配的人員。人力資源管理部門應當與用人部門共同組織實施招聘活動，採用筆試、面試、測試、工作樣本和管理評價中心等技術方法對應聘者的知識、能力、性格、職業趨向和個人素質等進行評價和甄選，從中挑選出組織所需要的人員。

招聘工作一般分為招聘計劃、人員招募、人員甄選、人員錄用和招聘效果的評估五個階段。招聘效果的評估是招聘管理中的重要環節之一。招聘者通過對各種評估指標的核算與分析，可以不斷改進招聘的方式方法，從而使招聘工作更加有成效。

復習思考題

1. 企業在進行人員招聘時應遵循哪些原則？這些原則分別對招聘工作有何指導意義？
2. 人員招聘有哪些渠道？它們各自的優缺點是什麼？
3. 人員甄選的測試方法有哪些？各有什麼特徵？
4. 簡述面試的實施過程。如何才能提高面試的效果？
5. 簡述招聘的實施過程。
6. 解釋信度和效度的含義。如何衡量招聘的信度和效度？
7. 如何評估企業的招聘活動？
8. 假如某企業欲招聘一名銷售部經理，請運用管理評價中心測試方法，設計一個情景模擬測試方案，以甄選出合格的人員。

案例分析

NLC化學有限公司招聘

NLC化學有限公司是一家跨國企業，主要以研製、生產、銷售醫藥、農藥產品為主。耐頓公司是NLC化學有限公司在中國的子公司，主要生產、銷售醫療藥品。隨著生產業務的擴大，為了對生產部門的人力資源進行更為有效的管理開發，2000年年初，分公司總經理把生產部經理A和人力資源部經理B叫到辦公室，商量在生產部門設立一個處理人事事務的職位，工作主要是生產部與人力資源部的協調工作。最後，總經理說希望通過外部招聘的方式尋找人才。

在走出總經理辦公室後，人力資源部經理B開始一系列工作。在招聘渠道的選擇上，人力資源部經理B設計了兩個方案：在本行業專業媒體中做專業人員招聘，費用為3500元，好處是：對口的人才比例會高些，招聘成本低；不利條件：企業宣傳力度小。另一個方案為在大眾媒體上做招聘，費用為8500元，好處是：企業影響力度很大；不利條件：非專業人才的比例很高，前期篩選工作量大，招聘成本高。初步選用

第一種方案。總經理看過招聘計劃後，認為公司在大陸地區處於初期發展階段，不應放過任何一個宣傳企業的機會，於是選擇了第二種方案。

其招聘廣告刊登的內容如下：

您的就業機會在NLC化學有限公司下屬的耐頓公司1個職位：

希望發展迅速的新行業的生產部人力資源主管

主管生產部和人力資源部兩部門協調性工作

抓住機會！充滿信心！

請把簡歷寄到：耐頓公司人力資源部收

在一周內的時間裡，人力資源部收到了800多封簡歷。人力資源部經理B和人力資源部的人員在800份簡歷中篩出70封有效簡歷，經篩選後，留下5人。於是他來到生產部經理A的辦公室，將此5人的簡歷交給了生產部經理A，並讓生產部經理A直接約見面試。生產部經理A經過篩選後認為可從兩人中做選擇——C和D。他們將所瞭解的兩人資料對比如下：

姓名/性別/學歷/年齡/工作時間/以前的工作表現/結果：

C，男，企業管理學士學位，32歲，有8年一般人事管理及生產經驗，在此之前的兩份工作均有良好的表現，可錄用。

D，男，企業管理學士學位，32歲，有7年人事管理和生產經驗，以前曾在兩個單位工作過，第一位主管評價很好，沒有第二位主管的評價資料，可錄用。

從以上的資料可以看出，C和D的基本資料相當。但值得注意的是：D在招聘過程中，沒有上一個公司主管的評價。公司通知兩人，一周後等待通知，在此期間，C在靜待佳音；而D打過幾次電話給人力資源部經理B，第一次表示感謝，第二次表示非常想得到這份工作。

生產部經理A在反覆考慮後，來到人力資源部經理室，與B商談何人可錄用，B說：「兩位候選人看來似乎都不錯，你認為哪一位更合適呢？」A說：「兩位候選人的資格審查都合格了，唯一存在的問題是D的第二家公司主管給的資料太少，但是雖然如此，我也看不出他有何不好的背景，你的意見呢？」B說：「很好，顯然你我對D的面談表現都有很好的印象，人嘛，有點圓滑，但我想我會很容易與他共事，相信在以後的工作中不會出現大的問題。」A說：「既然他將與你共事，當然由你作出最後的決定」。於是，A、B最后決定錄用D。

D來到公司工作了六個月，在工作期間、經觀察，發現D的工作不如期望好，指定的工作他經常不能按時完成，有時甚至表現出不勝任其工作的行為，所以引起了管理層的抱怨，顯然他對此職位不適合，必須加以處理。

然而，D也很委屈：在來公司工作了一段時間後，發現招聘所描述的公司環境和各方面情況與實際情況並不一樣。原來談好的薪酬待遇在進入公司後又有所減少。工作的性質和面試時所描述的也有所不同，也沒有正規的工作說明書作為崗位工作的基礎依據。

那麼，到底是誰的問題呢？

討論與思考：

1. 你認為本案例中招聘工作存在哪些不足？
2. 你認為如何改進本案例的招聘工作？
3. 你認為本案例中的錄用決策存在哪些問題？應該如何作出錄用決策？

參考文獻

［1］湛新民，熊燁．員工招聘方略［M］．廣州：廣東經濟出版社，2002.

［2］鄭曉明．現代企業人力資源管理導論［M］．北京：機械工業出版社，2002.

［3］鄭瀛川．有效的選才與面談技巧：如何突破人才甄選的瓶頸［M］．廈門：廈門大學出版社，2007.

［4］楊杰．有效的招聘［M］．北京：中國紡織出版社，2003.

［5］加里·德斯勒．人力資源管理［M］．9版．吳雯芳，譯．北京：中國人民大學出版社，2007.

［6］馬新建．人力資源管理與開發［M］．北京：石油工業出版社，2003.

［7］彭劍鋒．人力資源管理概論［M］．上海：復旦大學出版社，2003.

［8］陳維政，余凱成，程文文．人力資源管理［M］．北京：高等教育出版社，2006.

［9］吳志明．員工招聘與選拔實務手冊［M］．北京：機械工作出版社，2002.

6 培訓管理

引導案例

中國人壽公司——隨時隨地培訓

1. 無處不在的培訓

中國人壽的培訓師並不是專職的，他們一般都是從優秀的業務員中提拔上來。培訓師的任務不只是對員工進行培訓，如果新員工在與客戶交流時遇到困難，他們還要以身作則，協助新員工一同解決問題。

身為培訓師，不僅業務能力要過硬，其溝通能力和領導能力更應比普通業務員強。所以在中國人壽沒有一個培訓師是可以永遠占據這個位置的，只要不適應市場，不適應公司的發展了，隨時可能被淘汰。

中國人壽的培訓在整個公司中是無處不在的，「隨時隨地教育」是其一大特色。

中國人壽保險重慶分公司南岸拓展部經理徐遠芳就是一個很典型的例子。徐遠芳剛加入公司時，公司培訓部對這些新來的同事進行了必要的素質培訓，主要包括道德培訓和職業技能培訓。而在工作逐漸出成績後，徐遠芳從一個最基礎的業務員成長為一個小組長，這時他接受的培訓就不只是職業技能培訓了，因為職務上了一個臺階，不僅自己要干好本職工作，還要帶領手下的員工一起打拼。

這時在培訓中就會加入一些管理能力的培訓，比如如何控制時間、如何控制工作進度、如何控制整個團隊的平衡等，做到更高層的職務，還有機會與同業的優秀精英交流。

隨時隨地培訓還體現在中國人壽的另一個公司文化上。因為培訓師不是終身制，如果效果不理想是隨時可能被淘汰的，而評價一個培訓師是否合格的關鍵就是看大家對他授課內容的接受程度。培訓師每天8個小時都在公司，接觸市場的機會就會比當業務員時少許多，所以更要注重與員工的溝通，甚至有時還要陪同員工一起去拜訪客戶，以便取得正確的市場信息，為自己的培訓累積經驗。

2. 業績不是最重要

在中國人壽，業務可以一步一步來，人品尤為重要，經常有業務員一個月都沒跑到一單業務，每當碰到這種情況，業務員的主管都不會催促和教訓他，反而會給予他安慰。中國人壽認為，業績固然重要，但良好的職業操守更難能可貴，如果把業務員逼急了，說不定反而會起一些負面作用。

杜可就是一個很典型的例子。杜可在2009年9月加入中國人壽。在加入之前杜可對保險行業有一些偏見和不理解。「以前我認為保險公司是騙人的公司，所以我才想到保險公司來一看究竟。」杜可如是說。

但經過短短一個星期的培訓後，杜可的思想有了一個180度的大轉彎。「我現在才明白為什麼業務員之間的差別這麼大。培訓太重要了，在中國人壽，講得最多的是我們要有良好的職業操守，做事要憑良心，不能兩只眼睛只向錢看。」

學習目標

1. 理解培訓的概念以及培訓與開發和教育的區別。
2. 瞭解培訓的相關理論和發展趨勢。
3. 掌握培訓中使用的各種技術方法。
4. 瞭解當代新技術在培訓中的應用。
5. 熟悉培訓的基本流程。
6. 掌握培訓效果評價的指標、方法及程序。

6.1 培訓概述

培訓已經成為大家耳熟能詳的名詞，培訓的概念也已深入人心，培訓作為人力資源開發和提高競爭力的重要手段，被越來越多的企業視為一種有價值的投資形式，在激烈的市場競爭中，以此來應對競爭環境的變化。

6.1.1 培訓的概念

1. 培訓的定義

要系統地瞭解培訓，首先要熟悉其相關概念。許多學者從不同的角度給出了培訓的不同定義。比如，培訓是指企業有計劃地實施有助於員工學習與工作相關能力的活動；或者，簡言之，培訓就是訓練。

通過對不同定義的理解和整合，我們認為，培訓是組織為了提高員工的工作績效和提升自己在社會中的形象，使員工通過學習和訓練在知識、技能和態度上得到改變、發展和完善的一項有利於組織和社會發展、有利於個人成長的、有計劃、有目的的系統性活動。就企業培訓而言，培訓是指「改進員工的知識、技能、工作態度和行為，從而使其發揮更大的崗位潛能，以提高工作績效，最終實現企業與職工共同發展的活動」[1]。

---

[1] 唐建光、劉懷忠．企業培訓師教程［M］．北京：北京大學出版社，2008：3．

提到培訓，我們經常會發現三個相關的概念，即培訓、開發和教育。分析它們之間的異同點，有利於增強我們對培訓的理解。下面我們將對這三個名詞，從定義的角度加以區分。

2. 培訓、開發和教育

在培訓管理中，人力資源開發和培訓是容易混淆的兩個概念，另外，我們常說的教育與培訓也有類似之處。

(1) 培訓與開發。人力資源開發的概念首先由那德勒提出，他具體區分了培訓和其他人力資源開發活動的異同。那德勒認為人力資源開發是：①由雇主提供的有組織的學習體驗；②限定在一段特定的時間內；③其目的是增加雇員提高績效和實現個人發展的可能性。[1] 開發是指為了員工今後的發展而開展的正規教育、在職體驗、人際互助以及個性和能力的測評等活動。培訓和開發同等重要，兩者都注重個人與企業當前及未來發展的需要，是企業發展戰略不可或缺的推動力。很多時候，我們都把培訓和開發放在一起提出，表6-1說明了兩者的區別。

表6-1　　　　　　　　　　　　　培訓與開發的區別

概念 區別	培訓	開發
側重點	當前工作	長期的、將來的工作
持續時間	短	長
範圍	針對個人崗位需求	針對企業全局
參與方式	強制	自願
工作經驗的運用程度	高	低
重點	學習特定的行為和活動，闡述技能和程序	理解信息概念和情境，開發判斷力，拓展完成任務的能力

(2) 培訓與教育。它們的區別主要表現在三個方面：①培訓具有更直接的經濟功能。培訓的目的是使現有的生產力保值、增值，而教育的目的則是培養生產力。培訓的內容一般都是較基礎的，培訓具有更直接的經濟功能。[2] 學校教育就是一個從無到有、系統化的培養過程。②培訓是在教育基礎上的優化。儘管培訓和教育都是人力資本投資的重要途徑，但培訓是對現有人力資源的調整、提升和優化，而教育是培養人力資源。③培訓側重技能培養，其目的性更強。培訓著眼於滿足人力資源發展的提高性、廣泛性要求，它的內容往往偏重於實踐性和操作性；教育則著眼於滿足對象的基礎性和專業性要求，它的內容往往更偏重於基礎性和理論性。

---

[1] 謝晉宇. 企業培訓管理 [M]. 成都：四川人民出版社，2008：8.
[2] 唐建光，劉懷忠. 企業培訓師教程 [M]. 北京：北京大學出版社，2008：4.

6.1.2 培訓的作用

在當今競爭激烈的市場環境中,企業想獲得足夠的競爭優勢,最佳的途徑就是獲得比對手更多、更強的人力資源。而實現這一途徑的方式主要有兩種:一種方式是通過外部招聘獲得所需的人力資源,這也是最直接、最簡單的方式;另一種方式就是對內部人力資源進行培訓。很多小企業更多的是通過外部直接獲取方式獲得所需要的人力資源;而對於有長遠規劃的大中型企業而言,企業內部培訓是不可替代的獲取人力資源的方式。從不同角度看,培訓的作用有以下幾點:

1. 社會角度

企業培訓可以提高內部員工的整體素質,使其技能得到提升。員工作為社會的個體,他們的發展就代表著整個社會的進步。有些企業不是很重視通過培訓提升競爭力,因為他們認為培訓員工的成本過高,同時還面臨著人員流失的危險,人員的流失也意味著企業的培訓「徒勞無功」。但是從整個社會看,人員的價值還是得到了提升。從這一角度來看,培訓的意義更接近於教育。

2. 企業角度

培訓是為了滿足企業對員工的知識、技能、態度、行為等的要求,從而保證企業經營目標的順利實現。企業是以營利為目的組織,企業經營目標的實現需要內部員工的共同努力,而只有那些具備相應能力的員工才能保證這些目標的實現,培訓正好可以使那些不滿足要求的員工達到企業的要求。培訓不僅是一種花費,更是一種投資。企業應當認識到培訓是市場經濟的基礎投資和基本建設,是企業提高員工人力資本含量的重要手段。企業應將培訓作為一種長期投資,加大對員工培訓的投資力度。企業可以通過開展培訓實現技術進步和人力資本增值,而人才可獲取新知識,更好地為企業服務,達到企業和個人雙贏的效果。[1]

3. 員工角度

培訓讓員工自身的能力得到提高。培訓后能力的提高,意味著員工價值的提升,其在企業中的重要性也有所增強。從個人職業發展角度看,其升職的可能性得到增加,收入也會增加。另外,培訓能讓員工感受到組織的關心和照顧,從而增強對企業的歸屬感。培訓已經成為一種福利,很多員工在看待工作待遇時,將獲得培訓的機會的多少也視為了一個評價因素。從這個角度講,培訓的意義更為長遠,達到了其激勵的目的。

6.1.3 培訓的原則

培訓管理在人力資源管理中占據著重要地位,而規範地實施培訓管理是保證培訓質量的關鍵,要使培訓過程規範化,培訓者就必須遵循以下基本原則:

1. 激勵原則

激勵是培訓的重要原則之一。培訓是一種促使員工進步的重要激勵手段,是對員

---

[1] 周磊. 企業培訓管理探析 [J]. 現代管理科學, 2004 (7): 92.

工的一種認可。所以，企業必須注重員工的自身發展，使企業的發展和員工的發展統一起來，才會有最佳的效果。組織是個人職業生涯得以存在和發展的載體，隨著企業的發展，員工在每個階段都有不同的學習要求，因而企業不能為培訓而培訓，在實施培訓工作之前，一定要在一系列調查研究的基礎上將培訓目標和員工需求聯繫起來。通常，員工會對那些重視培訓的企業「情有獨鐘」，因為培訓讓員工感到自己被重視，價值得到體現。

2. 差異原則

企業員工的職位、工作經驗、文化水平等各不相同，這就決定了培訓者必須堅持差異原則才能使培訓的價值最大化。個體的差異還表現在很多方面，企業在實施培訓前要充分瞭解培訓對象的實際情況，針對不同類型的人員採取不同的培訓方式和培訓內容。

3. 系統原則

培訓工作是企業營運活動的組成部分，應與企業的發展戰略相統一。因而企業要實施有針對性的培訓行為，建立培訓前準備和培訓後督導考查等制度，使企業培訓與管理緊密結合，協調發展。有些企業片面地認為，培訓更多地是以偶然的方式出現，或者應當按企業領導的要求確定培訓需求，導致員工缺乏系統的培訓，培訓的效果也得不到體現。系統的培訓就像學生接受系統的學習一樣，是一個有層次、有目的、程序明確的過程。系統原則表現在培訓的整體性上，而不是各個部分的重複疊加；同時，還要明確各個部分在整體中的作用。培訓的系統原則告訴我們，在管理活動中，必須使各相關因素形成優化結構，以求獲得系統的暢通性和優化性，更好地實現團體目標。企業進行培訓管理的目的就是使培訓體系內各培訓要素配合達到最佳配置，既能充分發揮各培訓要素的作用、又能互相促進、互相支持，保證培訓體系的功能更加完善。在實際操作中，企業每年年初要制定年度培訓計劃，形成培訓體系。

4. 反饋和強化原則

企業在培訓過程中，要注意培訓效果的反饋。反饋的作用在於鞏固培訓效果，及時糾正錯誤和偏差。反饋的信息越及時、越準確，培訓的效果就越好。培訓過程一般時間不長，但是培訓的效果如何，要在培訓結束后經過一段時間才能得知。培訓對象反饋的信息對將來培訓工作的開展具有指導意義。強化就是結合反饋結果對培訓對象進行相應的獎勵或懲罰。強化不僅應在培訓結束後馬上進行，如獎勵在培訓中取得優異成績的人員，而且還應在培訓后的崗位工作中對培訓對象繼續給予強化，如獎勵那些由於培訓而工作能力提高或績效明顯改善的員工。

6.1.4 培訓的理論

培訓進入科學研究領域，最早是在心理學範疇內。隨後，培訓理論隨著管理科學理論的發展而發展。下面將介紹幾種相關的培訓理論。

1. 行為主義學習理論

行為主義學習理論將學習定義為在刺激和反應之間建立連接的過程，認為推動人們學習的動力主要有內部驅動力和外部驅動力兩種。在行為主義學習理論中，無論是

以動物還是以人為對象，一切的學習過程都被簡化成一種心理實驗。它的基本原理就是「效果律」，即刺激和反應連接的強弱取決於反應結果的好壞。愉快的結果加強連接，而令人厭惡的結果減弱連接。行為主義學習理論的第二條規律是「強化」。強化的反應會重複出現。就教育而言，這樣的理論可能帶來一些不良的結果。它將注意力放在學習者的行為上，而不放在促使學習者做出反應的原因上。

行為主義學習理論對培訓活動的開展起到了很大的理論支持和實踐推動作用，尤其是在技能培訓、行為指導和管理開發等方面運用得比較廣泛。

2. 認知主義學習理論

認知主義學習理論在與行為主義的競爭中一直處於劣勢。但是，隨著20世紀50年代計算機建模的發展，認知主義學習理論獲得了較快的發展，有超越行為主義學習理論的趨勢。認知主義學習理論認為，思維活動是大腦中記憶痕跡回復的結果。它強調如果我們不想學習，即使進行無數次的強化，我們也不會學習好。對學習來講，重要的是要知道目標是什麼。我們之所以達到「目標」是因為我們知道「它在那裡」。認知主義學習理論不重視經驗，它認為我們應當將當前問題的結構作為找出答案的關鍵所在，學習者對問題的解決主要依賴於對整個問題的結構，即對問題的主要關係認識得當。

認知主義學習理論對知識、能力的培訓有更大的指導意義，但這種指導主要體現在戰略培訓活動、創新和自我學習上。

3. 人本主義學習理論

人本主義學習理論發源於20世紀50年代末，它研究的是人的本性、潛能、經驗、價值等。亞伯拉罕·馬斯洛（Abraham H. Maslow）的需求理論對人本主義學習理論有重大影響。需求理論強調在學習中應注重人的因素，考慮人的價值體現、自我實現等因素。需求理論的另外一層含義是給員工提供了參加培訓計劃的選擇自由。該理論認為給員工選擇權可以提高其學習動力。同時，這一理論還要求培訓者改變態度，認識到自己只是學習的促進者，而不是控製者。

4. 成人學習理論

成人學習理論是在滿足成人學習這一特定需要的理論基礎上發展起來的。以前的大多數教育理論都只針對在校學生。麥克科姆·勞勒斯（Malcolm S. Knowles）率先提出了成人教學法一詞，之後羅伯特·馬吉爾（Robert Mager）等學者又在這一領域做了大量研究，使成人學習理論進一步發展。成人學習理論強調互動性，也就是說，學習者和培訓者都要參與到學習過程中。

6.1.5　培訓的發展趨勢

培訓理論已有幾十年的發展歷史。培訓在各個組織，特別是現代企業中運用得相當廣泛，不管什麼類型的企業都或多或少要涉及員工的培訓。自21世紀以來，不管是培訓理論還是培訓實踐都得到了突飛猛進的發展，在其發展中體現出以下幾個特點：

1. 培訓形式多樣化

培訓一般都在企業內部展開，隨著培訓需求的增加，企業內部的培訓人員已經無

法滿足企業的要求，因而外部培訓開始介入，很多企業紛紛聘請外部培訓公司對企業內部人員就某種能力或態度進行培訓。目前比較流行的是 E-learning，可譯成網絡學習、電子學習、數字學習或在線學習。它已經有近十年的發展歷史。目前，很多企業都開始運用 E-learning，但是對 E-learning 的理解以及運用還沒有達到應有的程度。E-learning 這種借助於網絡的培訓方式仍將在以後的企業培訓中繼續發展。

2. 培訓內容的多樣化

一般而言，培訓內容包括工作知識、工作技能與工作能力，也就是常說的 KSAs（Knowledge，Skills，Abilities）。然而更深入的研究表明，除了這些因素會影響工作績效外，員工的性格特點（Other Characteristics），如工作態度、動機等也會對工作績效產生影響。因此，旨在改變員工態度和行為的培訓也得到了發展，又稱 KSAOs（Knowledge，Skills，Ability and Other Charaiteristics）。隨著社會的發展，知識性員工越來越多，培養員工對企業文化的認同、提高員工對組織的忠誠度等問題將越來越受企業重視。

3. 培訓的科學性加強

當前的培訓管理，從培訓需求信息的收集到培訓的實施、培訓的評估等，都發展出了很多科學有效的方法，有了一些固定的模式可以遵循。當然，培訓管理的出現本身就是培訓科學性加強的一種標誌。比如，企業針對培訓這一長期的工作，開始設置專門的培訓部門、培訓專員等。

4. 培訓得到普遍重視

最初，很多企業認為，培訓是一種消費，而現在更多地認為培訓是一種投資，對培訓的理解也越來越深刻。所以，企業重視培訓的開展，幾乎每個企業都有專門的培訓經費。比如，摩托羅拉大學是摩托羅拉公司的培訓機構，在全球有 14 個分校，每年的教育經費約為 1.2 億美元。這不亞於國內名牌大學全年的教育經費投入。美國政府提出，企業用於教育的資金占工資總額的比例不應低於 1.5%，而摩托羅拉的比例已高達 3.6%。[1] 企業的發展離不開人員素質的提高，要使人員素質滿足企業發展的需要，培訓是最佳的方式。不難看出，企業在以後的發展中，對培訓的重視程度必然將不斷提高。

5. 強調員工的自主學習

自主學習即 SST（Self-service Training）。隨著市場競爭越來越激烈，員工的知識更新也越來越快，僅靠企業組織的培訓很難滿足工作內容變化和員工知識更新的需要，而員工主動學習的能力將決定其在社會中的競爭力，所以員工培訓應從「要我培訓」逐步轉變為「我要培訓」。

---

[1] 汪群，王全蓉．培訓管理［M］．上海：上海交通大學出版社，2006：6．

6.2 培訓的技術方法

企業培訓的效果在很大程度上取決於培訓方法的選擇。當前，企業培訓的方法多種多樣，不同的培訓方法具有不同的特點，也各有優劣。企業要選擇合適有效的培訓方法，就要結合培訓的目的、培訓的內容、培訓對象自身的特點及企業擁有的培訓資源等因素進行考慮。下面將分別介紹幾種培訓的方法。

6.2.1 以傳授知識與技能為主的培訓方法

1. 講授法

課堂講授法，也稱課堂演講法，是指培訓者通過語言表達、板書等其他輔助性教學工具，系統地向受訓者傳授知識、觀念和技能的一種教學方法，是迄今企業脫產培訓中採用得最多的一種培訓方法。這種方法一般根據培訓者向受訓者傳授知識、觀念和技能方式的不同，具體分為注入式講授、啟發式講授、發現式講授、開放式講授等類型。

課堂講授法適用於以簡單獲取知識為目標的場合，常被用於一些理念性知識的培訓，如管理知識、產品知識、營銷知識、財會知識、作業管理等。其優點在於培訓者的直接講授，可以讓受訓者進行接受性學習，避免了受訓者認識過程中很多不必要的曲折，有利於受訓者在短時間內系統地接受新知識。由於學習效果可能會受培訓者講授水平的影響，這種培訓方法成敗的關鍵在於培訓者的選取，培訓者必須對課題有深刻的研究和周全的準備，並對受訓者的知識、興趣、經歷等有所瞭解。

2. 研討法

研討法是指由培訓者有效地組織受訓人員以團體的方式對工作中的課題或問題進行研討並得出共同的結論，由此讓受訓者在研討過程中相互交流，以提高受訓者知識和能力的一種培訓方式。該方法主要適用於以領導藝術、戰略決策、商務談判技能等為內容的培訓。

研討法一般分為以培訓者為中心的研討（培訓者在研討中為主體，提供主要的信息來源和渠道）和以受訓者為中心的研討（受訓者主導研討的過程，並負責搜尋信息和提出解決問題的辦法）兩種類型，主要以演講—討論式、小組討論式、沙龍式、集體討論式和系列研討式等方式開展。

研討法的實施步驟如下：在規劃階段確定研討目標；在準備階段確定一個條理清晰的研討大綱；在進行階段確定一個明確的研討主題；結束時，應當對研討結果進行相應的總結。該方法有利於受訓者積極主動地思考，在討論中開發能力，拓展思路，取長補短，相互學習，有利於知識和經驗的交流和累積。但需要注意的是，討論課題選擇的好壞將對培訓結果產生直接影響。

3. 視聽法

視聽法，也稱多媒體教學法，是指打破過去單純運用聲音、文字來溝通的方式，

以幻燈、電影、錄像、錄音、電腦等多媒體視聽教學設備為主要培訓手段進行培訓的方法,該方法被廣泛應用於提高員工溝通技能、面談技能、客戶服務技能等的培訓。

視聽法一般很少單獨使用,它常與課堂講授法等其他培訓方法一起使用,通常被視為一種輔助教學手段。但隨著現代科技的發展,視聽法在培訓過程中發揮著越來越重要的作用,逐步成為一種獨立、有效的培訓手段。

常用的視聽工具主要包括電視機、錄像機、幻燈機、投影儀、收錄機、電影放映機等。依據講課的主題有針對性地選擇適當的視聽工具,通過生動形象的教學方式與受訓者進行多方位的感官互動交流,有助於受訓者加深對所講授知識的理解,也有助於提高其實際操作能力。但是視聽設備和教材的成本較高,也容易過時,視聽教材的選擇是成功使用該方法的一個關鍵環節。

4. 案例分析法

案例分析法是20世紀初哈佛大學首創的一種教學培訓方法。它的重點是對過去所發生的事情做出診斷或解決其中的專項問題,比較適合靜態地解決問題,主要用於提高受訓者分析問題和解決問題的能力。

案例分析法實施的關鍵在於案例的遴選,即根據特定的教學目標,設計或編寫案例,或者選用現成的合適的案例,並引導受訓者進入角色,「身臨其境」地獨立思考、分析和解決問題,提出自己的觀點,並在此基礎上展開小組討論,集思廣益,使受訓者在得到經驗和鍛煉機會的同時,養成積極參與和向他人學習的習慣。

5. 在職培訓

在職培訓是讓受訓者對熟練員工進行觀察和提問,然後再模仿其行為的培訓方法。在職培訓的基本假設是:員工可以通過觀察和提問學習知識。一個成功的在職培訓方案應包括設定學習目標、列出需要學習的知識和技能、設計在職培訓過程等環節。熟練員工應向受訓者講解工作流程,給予受訓人實踐的機會並反饋相關信息,不然在職培訓很容易流於形式,從而使受訓者錯失學習機會。

在職培訓是一種有效的培訓方式,很多企業都是通過這種方式對員工進行培訓的,幾乎所有的新員工都會接受不同形式的在職培訓。絕大多數工作都難以用文字來系統描述,並且很多工作細節也不可能在其他培訓方法中被交代清楚,而員工通過在職培訓可以觀察到最真實的工作情境,隨時發現學習點,可以迅速地掌握新的技巧和熟悉工作環境。這種方法非常實惠,原因在於培訓者邊干邊教,而受訓者邊干邊學,較少耽誤正常工作;同時,還能及時反饋受訓者的學習情況。

但是,由於熟練員工本身不是專業的培訓師,沒有什麼培訓技巧,也不容易抓住關鍵點講授,因而很大程度上要靠受訓人自己觀察和提問。對於陌生的工作,受訓人往往很難發現一些重要的操作行為,只看到了表面現象,而不知其中奧妙。還有一些受訓者由於心理因素或性格原因,不喜歡提問,即使喜歡提問的員工也不一定問到「點」上。所以受訓者的觀察和提問可能收效不佳,而且難於深入。在職培訓的一個最重要的缺陷是,很多工作細節無法通過觀察和提問來學習。

6. 工作輪換

工作輪換是指讓受訓者在多個部門之間輪流工作,使他們有機會接觸和瞭解組織

中其他工作的情況。培訓者要提高輪換計劃的成功率，就應當根據每個人的實際情況制定工作輪換計劃，應當將企業的需求和個人的興趣、能力等結合起來考慮，對於輪換的時間應根據學習進度和工作需要來確定。

工作輪換主要用於對管理人員的培訓，使其在晉升到更高的職位前瞭解各個部門的運作情況。同時，也有組織將其用於培訓新進員工，讓其在培訓的過程中找到適合自己能力和興趣的崗位。對於管理人員而言，工作輪換是一次全面瞭解組織的機會。管理者通過在各個部門工作一段時間，可以熟悉各部門的情況，一旦上任，能很快上手工作。平時組織的各個部門都是相對獨立，但是工作轉換有助於管理者發現部門之間的相互關係，有利於今後協調各部門的工作，促進部門間的合作。工作輪換也是對受訓者的考驗，各部門的主管從不同角度來觀察受訓者，從而綜合評價受訓者各方面的能力，作為晉升決策的重要參考。此外，工作輪換對於管理人員和新員工的重要作用還表現在讓受訓者找到最適合自己的崗位和發展方向上。

雖然工作輪換有諸多優點，但也容易走入培養「通才」的誤區。被鼓勵到各個崗位工作的員工將花費不少的時間熟悉和學習新的技能，並將此作為一項主要工作。工作輪換，雖然可以讓員工掌握更多的技能，但卻不利於員工專注於某一方面的工作。所以，工作輪換常常被認為適用於培訓管理人員，而非職能專家。

6.2.2 以改變態度和行為為主的培訓方法

1. 拓展訓練法

拓展訓練的概念源於1941年的英國，英文名為 Outward Bound，意為投入到外界的未知旅程中，以迎接挑戰。有時也翻譯為「外展訓練」。拓展訓練法是近年來比較流行的一種培訓方法，是運用結構性的室外活動來開發培訓對象協作能力與領導能力的一種培訓方法。實踐證明，拓展訓練法對於開發與群體有效性有關的技能，如自我感知能力、問題解決能力、衝突管理以及風險承擔能力等是最適合的。[1]但是，這種培訓方式的花銷大，而且一般都是在企業外進行的，所費時間至少一天以上，參加訓練的人員也必須離開工作崗位才行。並且，在中國真正形成品牌的拓展訓練組織非常少，這也說明當前拓展訓練法的發展還不夠成熟。

2. 角色扮演法

角色扮演法是指在培訓中，由培訓者為受訓者設定一個模擬的或真實的工作環境，指定受訓者扮演某種角色，使受訓者通過角色演練來理解角色的內容，從而提高他們正確面對現實和解決問題的能力的一種培訓方法。它是由精神醫學專家雅各·莫雷（Jacob Levy Moreno）所開發的心理劇發展而來的，主要運用於詢問、電話應答、銷售技術、業務會談等基本技能的學習和提高[2]。該方法成功的關鍵在於參與者的主動性。

角色扮演法的參與主體有導演、角色扮演者和觀察人員。其中，導演通常由培訓者擔任，負責對角色進行定位和指導，引導整個角色扮演過程的進行；角色扮演者一

---

[1] 蔡中華. 人力資源管理 [M]. 北京：化學工業出版社，2008：128.
[2] 鄭常青. 企業員工培訓方法的選擇 [J]. 企業改革與管理，2008（1）：70.

般由受訓者擔任，扮演各種角色，其他受訓者都可以作為觀察者對整個演示過程仔細觀察，並進行相應的點評和相互學習。

角色扮演法要想成功實施，首先，需要明確角色扮演的目的，並據此擬定詳盡的關於各角色的說明資料；其次，需要在角色分派後，建立起角色扮演的氣氛，充分調動受訓者的積極性和參與熱情；最後，在角色扮演結束後，還應當對活動中學員的表現和學習成果進行評價和總結，對學員進行多方位的能力檢測和學習培養。

3. 游戲訓練法

游戲訓練法是一種在培訓員工的過程中常用的輔助方法，主要用於改變培訓現場的氣氛，並借助游戲本身的趣味性，來提高參加者的好奇心、興趣及參與意識，以改良人際關係。它的優點在於營造輕鬆的氛圍，讓受訓者在游戲的過程中學習，在學習的過程中思考。

6.2.3 新技術在培訓中的運用

隨著社會不斷進步，科學技術取得了突飛猛進的發展。近幾年來，新技術的出現影響了我們生活的方方面面。培訓領域的發展也離不開這些新技術的支持，視聽技術對培訓的影響就是很好的例子。多媒體、計算機、互聯網技術被引入到培訓當中，從而產生了基於新技術的培訓方法，再結合以前的傳統培訓方法，使培訓的選擇更加多樣化。同時，新技術的引入對培訓理念的發展也產生了一定影響。

1. 多媒體在培訓中的應用

多媒體培訓就是將各種視聽輔助設備與計算機結合起來進行培訓的一種形式。多媒體培訓讓以前枯燥的知識變得生動起來，大大加深了受訓者的培訓印象，從而增強培訓效果。但是，多媒體開發成本高，也不適用於所有的培訓。

2. 互聯網在培訓中的應用

互聯網影響著人們生活的各個方面，同時也為培訓提供了一種更為便捷和高效的方式。目前，E-learning 已經得到初步發展。在 E-learning 出現之前，培訓更多是通過面對面傳授的方式進行的，E-learning 的出現讓遠程培訓等新模式得到廣泛推行，培訓成本也大大降低。E-learning 雖然便捷、高效，但缺乏面對面的交流感，因而只能是傳統培訓的有效補充。那些富含身體語言和微妙情緒的人際交往（軟技能）、顧客服務及營銷類培訓課題，仍需要面對面的傳授。

E-learning 被引入中國已經有好幾年了，人們對這種方法的認識也越來越清晰（前面也有所提及，本節不再詳細介紹）。下面將對運用這種方式應注意的問題加以說明：①從受訓者角度講，首先，受訓者應該樹立自我學習理念，具備自我管理與自我監督的概念，因為學習者面對的不是培訓師而是計算機，只有自己主動學習，才有學習效果；其次，受訓者應樹立個性化培訓的理念。網絡時代為我們提供了很多選擇，學員可以選擇自己喜歡的方式接受培訓，這樣才能使學習積極性、獨立性和自主性大大增強。②從培訓師角度講，其主要職責是為學員提供信息支持，扮演協助者的角色，以協助者的角色參與培訓的各個環節。

6.3 培訓的流程

6.3.1 培訓需求分析

培訓需求分析是培訓管理活動科學化的第一個步驟。培訓需求分析也叫培訓需求評估，它是指在進行培訓之前，由有關人員運用各種方法和技術，對組織及成員各方面的知識和能力進行系統的鑑別、分析，尋找出需要培訓的內容的活動。

1. 培訓需求分析的三個層次

培訓需求分析是一個複雜的系統，它涉及組織需求分析、任務需求分析和人員需求分析三個層次。

（1）組織需求分析。組織需求分析應重點考察組織戰略和組織中資源的配置狀況，還需要對組織的培訓氛圍和組織內外的環境限制等條件進行分析。組織需求分析主要包括以下幾個部分：①組織戰略分析。組織內的一切活動都要以組織戰略為導向，培訓作為組織活動中的一個部分，當然也要以組織戰略為前提。組織戰略是確定培訓目標的根本依據，戰略分析也就成為組織層面培訓需求分析的必要內容。組織戰略往往會影響培訓政策、培訓頻率和培訓職能部門的組建方式。②組織資源分析。組織內部資源包括人、財與物等方面。由於資源是有限的，只有充分瞭解組織目前所具備的資源狀況，才能讓培訓創造出最大價值，讓組織明白目前需要什麼培訓，以及用什麼方式來培訓。首先，組織要考慮內部人員能否提供所需要的培訓，內部人員是否具備培訓師應有的知識和能力，還應考慮是否需要借助外部的諮詢結構、培訓機構或高校來開展培訓。其次，組織還要考慮培訓成本問題，需根據自身的財力來分析培訓需求。最後，物的資源主要體現在培訓設施上，有些大企業有自己的培訓學校，如海爾有海爾大學，摩托羅拉也有自己的大學。這些良好的設施也成為組織資源分析的一部分。③管理人員與員工支持度分析。任何活動的開展都離不開管理人員，尤其是高層的支持。管理者的支持，主要是指資源支持對培訓需求的影響。如果管理人員的支持力度夠大，培訓的開展就會更順利，否則培訓效率會大打折扣。另外，員工參加培訓的意願也是培訓者要考慮的重要因素之一。所以，培訓者在開發培訓內容時需著眼於員工的偏好，讓他們能從內心接受所提供的培訓活動。④組織環境分析。對於組織環境的分析，比較流行的是 SWOT 分析方法。本節將從兩個維度，即內部環境和外部環境來展開對組織環境的分析。分析外部環境需考慮的因素包括：國家政策，即國家的政治、經濟、產業、行業政策；人才培養，即職業教育、高等教育、人才培養方面的信息；高新技術，即相關產業、行業高新技術的發展趨勢；競爭對手，即競爭對手的發展狀況以及在人才培訓方面的信息。分析內部環境需考慮的因素主要是價值觀、經營理念和組織文化等。組織文化是組織的管理哲學及核心價值的反應，是一個組織區別於其他組織的顯著特點。

（2）任務需求分析。任務需求分析，也叫做工作需求分析。進行任務分析首先要

確定員工需要完成哪些任務。工作任務分析的內容主要包括工作任務的複雜程度、工作的飽和程度以及工作內容和形式的變化。

（3）人員需求分析。在完成了組織需求分析和任務需求分析之後，培訓需求分析的最後一個內容就是對人員需求進行分析，也就是對培訓的主體進行分析，主要是評估特定工作崗位的員工執行各項任務的情況。如果希望進一步改善員工的績效情況，培訓者就必須分析員工所具備的知識、技術、能力是否已經足夠。人員需求分析的內容主要包括：①員工知識結構，通常包括文化教育水平、職業教育培訓與專項短期培訓三個方面。②員工專業結構。公司中有些人員並沒有從事自己專業的工作，所以要調查公司內部的專業對口率。③員工年齡結構。培訓是一種投資，員工的年齡越小，企業的投資回收期也就越長。同時，年齡的大小和個人的接受能力有著非常直接的關係。因此，培訓者在進行人員需求分析時應考慮合理的年齡搭配，並以此決定各崗位的培訓內容。④員工個性特徵。某一個崗位的特點可能決定了這個崗位所需要的員工的個性特徵，從而培訓者就能由此發現需要培訓的內容。⑤員工能力分析。員工能力分析就是分析員工在實際工作中展示的能力與工作所需要的能力之間的差距。培訓者可以分析員工的工作績效，從中發現員工的能力問題，從而發現需要培訓的內容。

2. 培訓需求信息調查方法

（1）觀察法。該方法是指培訓者到員工工作崗位去瞭解員工的工作狀況，從而獲得有關培訓需求的第一手資料，以便在開展活動之前形成統一的觀察記錄表（見表6-2），確定需要調查的重要內容，使培訓標準統一。這種方式的優點是時間短，不打擾常規工作，但是對觀察者的技能要求高。

表6-2　　　　　　　　　　　　　觀察記錄

觀察項目：	員工姓名：
所屬部門：	工作崗位：
觀察時間：	觀察人：
工作項目：	
工作完成質量高的方面：	
工作完成質量低的方面：	
建議培訓內容：	

（2）訪談法。訪談法比觀察法更為直接，獲得的信息更多，可以直接瞭解員工的培訓需求及其希望採用的培訓方法。為確保訪談質量，訪談前應設計好訪談提綱，明確訪談目的和方式，可以採取結構化的或非結構化的方式，可以通過正式或非正式方式進行個體或團體訪談。訪談法的注意事項有：①明確調查目的；②制定訪談提綱；③預約訪談人員；④組織訪談小組成員；⑤訪談記錄的整理；⑥所訪談人員工作的主要內容和工作狀況。訪談的內容一般包括以下幾點：①員工工作的整體狀況；②目前工作中需改進之處；③工作的熱情度；④工作的熟練度；⑤對工作環境的滿意度；

⑥內部員工的人際關係；⑦內部溝通情況；⑧希望獲得的新技能；⑨培訓的建議。

（3）問卷法。問卷法是培訓人員就需要收集的信息項目通過形成問卷、發放給被調查人，從而獲得所需信息的一種調查手段。此方式的優點是能在較短的時間內接觸大量的人，收集大量的信息，並且容易對收集的信息進行分析和統計。其缺點是對沒有預料到的反應無法進一步追蹤，問卷的設計和分析工具的建設需要一定的時間。問卷的設計需要注意：①調查應採取不記名形式；②問卷要盡量簡潔；③問題不能含糊不清；④問卷最好採取半結構化形式；⑤內容的針對性要強。

（4）文獻法。文獻法即通過查閱內部和外部文獻資料來收集信息的方法。內部的文獻資料主要有企業的規則制度、內部經營狀況；外部的文獻資料有專業期刊和類似企業的培訓信息報告等。

6.3.2　培訓計劃制訂

培訓需求調查完畢後，企業掌握了需要培訓的內容，下一步就是制訂培訓計劃。培訓計劃按不同的劃分標準可以分為不同的類型：按層次，可以分為公司培訓計劃、部門培訓計劃、個人培訓計劃；按時間，可分為年度培訓計劃、季度培訓計劃、月度培訓計劃。下面將從培訓計劃的內容、程序步驟、費用預算三個方面介紹培訓計劃的制訂。

1. 培訓計劃的內容

（1）培訓目的。在計劃培訓的時候，培訓目標、需要獲得的結果都需要在計劃中得到詳細的體現，也可為后面的評估提供依據。

（2）培訓對象。每項培訓都是具有針對性的，是針對一定的群體開展的培訓，所以培訓者需要瞭解這些人員目前的具體情況。

（3）培訓內容。培訓是以理論為主還是以實踐為主；重點在於培訓技能還是培訓態度；主要是培訓新知識還是其他內容。上述這些問題都需要計劃者思考清楚。

（4）培訓師。通常、企業都有自己的培訓師，一般的專業知識培訓都由各部門的領導來完成，而態度方面的培訓都由管理人員來完成，專業度高的培訓則需要借助外部培訓機構來完成。培訓師是培訓計劃的一個重要方面。培訓計劃者選擇培訓師時，需要考慮培訓師的培訓能力和經驗。

（5）培訓的后勤部分。對此，培訓計劃者需考慮培訓需要哪些設施；培訓的地點安排在內部還是在外部；培訓資料的準備；等等。

2. 培訓計劃的程序

（1）確定培訓需求。培訓需求是制訂計劃的重要依據。培訓計劃者要根據以前收集到的信息來進行科學的分析，明確培訓方向。

（2）明確培訓目標。培訓目標一般分為三個層次：①最終目標，即培訓項目應克服的組織問題；②中期目標，即員工行為的改變；③直接目標，即為了達到中期目標，應當使員工具備的知識、技能。

（3）確定培訓對象。培訓計劃者應根據培訓的目的選擇培訓對象。如果企業是為了提高績效而開展培訓，那就應該讓績效較差的員工參加培訓。不同職位在企業中發

揮的作用不同，培訓計劃者應根據不同層次員工的需求，選擇針對高層、中層、還是一般員工進行培訓。

（4）選擇培訓師。這方面的工作包括制定培訓師選擇標準，收集培訓師信息，培訓師面談和考查，確定培訓師，安排培訓師做課前調研等。

（5）確定培訓時間與地點。培訓時間選擇的合理、培訓地點選擇的適宜是決定培訓效果好壞的重要因素。

（6）培訓項目的溝通和審批。培訓一般都需要公司在人力、財力、物力等方面的支持，所以培訓的開展需要通過一定程序才能進行，即首先應完成項目申請書，其次是申請和審批，最後才決定培訓項目是否執行。

（7）明確考評方式。為驗證培訓效果並對受訓者進行必要的監督，培訓后一般都要進行考評。考評的方式可以是筆試，也可以是面試等方式。應該注意的是，要避免考評的形式化。

（8）培訓費用預算。培訓計劃者要注重培訓的成本效益原則，用最少的經費獲得最大的效益。培訓成本有直接成本和間接成本兩部分。

（9）收集培訓資料。這方面的工作主要包括：培訓資料的整理與存檔，製作培訓簽到表，對培訓過程實施記錄等。

（10）培訓的反饋（滿意度調查）。反饋的過程也是一個溝通的過程，反饋是為了發現培訓中的問題，為下次培訓工作的開展提供經驗和教訓。

3. 培訓經費預算管理

企業培訓活動的進行離不開資金支持，而經費預算也成為培訓計劃的重要組成部分。

（1）培訓經費的預算方法。培訓經費的預算方法有以下三種：①比較預算法。一般的做法是參考同行業關於培訓預算的數據。企業人力資源部門通過對數據的收集，找出同行業的平均水平，瞭解行業中優秀企業及落後企業的預算情況，然後找出自己在行業中的位置，以確定企業的培訓經費。使用這種方式，一定要考慮競爭對手的行業位置、發展戰略等要素。②比例提取法。這是對某一基準值設定一定的比率來決定培訓經費預算的方法。比如，企業按其年營業額的5%提取培訓經費，或者按工資總額的一定百分比來提取。③人均預算法。此法先確定每個人的培訓經費為多少，然後根據企業人數的多少確定最終的經費數量。④需求預算法。此法根據培訓需求情況，分別計算每個項目的培訓費用額度，再將各個項目的費用加總得到最終的費用額。

（2）培訓費用的構成。一般培訓費用可分為培訓管理費用和培訓項目運作費用。其中，培訓管理費用計入人力資源部門管理費用，而培訓項目運作費用是培訓費用的重要組成部分。培訓項目動作費用包括：①場地費。如果使用企業內部場地開展培訓，場地費用就不會產生，但如果將人員安排在企業以外的酒店或會議廳進行，場地費用就成為運作費用的一部分。②設備使用費。隨著教育培訓手段和方法的日益現代化，教育器材費用和教材費用呈不斷增長的趨勢。在確定這部分預算的時，必須先考慮目前能預見到的、能提高教育效果的、不可或缺的手段。③培訓師費用。企業的培訓領域在不斷擴大，許多時候需要借助外部培訓師資的力量來完成培訓。這樣既要支付內

部培訓組織人員的工資，又需要支付高額的外部培訓師費用。

上面提到的均屬於直接培訓費用，但間接培訓費用也是培訓費用中不能忽視的一部分。員工參加學習，必然不能從事正常的工作，對企業來講，仍需要支付工資，有時甚至需要招聘一些臨時員工來頂崗，如此就形成了間接培訓費用。

6.3.3 培訓實施

培訓需求的調查、計劃的制訂都是為了能更好地實施培訓。實施培訓是培訓的核心環節，培訓效果的好壞也與培訓實施的好壞直接相關。

1. 培訓部門的職責

培訓部門是培訓活動的組織者，負責培訓工作的全程管理。培訓實施過程中，培訓人員的主要職責是：①培訓實施之前發放培訓通知書，通知受訓者具體時間和地點，以及培訓過程中的注意事項；②準備培訓師資和設備；③培訓開展中為受訓人員提供良好的學習環境；④培訓結束後負責培訓效果調查、培訓簽到等工作以及之後的培訓考評工作。

2. 培訓制度的制定和更新

每項活動的開展都需要以制度作為行動指南。培訓是一個系統的工程，培訓制度是培訓工作的基礎。培訓制度的建立與健全，是考核培訓體系完善與否的重要標準之一。企業培訓制度包括崗前培訓制度、培訓考評制度、培訓服務制度、培訓獎懲制度四項基本內容[1]。除這四項基本制度外，健全的培訓制度還應該包括培訓責任制度、培訓經費單列規定、培訓檔案管理規定、培訓合同制度等。這裡要強調的是培訓合同制度，由於培訓需要花費一定的費用，特別是某些專項培訓課程的費用可能比較高，企業為了留住人才，使企業的培訓投資有所回報，通常要針對某些培訓費用高的培訓項目與受訓員工簽訂培訓合同，以避免員工完成培訓后又發生流失。

3. 培訓實施需要注意的事項

培訓實施需要注意的事項主要有：①充分準備。充分的準備是成功的一半，只有準備工作到位，才能保證培訓按計劃進行。②培訓效果。效果的好壞取決於培訓師的能力、培訓課程的設計以及培訓的合理性等因素。③學員參與。只有學員全身心的投入，才能讓培訓事半功倍。④培訓考核。培訓的最終目的是為了使員工學到知識、提高技能、改變態度。為了檢驗培訓的真實效果，培訓考核成為培訓的必要環節。培訓考核一般分為短期考核和長期考核，可以通過筆試，也可以通過實際操作進行考核。總之，考核方式根據培訓性質而異。

6.4 培訓效果評估

培訓實施完成后，培訓效果的好壞需要通過一定的評估方法加以論證。培訓效果

---

[1] 於虹. 企業培訓 [M]. 北京：中國發展出版社，2006：53.

評估也是培訓工作的一個重要環節。有學者指出：「培訓評估的重點是培訓項目的最終結果而不是培訓項目本身的發展」[1]。培訓是需要花費大量人力、財力、物力的項目，但人們對培訓效果的評估及增強培訓效果的重要手段並未給予應有的重視。系統、科學、有效的評估體系在中國尚未形成。本節主要介紹柯氏四級評估法。

1959 年，美國威斯康星大學的唐納德‧柯克帕特里克（D. L. Kirkpatrick）教授提出了四層次評估模型。他提出的「反應、學習、行為、結果」經典培訓評估模型被稱為柯氏四級評估法。隨著柯氏四級評估法的發展，對各個層級含義的解釋也日趨完善：①反應層，指受訓者對培訓項目的看法。反應層的評估工作主要是評估受訓者反應，瞭解員工培訓後的總體反應和感受，瞭解學員對培訓項目結構、培訓師、培訓內容的看法等。②學習層，即學習的效果。學習層的評估工作主要是確定受訓人員對原理、技能、態度等培訓內容的理解和掌握程度。③行為層，即行為的改變。行為層的評估工作主要是考察受訓人員接受培訓後在實際崗位工作中行為的變化，以判斷其所學知識、技能對實際工作的影響。④結果層，即組織績效的改變。結果層的評估工作主要是考察培訓是否改善了組織績效。組織績效的提高是一個企業組織培訓的最終目的，對此可以借助以下指標來衡量，如事故率、生產率、員工流動率、廢品率、員工士氣以及客戶滿意度等。

6.4.1 培訓效果評估的程序與方法

完整的培訓效果評估程序包括評估前的準備、評估的具體實施、評估的結果及反饋三個階段。評估前的準備主要是指，事先應明確培訓評估的目的、重點及計劃；評估的具體實施是指，在評估中要選擇適合的工具、方法，以收集評估數據；評估的結果及反饋是指，應當在調查分析的基礎上形成評估報告並對評估結果採取相應的措施。

1. 評估前的準備階段

評估前準備階段的工作主要是根據培訓的實施情況，確定評估的目的、重點，為培訓評估確定方向並做好準備。具體而言，評估前準備階段的工作分為確定培訓目標、確定培訓評估的目的、培訓前測試及評估相關計劃準備四個方面。

（1）確定培訓目標。為了使評估的效果能夠體現出來，在培訓進行前，我們先要確定培訓想要達到什麼樣的目標，而整個培訓評估的過程就是檢驗培訓是否達到了這些目標的過程。確定培訓目標是設計培訓課程的前提，也是培訓評估的基礎。

（2）確定培訓評估的目的。在培訓項目實施之前，評估人員就必須把培訓評估的目的明確下來，並確定評估的重點。一般而言，評估目的是對培訓系統的某些內容、方式、程序、環節等進行修訂，或者是對培訓項目進行整體修改，使其更加符合企業的需要，為企業帶來效益。同時，培訓評估的目的會影響數據收集的方法和所要收集數據的類型。

（3）培訓前測試。培訓前測試是對培訓效果進行對比分析的依據。具體而言，培訓前測試就是在實施培訓前，根據所確定的培訓目標，對受訓人員進行知識、技能或

---

[1] 顧銀根. 論培訓評估 [J]. 中國商界，2009（4）：217.

態度的測試，檢驗受訓者在培訓前的知識、技能和態度水平，以此作為培訓后員工表現的參照。另外，培訓前測試也可以從企業層面展開，如對內外部顧客滿意度、士氣、工作氛圍、工作積極性等進行測試。

（4）評估相關計劃準備。對相關計劃準備的評估，主要是指對培訓工具選擇的評估和對具體時間安排的評估。對公司已有的工具可以根據實際需要進行調整，對沒有的工具應進行相應的開發。評估具體時間安排時，應將整個評估過程和培訓過程聯繫起來，以評估時間安排的進度是否合理。

2. 評估的具體實施階段

評估的具體實施階段的工作主要包括確定評估層次、選擇評估方法、評估數據收集三個方面。

（1）確定評估層次。培訓評估本身也有成本，需要考慮其效益問題。具體而言，企業應根據自身的實際條件，結合具體的培訓項目，有針對性地選擇評估層次。反應層的評估對所有課程都適用。學習層的評估對要求員工掌握知識或某項技能的培訓特別實用。行為層和結果層的評估主要適用於耗時較長的培訓項目、公司投入較大的培訓項目以及公司十分關注的培訓項目等。

（2）選擇評估方法。就評估方法而言，主要有測試法、問卷法、訪談法和觀察法。測試法主要通過模擬操作或題目考試來測試培訓的成果。問卷法廣泛運用於培訓評估的各個環節，通過問卷設計能夠做到定性評估和定量評估相結合。訪談法即直接對評估對象進行溝通的評估方法，能夠獲得較多定性的數據，主要有有一對一、多對一、一對多、多對多等形式。觀察法是評估者直接進入培訓現場進行觀察，並根據一定的指標進行評價的評估方法。這種方法便捷、成本低，但對評估者要求較高，需要其累積豐富的經驗。

（3）評估數據收集。在不同的評估層次，評估時間和評估指標可能不同。比如反應層的評估在培訓進行中和培訓結束后都可以進行，主要涉及受訓者的直觀感受，如場所的設置、時間的安排等。行為層和結果層的評估是在培訓結束后一段時間進行的，但員工培訓后的效果，受很多現實條件的限制，需要企業為受訓者提供展示其經培訓所獲知識、技能的機會。在收集行為層和結果層的數據時，評估者也要測量和分析企業的內部環境是否有利於受訓者行為的改變和積極結果的發生。

3. 評估的結果及反饋階段

評估的結果及反饋階段的工作主要是通過形成評估分析報告，對培訓評估的結果進行反饋，以便對培訓的相關環節作進一步改進。

（1）撰寫培訓評估報告。培訓評估報告由評估人員根據評估數據撰寫，其內容應包括培訓目的、培訓內容的簡要說明（項目投入、時間、參加人員及主要內容）、各層次評估信息的分析（合格人數、培訓結果）、培訓評估的結果（不合格人員、不合格原因分析、對不合格者的處置建議）、對未來培訓工作的改進和建議（效果好的項目可保留，沒有效果的項目應取消，對於有缺陷的項目要進行改進）等。事實上，行為層和結果層的投資回報內容才是企業更為關心的，因此評估報告要考慮高層的實際需要。

（2）跟蹤反饋。培訓評估報告確定后，應及時在企業內進行傳遞和溝通，並根據

培訓效果調整培訓項目及環節。對於沒有效果的項目，可將其撤銷；對於某些效果不明顯的項目或環節，可對其進行重新設計和調整；對於某些欠缺的項目或環節，可以考慮增設。

6.4.2 培訓效果評估的指標體系

培訓效果評估指標體系的建立，對於增強培訓效果評估的可操作性以及提高培訓評估的質量具有重要的意義。不同評估層次的側重點有所不同。企業可根據柯克帕特里克教授的柯氏四層次評估法來建立培訓效果評價的指標體系。在企業培訓效果評估的實踐中，不是所有的培訓項目都要進行四個層次的全面評估。至於選擇哪些層面進行評估、設計怎樣的評估指標，則要根據培訓項目的種類、評估的目標以及組織的要求，本著實用、效益的原則，結合企業的實際情況來確定。

1. 反應層指標

反應層評估是評估者在培訓過程中針對學員學習過程的評估，主要評估學員對培訓的滿意度，該評估能得出對培訓效果的基本評價，能在一定程度上反應培訓的質量。其評估內容主要有培訓組織、課程內容、培訓師、教材、設施、教學方法、教學安排以及學員收穫的大小等。對反應層的評估可採用問卷法或評估調查表法。具體的衡量尺度，可採用4分法（極好、好、一般、差）、5分法（極好、很好、好、一般、差）、7分法（1~7分）或10分法（1~10分）。

（1）培訓組織指標。培訓組織評價是針對培訓計劃前、計劃中、計劃後的各項活動的協調、組織工作進行的評價。該評價有利於今後相關工作的改進。培訓組織的評價指標通常包括以下幾個：①時間、地點通知的情況；②學員報名、註冊的組織情況；③相關培訓資料及相關表格的印製情況；④會場布置及硬件設備情況；⑤培訓人員的後勤安排情況。

（2）培訓方式和培訓方法指標。培訓方式和方法是實現培訓目的的手段。因此，選擇、制定與培訓內容、培訓對象相適宜的培訓方式和方法，對整個培訓過程十分重要。培訓方式和培訓方法的評價指標通常包括培訓方式的適應性和培訓方式的參與性。

（3）培訓師指標。培訓師應當既能從事專業理論教學，又能指導技能訓練。培訓師應具備的基本素質大致包括職業道德素質、業務素質、職業能力素質三個部分。具體而言，培訓師的評價指標通常包括課程的準備情況、專業知識和技能、教學技巧及課堂感染力、語言表達能力、儀表舉止、職業態度等。

（4）培訓教材指標。培訓教材要根據教學目標和教學內容進行設計和開發，需要密切聯繫培訓需求、培訓目標、課程設置以及學員的特點。培訓教材既包括文字性的資料，也包括培訓設備（如操作機器）等。教材的形式也是各種各樣的，如多媒體教材、影視教材等。培訓教材的評價指標通常包括以下幾個：①培訓教材理論聯繫實際的情況；②培訓教材的經濟實用情況；③培訓教材形式的多樣性；④教材的新穎性；⑤培訓教材的系統性。

（5）課程內容指標

課程內容是培訓的主要載體，是以培訓目的以及培訓對象的年齡、背景、學歷、

技能狀況為依據而確定的。在確定課程內容時，培訓需求和培訓目標是應考慮的主要因素，培訓內容要盡可能對學習者有意義。課程內容的評價指標通常包括以下幾個：①時間安排得當，課程長度合理；②培訓內容有適用性；③培訓內容有系統性和邏輯性；④案例與活動等與培訓主題相關。

2. 學習層指標

學習層評估主要是評估學員對知識和技能的掌握程度。主要的評估方法有筆試、技能操作等。學習層評估主要應衡量受訓者對評估內容、技巧、概念的掌握程度，一般應在培訓進行時和培訓結束時實施，主要包括了知識層面、理解層面、應用層面的評估。培訓組織者可以通過上述評估方法瞭解學員在培訓前後，在知識和技能方面有多大的提高，即學習層評估的結果可以在一定程度上反應出培訓的實際效果。

（1）知識掌握情況指標。該指標主要測評學員對知識的理解和記憶程度。知識掌握情況的評價指標通常包括對培訓內容、工作要求、工作程序、工作要點的理解和記憶程度。

（2）技能掌握情況指標。技能主要是指受訓者的心智技能、動作技能和社會技能。技能掌握情況的評價指標通常包括以下三個：能夠運用培訓知識解決實際問題的數量、操作準確率和操作熟練程度。

3. 行為層指標

行為層的評估往往發生在培訓結束後，主要是由上級、同事或客戶觀察學員的行為在培訓前後是否有差別，以及是否在工作中運用了培訓所學的知識來實施評估的。主要的評估方法有觀察、主管的評價、客戶的評價、同事的評價以及學員的自評等。此項評估也可採用比較評價法，即測量參加培訓與未參加培訓的員工之間的差別。就行為評估選取的對比時點來看，應對比培訓開始前的行為評估結果和培訓結束員工回到工作崗位 90～180 天後的行為評估結果。

（1）行為變化情況指標。行為層評估能檢驗培訓為員工帶來了多大程度的行為變化。除非受訓者能夠發生積極的行為變化，否則培訓很難取得有效的結果。通常的評價指標包括工作效率和工作方法。

（2）態度變化情況指標。態度變化評估主要是測評受訓者通過培訓表現出來的行為、看法、傾向或意願。通常的評價指標包括以下幾個：對組織企業文化的認同情況、對企業環境的適應能力、對新觀念或他人意見的接受能力以及改變自己行動的意願。

4. 結果層指標

結果層評估主要評估學員行為的變化是否積極地影響了組織的結果，即評估受訓者在實際工作中由於工作行為的改變，在多大程度上提高了個人和組織的績效。這個層次的評估是培訓評估體系中最難、最重要的環節。

（1）組織績效的提升指標。組織績效的提升是培訓的最終目的，通常的評價指標包括以下幾個：產品質量提升情況、服務質量提升情況、殘次品率減少情況、事故率降低情況以及淨利潤提升情況。

（2）外部客戶的滿意度指標。外部客戶滿意度調查是一個比較關鍵的工具，通常其評價指標包括以下幾個：服務質量的投訴量、產品退賠率、交貨準時性和處理投訴

的及時性。

(3) 內部員工的滿意度指標。內部員工的滿意度指標通常包括以下幾個：士氣和精神、對組織的態度和看法、員工流失率、員工的團隊意識、溝通效率和忠誠度。

柯氏模型提出后在企業得到了廣泛的運用，但該模型偏重於培訓的定性研究，缺乏對培訓效益的定量評估，在實踐中具有很大的局限性。后人對該模型進行了拓展。其中，菲利普斯（Jack. Philips）在四層次的基礎上增加了第五層次——投資回報率的測量，旨在對培訓投入與其產出之比的合理性進行評估。

本章小結

培訓是滿足組織在發展過程對人力資源需求的重要手段之一，是使人力資本得以增值的重要途徑，企業重視培訓最終會取得組織和員工共同發展的雙贏效果。

本章主要分為四節，第一節我們重點介紹了培訓方面的基礎知識，從培訓與開發、教育的區別，到培訓原則、理論及發展趨勢。第二節我們介紹了培訓的方法，根據培訓傳授的內容不同，分為傳授知識的培訓和改變態度及行為的培訓兩種。由於培訓的發展，近年來培訓的方式越來越多樣化，尤其以 E-learning 方式最為引人關注。第三節著重介紹了培訓的流程，包括培訓需求分析、培訓計劃和培訓實施。這些都是培訓實際操作過程所涉及的內容，對實際工作有指導作用。第四節對培訓評估展開了討論。柯克帕特里克教授的柯氏四層次評估法是這節的主線。

復習思考題

1. 培訓與開發的主要區別是什麼？
2. E-learning 與以前的培訓方式的主要不同點有哪些？
3. 傳授知識和技能的培訓方法有哪些？
4. 如何進行培訓需求分析？
5. 培訓效果評價指標有哪些？

案例分析

花旗集團的員工培訓體系

在員工培訓方面，花旗集團同樣是業界的佼佼者。花旗集團通過系統而科學的培訓體系來發展員工，提高員工技能，增強員工的領導力，致力於讓更多的花旗金融領導人成長起來。金融行業與大眾消費品行業以及其他行業不同，一個高級金融人才的成長往往需要較長的時間來鍛造。花旗集團強大的培訓體系與雄厚的企業實力，能為

員工制訂科學的培訓與成長計劃。

1. 新員工導入

在新員工導入方面，每一名新員工進入公司前，花旗集團都事先為新員工準備好辦公電腦、文具、電話、電子信箱等；並在第一天為新員工介紹相關部門，帶領員工熟悉公司的環境，通過各種導入活動讓每一名員工感受到花旗大家庭的溫情與和諧。

新進入花旗集團的員工，除了進行必要的新員工導入之外，還必須參加一個為期兩到三天的花旗質量管理培訓。花旗質量管理培訓的目的是讓每一名花旗員工明白客戶滿意度的重要性。

在花旗中國，新招聘的見習管理生完成新員工導入培訓後，一般會在各個部門之間進行為期十到十二個月的輪訓。輪訓期間，新員工將逐步熟悉銀行業務、政策、業務規則等，瞭解各業務部門的業務運行情況。作為花旗銀行未來的管理者，同時他們也將被安排到海外培訓，瞭解花旗銀行在亞太區的業務狀況，開拓國際化視野。十到十二個月的管理培訓生培訓，目的就是讓他們盡快實現從學生到職業金融人士的轉變，為一年後走向管理崗位做準備，他們在近一年中所要學習的東西是其他員工兩到三年才能學到的，這也是花旗銀行招聘定位於高層次人才的一個重要原因。

2. 常規培訓

在花旗中國，培訓大都集中在上海總部進行，包括在崗與課程培訓。在各種培訓課程上，公司從菲律賓馬尼拉的花旗亞太區金融管理學院或其他國家與地區請來資深培訓師，為員工進行時間不等的培訓。

隨著銀行新業務的不斷出現，為了滿足客戶的需要，同時也由於員工職業和職位的變化，花旗銀行將根據工作的需要對員工進行培訓。

人力資源部門每年都會推出培訓的計劃和內容，花旗還開發了網上培訓課程，員工都可以根據需要隨時上網學習，並可以參加網上的考試，考試合格會獲得認證證書。

3. 海外培訓

花旗集團全球，通過各種方式來培養下一代的金融領導人。花旗集團在美國總部設有高層管理人員培訓中心，為來自全球各地的花旗高層人士提供培訓。花旗集團在菲律賓的馬尼拉設有亞太區金融管理學院，花旗中國也會選擇優秀的員工，派遣他們去參加綜合的培訓，參加兩周到一個月時間不等的海外培訓。課程包括銀行知識、管理學等。有時，總部推出最新的培訓項目或課程，而亞太區金融管理學院還沒有開設，也會集中相關管理人員赴美國總部培訓。

花旗中國還經常選派優秀的員工到新加坡、美國等地區，讓他們學習最新的銀行知識與金融工具，培養他們的跨文化工作能力。

4.「人才庫」計劃

海外委派一般通過「人才庫」計劃實施。花旗集團在全球都設有「人才庫」計劃。被列入「人才庫」計劃的員工，包括各個部門的骨幹和精英員工，他們對花旗集團的歷史和文化瞭解得比較透澈，工作年限比較長。如果花旗集團在美國、亞太等國家或地區有相應的職位空缺，便會在花旗中國的「人才庫」中選擇員工中的精英人才來應聘海外的職位。2000年，花旗中國派遣一名員工赴當時花旗的地區總部新加坡負

責開發網上銀行品牌。當時還沒有電子銀行業務，網絡銀行還在慢慢起步的階段。他回國後，便帶領一個團隊來開展網上銀行的業務，建立了花旗集團的第一個中文網站，開展網上銀行的交易。作為網上銀行的專業人士，他還受人民銀行等的邀請講授網上銀行在海外和中國的一些運作情況。

「人才庫」計劃為花旗中國培養國際化的金融人才創了一個非常好的先例。許多員工被派往倫敦、新加坡、中國香港等國家和地區，學習世界最新的金融知識。許多人才都是一些在中國目前還沒有或正待開發的金融方面的人才，比如說結構性的融資方面的人才。在海外工作幾年後，回國後再帶領各自的團隊在花旗中國籌建新的業務。「人才庫」計劃使得花旗中國的員工能夠到海外金融領域開闊眼界，促進花旗中國的發展。

討論與思考：
1. 試總結花旗集團員工培訓的特點？
2. 你認為花旗集團在新員工導入方面的培訓有何優缺點？

參考文獻

[1] 唐建光，劉懷忠. 企業培訓師教程 [M]. 北京：北京大學出版社，2008.

[2] 謝晉宇. 企業培訓管理 [M]. 成都：四川人民出版社，2008.

[3] 周磊. 企業培訓管理探析 [J]. 現代管理科學，2004（7）.

[4] 汪群，王全蓉. 培訓管理 [M]. 上海：上海交通大學出版社，2006.

[5] 蔡中華. 人力資源管理 [M]. 北京：化學工業出版社，2008.

[6] 鄭常青. 企業員工培訓方法的選擇 [J]. 企業改革與管理，2008（1）.

[7] 於虹. 企業培訓 [M]. 北京：中國發展出版社，2006.

[8] 顧銀根. 論培訓評估 [J]. 中國商界，2009（4）.

[9] 廖振宇. 基於柯氏模型的企業員工培訓效果評估 [J]. 青年科學，2009（5）.

[10] 魏新. 人力資源管理概論 [M]. 廣州：華南理工大學出版社，2007.

7 績效管理

引導案例

　　通用（GE）電氣公司有值得自豪的歷史，時至今日，已名譽全球。GE是美國道瓊斯工業指數1896年設立以來唯一至今仍在榜上的公司，曾被《財富》雜誌評為「美國最受推崇的公司」、「美國最大的財富創造者」，1998年和1999年兩年名列世界500強第九位。

　　韋爾奇在任時認識到員工的積極性對企業價值增值起著決定性的作用，於是提出「群策群力」的口號，為員工提供了廣闊的創造空間。GE通過提薪、晉級、升職、發放獎金、在職培訓等興奮劑來激勵員工，並充分給予員工探索、創造的機會，讓他們承擔更重要的責任，為他們提高業績和實現個人發展創造條件。而GE在管理上的殺手鐧是經常性、制度性的考評。GE的績效管理系統主要包括了以下管理流程：

　　（1）每年年初公司包括總經理在內的每個人都要制訂目標工作計劃，確定工作任務和具體工作制度。這個計劃經主管經理審批，再與個人協商確認后予以執行。

　　（2）每3個月進行一次小結，檢查工作計劃的執行情況，並由經理寫出評語，提出下一步的工作改進要求。

　　（3）到年底進行總體考評，先由本人填寫總結表，按公司統一的考評標準，衡量自己一年的工作完成情況，擬出自己應得的考評等級數，交主管經理評審。

　　（4）主管經理根據職員表現情況確定其等級，並寫出評語報告，對評出的傑出人物還要附上其貢獻和成果報告，並提出對他們的使用建議和方向。對低等級的職員也要附上專門報告和使用建議。

　　（5）職員的評價報告要經本人復閱簽字，然后由上一級經理批准。中層以上職員的報告和使用建議要由上一級人力資源部門的經理和集團副總經理批准。

　　（6）考評標準分為五個等級：傑出、優秀、良好、及格和不及格。每次考評后，人力資源部會收集各方面的意見，對該標準進行修訂，保持其科學性。

　　（7）考評結果與提薪、晉級、升職、發放獎金、在職培訓等緊密聯繫起來。

　　資料來源：莫寰，張延平，王滿四．人力資源管理：原理、技巧與應用［M］．北京：清華大學出版社，2007：283．

學習目標

1. 瞭解績效管理的基本理論。
2. 瞭解績效管理的傳統方法，掌握績效管理的現代方法。
3. 掌握績效管理的基本流程。
4. 理解績效評估結果是如何運用的。

7.1 績效管理概述

7.1.1 績效管理的相關概念

1. 績效的含義

績效，即「Performance」，在《牛津現代高級英漢辭典》中的解釋是「執行、履行、表現、成績」。這樣的解釋，本身就模糊不清，導致人們對於「績效」有不同的理解。我們從不同的學科領域出發來認識績效，所得到的結果也會有所差異。

(1) 不同視角下的績效。績效在不同的視角下，有不同的含義。①管理學視角。從管理學角度看，績效是組織期望的結果，是組織為實現其目標而展現在不同層面上的有效輸出，它包括個人績效和組織績效兩個方面。[①] 組織績效建立在個人績效實現的基礎上，但個人績效的實現並不一定能保證組織是有績效的。個人績效應該是組織績效按一定的邏輯關係分解出來的，這樣才能保證組織績效的順利實現。②經濟學視角。從經濟學角度看，績效與薪酬是員工和組織之間的對等承諾關係，績效是員工對組織的承諾，而薪酬是組織對員工所做出的承諾。這種對等承諾關係，體現了等價交換的原則。③社會學視角。從社會學角度看，績效意味著每一個社會成員應當按照社會分工所確定的角色承擔其相應的職責，完成績效是每一個社會成員應盡的義務。

(2) 績效的定義。理論界對績效的界定，目前較為流行的觀點是結果說和行為說。近年來，相關研究者又提出第三種觀點——潛能說。這些有關績效定義的不同觀點大致如下：①績效結果說。績效結果說認為，績效是員工最終行為的結果，是員工行為過程的產出，是一個人工作成績的記錄，因而很注重績效的客觀性和明確性。這種定義傾向於將工作看做所要完成任務的集合。②績效行為說。績效行為說認為過分地注重結果會忽視其他一些重要的程序因素和人際關係因素，但正是這些因素對工作的結果有著重要的影響。這種定義注重過程，強調工作的方法和步驟。③績效潛能說。績效潛能說關注未來，將績效看做是企業人力資本的現實收益加上預期收益，即「績

---

① 付亞和，許玉林. 績效管理 [M]. 上海：復旦大學出版社，2003：4.

效＝做了什麼（實際收益）＋能做什麼（預期收益）」，因而更適合於知識工作者。

　　績效的含義非常廣泛，在不同的時期、不同的發展階段，針對不同的對象，對績效可以從不同的方面、不同的角度進行定義。本節認為對績效從行為和結果兩個方面綜合界定將是一個趨勢，即績效主要指員工符合組織目標的結果，同時也要考慮員工在產生結果的過程中的行為。績效一般可以分為員工個人績效、團隊績效和組織績效三個層次。這三個層次既有差別，又密切相關。員工個人績效是團隊、組織實現績效的基礎，本節所說的績效主要是就員工個人而言績效。

2. 績效評估

　　績效評估，又稱績效考評、績效考核等，其本質都是一樣的，都是管理者與員工為提高員工績效、實現組織戰略目的而進行的一種績效管理活動。

　　歸納起來，績效評估是指評估主體依據工作目標或績效指標，採用科學的評估方法，評定被評估者的工作任務完成情況、工作職責履行程度及個人素質發展情況，判斷其是否達到績效指標的要求，並且將評估結果反饋給被評估者，以此作為人力資源決策的依據。

3. 績效管理

　　20世紀80年代后期到20世紀90年代早期，隨著人們對人力資源管理理論以及實踐研究的重視，績效管理逐漸成為一個被廣泛認可的人力資源管理過程。在績效管理思想的發展歷程中，先后出現了三種有代表性的觀點：首先是以羅杰斯（Rogers）和布雷德拉普（Bredrup）為代表的「績效管理是管理組織績效的系統」，該觀點的核心是確定企業戰略並加以實施，雇員並不是績效管理的重心；其次是以奎因（Jams Quinn）、斯坎奈爾（Edward E. Scannell）和艾恩斯沃斯（Ainsworth）為代表的「績效管理是管理雇員績效的系統」，該觀點的核心在於將績效管理看做組織對其成員的工作成績或發展潛力的評估和獎懲，以員工作為績效管理的核心；最后是以阿姆斯拉尼（Michael Armsrany）為代表的「績效管理是管理組織和員工績效的綜合系統」，該觀點是前兩種觀點的結合，核心在於對組織內各個層次的績效都要進行管理，通過將員工的個人目標與企業戰略結合在一起來提高公司的績效。

　　從戰略層面上講，績效管理是指識別、衡量以及開發個人和團隊績效，並且使這些績效與組織的戰略目標保持一致的一個持續性過程。從操作層面上講，績效管理是管理者對員工在企業運行中的行為狀態和行為結果進行定期考查和評估，並且與員工就所要實現的目標互相溝通、達成共識的一種正式的系統化行為。

　　通過以上對績效管理的定義，我們應該從以下幾個方面來把握績效管理的內涵：首先，績效管理著眼於企業整體戰略，是組織戰略的逐層分解；其次，績效管理是雙向的管理活動，是管理者和員工共同進行的活動；再次，績效管理主要是對員工行為和結果的管理，通過對員工工作行為的控制和對員工工作產出結果的管理，將抽象的績效具體化；最后，績效管理是週期性、持續性、動態性的循環系統。

7.1.2 績效管理的影響因素

1. 績效的影響因素

績效的影響因素很多,績效的高低受主觀和客觀多種因素的影響,而非取決於單一的因素。績效可通過工作績效模型表示。工作績效模型為 P = f (s, m, e, o)。其中,P (Performance) 表示績效;s (Skill) 表示技能,是勞動者的基本素質;m (Motivation) 表示激勵,是勞動者的工作態度,也是創造績效的主觀因素;e (Environment) 表示環境,是勞動者進行工作的客觀條件;o (Opportunity) 表示機會,指可能性或機遇;f 表示上述各因素之間的函數關係。在這四個主要影響因素中,前兩個是屬於員工自身的主觀性影響因素,后兩個則是客觀性影響因素。

2. 績效管理的影響因素

績效管理是一個持續的動態循環過程,在這個過程中影響績效管理的因素很多,主要歸結為如下幾個:

(1) 組織和個人目標。績效管理是從設置工作目標開始的,強調組織目標的溝通。中、高層管理者要把組織的整體目標層層分解為具體的個人目標,使每個員工在組織整體目標的引導下明確自己的個人目標,這樣績效管理才會有效。

(2) 企業文化類型。企業文化是在企業的長期運作中逐漸形成的群體意識,以及由此產生的群體行為規範。不同的組織有不同的文化。企業文化從價值觀角度可以分為:利潤導向型企業文化,主要以績效產出來衡量員工的績效水平;以人為本型企業文化,鼓勵員工積極參與,給予相應的權限和充分的信任,重視反饋和溝通,有利於員工的職業生涯規劃和企業的長期戰略規劃;服務社會型企業文化,通過向社會提供服務來推動企業更好更快地發展。

(3) 組織業務流程。業務流程規範與否關係到組織和各部門管理體系的內部控製和整體規範程度。流程不規範將導致難以界定各項績效指標,也會導致績效評定結果失去規範性、準確性和可靠性,最終績效管理也就無法順利開展。

(4) 組織結構。公司內部結構清晰,員工職責分工明確,就為個人績效指標的設計提供了明確的前提;相反,如果企業內部結構混亂,就很難做到指標分解的客觀化、合理化和流程化。只有形成了完善的組織結構,關鍵績效指標才能具體落實到人,績效考核才能真正應用到績效管理當中。

(5) 企業所處的發展階段。一個企業所處的發展階段不同,其相應的績效管理制度也不同。從企業初創階段到集合階段,再到正規化階段,最后到精細階段,每個階段的發展都會對績效管理制度提出不同的要求,企業應根據所處的不同發展階段,採取相應的績效管理策略。

7.1.3 績效管理的作用

1. 績效管理的具體作用

(1) 對組織而言。績效管理對組織的作用主要有:①績效管理是提高組織績效的有效手段。績效管理能夠清楚及時地反應組織重要的經營管理活動,實現對績效目標的監

控，及時發現問題並予以糾正，進而有助於提高實現績效目標的效率以及降低管理成本。實踐證明，企業想要取得並保持競爭優勢，就要進行科學的績效管理。②績效管理有助於推進戰略實施和組織變革。績效管理能夠將組織的戰略目標轉化為具體的、定性的或定量的目標，並將目標層層分解轉化為各部門和各員工的行動計劃，使整個組織中員工的個人目標和戰略目標保持一致。績效管理在組織變革過程中發揮著「指揮棒」的作用，能夠讓組織成員的行為、態度朝著組織期望的方向改進。③績效管理有助於塑造高績效的組織文化。員工參與績效目標的設定有助於員工的自我激勵和自我約束；明確的績效標準能促使形成公平公正的氛圍；透明的評價制度和過程能促進組織內的溝通與合作。因此，績效管理對形成高績效的組織文化有著重要的意義，績效管理在實施過程中推動著組織文化的塑造和完善。④績效管理有助於組織內的溝通與合作，可有效地避免管理人員與員工之間的衝突。績效管理是一個需各級管理者與員工互相溝通與合作才能完成的過程。在這個過程中，績效管理促進了組織內部的溝通與合作，有助於組織有效確定改進的方向和措施，使組織績效得到不斷改善。

（2）對管理者而言。績效管理過程中，管理者與被管理者之間建立了基於績效承諾的科學合理的分權，被管理者被授予必要權力進行自我決策，減少了很多因職責不明而產生的誤解，節約了管理者的時間成本，提高了管理者的決策效率，從而全面提高了組織的效率。

（3）對員工而言。績效管理是激勵因素的體現，員工對自己的工作確定了績效目標，就能夠獲得自我完善的動力和信息，並在績效反饋的指導下改進工作方法，提高自身素質，使得自身得到發展，提高自身績效。員工在確定自己工作目標的過程中，深入地瞭解了自身素質和工作要求，從而能做出更加科學、更加實際的職業生涯規劃，使職業生涯規劃得到優化。

2. 績效管理在人力資源管理系統中的地位

（1）績效管理與工作分析的關係。工作分析的目的是確定一個職位的工作職責以及它所提供的重要工作產出，工作分析的結果為績效管理提供了一些基本依據。績效管理的評估內容必須與工作內容密切相關，績效管理的結果可以反應出工作分析中的問題，是對工作分析合理與否的一種驗證。

（2）績效管理與人員招聘和甄選的關係。人員的招聘和甄選，需要借助一定的人力資源測試手段來進行，側重考察應聘人員的價值觀、態度、性格、能力傾向或行為風格等人的「潛質」；績效管理，通過績效評估的記錄和總結，側重考察員工的業績和行為等人的「顯質」，並對高績效和低績效員工的能力、素質特徵加以歸納，幫助企業實現有效的招聘與甄選。

（3）績效管理與培訓開發的關係。員工培訓與開發方案，往往是在績效評估結果確定後，根據被評估者的績效現狀，結合組織目標和個人發展願望，與被評估者共同制定的，即績效管理為員工的培訓與開發提供了依據。人力資源管理者通過對培訓前後員工的績效進行對比和評價，可找出培訓方案的不足並進行調整，不斷提升培訓效果。

（4）績效管理與薪酬福利的關係。現代企業人力資源管理系統的基本要求是績效

管理與薪酬體系掛勾。薪酬是促進績效的激勵因素，科學合理的薪酬體系設計能推進績效管理順利實施。薪酬體系設計的基本模型——3P模型，就是以職位價值、績效和任職者的勝任力為依據而開發出來的。只有將績效管理的結果和薪酬相聯繫，使員工認可回報的公平性和合理性，績效管理才能真正發揮作用。

7.1.4 績效管理與績效評估的關係

績效管理和績效評估在人力資源管理實踐中經常被混淆使用。從概念層面上看，績效評估是事後評估績效管理工作的結果，而績效管理是事前計劃、事中管理和事後評估所形成的三位一體的系統，二者不能等同或相互替代。

1. 績效管理與績效評估的區別

績效管理與績效評估的區別主要體現在以下方面：

(1) 人性觀不同。績效評估的出發點是把人看作實現企業目標的一種手段，以人存在惰性作為其人性觀，即人是被動的，要通過評估促使員工達到績效要求。績效管理則以實現人本身的價值為目標，將以人為本的人性理念作為其人性觀，從更本質的層面上進行激勵，使人更好地發揮其創造性。

(2) 內容不同。績效評估強調評估的績效結果。它是績效管理這個完整系統中的一部分，是績效管理過程中的一個局部環節，是一個階段性的總結，並且只在特定的時間進行，強調事後的評價。績效管理注重過程管理，注重績效信息分析和績效改進，強調事先溝通和事後反饋。

(3) 管理者和員工的參與方式不同。績效評估通常由管理層或人力資源部門制定績效計劃和評估標準，員工對目標不承擔責任，在整個過程中是被動參與的。績效管理使管理者和員工建立起績效合作夥伴關係，員工參與績效管理的整個過程，充分體會績效管理對個人職業發展的促進作用，從而增加了其參與的積極性和主動性。

(4) 目的不同。績效評估主要用來掌握每個員工的工作情況，以此做出人力資源管理的某些決策，如確定薪酬、晉升職位等。績效管理除了有績效評估的作用外，更多地用於開發員工潛能、加強員工能力的培養，以及幫助他們制定出優化的職業生涯規劃，引導他們朝著組織的整體戰略目標邁進。

(5) 效果不同。績效評估根據評估結果對被評估者進行獎勵和懲罰，會使被評估者感到緊張或產生反感，甚至會使員工為了避免受罰而在工作中弄虛作假，導致績效評估不能客觀地反應真實情況。績效管理強調績效改進和員工職業生涯規劃，消除了被評估者心理上的障礙，使評估結果客觀公正，通過評估結果的診斷和反饋，又能幫助被評估者進行自我改進，從而能真正達到提高績效的目的。

(6) 側重點不同。績效評估是以下達命令的方式進行，側重評估過程的執行和評估結果的判斷。績效管理側重持續的溝通和反饋，強調雙向溝通。

2. 績效管理和績效評估的聯繫

績效評估和績效管理之間存在較大的差異，但同時又是一脈相承、密切相關的。績效評估是績效管理不可或缺的組成部分，為績效管理的改善提供資料，幫助企業提高績效管理的水平和有效性，使企業能夠實現理想的績效目標。但是，成功的績效評

估不僅取決於評估本身，在很大程度上也取決於整個績效管理過程。總的說來，有效的績效評估取決於整個績效管理活動的成功開展，而成功的績效管理也需要有效的績效評估來支撐。隨著管理理念向人性化的方向轉變，績效評估也會向績效管理轉變。

7.2 績效管理的方法

用什麼樣的方法來進行績效管理，是每個組織的管理層不斷探索的一個問題。績效管理的重點和關鍵在於績效評估，而績效管理的方法也主要指在績效評估過程中應用的方法。本節將重點介紹各種績效評估方法的應用。

7.2.1 績效評估的基本內容

1. 績效指標

（1）績效指標的概念。所謂績效指標，是指對績效進行評價的維度，是績效評估的具體方面，如對管理人員考核利潤率，對銷售人員考核銷售額，對科研人員考核科研成果等。

（2）對績效指標的基本要求。首先，績效指標要內涵明確清晰，即每個績效指標要有明確的含義，避免不同評估者對績效指標產生不同的理解，以減少評估誤差。其次，績效指標要相互獨立，即每個指標要有獨立的內容、含義和界定標準。最後，績效指標要有針對性，必須針對某個特定的績效目標，制定出相應的績效標準。

（3）績效指標的構成。績效指標的構成一般都是從狹義的角度來界定的，一般包括五個構成要素：一是指標名稱，即對評估指標的內容做出的總體性概括；二是指標定義，即對指標的內在性質及評估範圍等進行的界定和說明，是一種操作性的定義，用於揭示評估指標的關鍵特徵；三是指標編號，為了便於管理，應對績效指標進行系統標號，以便於查詢和管理；四是標誌，即用於區分各個級別的績效的特徵而做出的規定，通常表現為將某種行為、結果或特徵劃分為若干個等級；五是標度，即用於對標誌所規定的各個級別的績效所包含的範圍做出規定，以區分各級別績效之間的差異。廣義上的績效指標還包括設置目的、績效週期、計量單位、指標來源、計算公式、指標標準、相關說明、數據輸出等。績效指標的構成要素的多少，可由企業根據自己所處的行業、發展階段以及戰略目標等情況進行增減。

（4）績效指標設計的原則。績效評估指標的設計既要符合企業管理的要求，又要滿足測量學的要求。一般說來，合理有效的績效指標設計應遵循以下原則：①與企業戰略目標相一致。績效評價指標是員工行為的指揮棒，企業要求什麼，員工就會追求什麼。在績效評估指標的擬定過程中，使績效指標和組織戰略相一致，可發揮績效指標對組織所有員工的引導作用，使員工朝著企業的戰略目標而努力。當企業戰略發生轉移後，企業對績效指標也應及時進行調整，以體現戰略轉移後對員工的新要求。②可操作性。所選擇的績效評估指標，要有可操作性，能夠被衡量。對於績效指標，可以通過以下兩個評判標準來判斷其是否可衡量：其一，它是否可以用數量來表示，

即是否可量化；其二，它是否可以用行為來描述，即是否可行為化。二者符合其一便是可衡量的。不可衡量的指標沒有可操作性、沒有客觀依據，管理者只能進行主觀判斷，缺乏公正性和準確性，應予以捨棄。③高效度。所謂效度，是指測量的正確性，即一個測量標準能測出所測東西的程度。績效指標的測量效度指績效評估指標與實際績效之間的相關性。績效指標的設定應著眼於高績效，即績效評估指標包括的所有內容應該反應所要測量的績效的所有方面，避免出現缺失或污染。缺失是指績效評估指標不全面，沒有完全反應工作績效。污染指未被管理者發現的外部因素影響了員工的工作業績，卻被當做員工個人的過失或失誤。④高信度。所謂信度，是指測量結果的一致性程度，即驗證測量工具是否穩定的一個指標。績效指標的測量信度是指績效指標的一致性或穩定性程度。判斷績效指標的信度，可從評估者信度和評估方法信度兩個方面入手。如果不同的評估主體對相同的客體做出了具有一致性的評估判斷結果，說明評估者具有高信度；如果在兩個不同的時間點對同一個評估客體採用同一種評估方法進行評估判斷，其結果一致性高，說明評估方法具有高信度。一般來說，數量化指標的信度較好，而行為指標的信度相對差一些。⑤可接受性。績效評估指標的選擇應在保證其效用的前提下力求簡潔，便於管理者和員工接受，進而便於操作和管理。績效指標要抓關鍵，限制指標數量，防止面面俱到，並且應當被員工接受。員工對績效指標接受與否，將影響績效指標的效度和公平性。員工接受的績效指標，效度往往較高，並且可以消除員工的不滿情緒。員工感到績效指標公平，會積極配合績效評估，促進績效管理的順利實施。

2. 績效評估的內容

（1）績效指標的分類。選擇和確定什麼樣的績效指標是績效評估的一個重要的、難於解決的問題。目前，對績效指標，即績效評估內容的劃分主要有三大類：

①德、能、勤、績。「德」決定一個人的行為方向和行為方式，是一個人的操行；「能」是完成某一具體工作所需的能力和素養，對不同職位員工的能力評估應各有側重、區別對待；「勤」是指員工的工作態度，主要體現在員工的日常工作表現上；「績」是指員工工作的實際貢獻或實現預定工作指標的程度，隨崗位職責的不同而不同。上述四個方面的評估中，對「績」的評估是員工績效評估的核心。②重要任務、日常工作、工作態度。重要任務是指對評估崗位有重要影響的關鍵性工作，通常只需列舉數項工作任務；日常工作是以被評估者崗位職責的內容為準的日常職責範圍內的工作，常選取其中的重點進行評估；工作態度是指對工作產生影響的個人態度，如團隊協作、工作熱情等，應避免把與工作無關的純粹的個人生活習慣納入評估。③任務績效和周邊績效。任務績效是指與工作產出直接相關的績效因素，是對工作結果的評估，常用工作數量、質量、時效、成本等指標來評價；周邊績效指對員工工作結果造成影響的績效因素，不以結果形式表現，可採用行為性的描述來評價。

（2）管理人員績效評估的內容。管理人員的績效評估主要是圍繞其管理職責展開的，其評估內容包括：決策（即計劃組織能力、獨立判斷能力、解決問題的能力和創新能力）、理解和掌握的專業知識、影響他人的技巧、信息收集和傳播、人際關係處理和自我管理六個方面。

（3）研發人員績效評估的內容。對研發人員績效的評估主要考察其戰略性指標、技術性指標、管理性指標、商品化指標和經濟性指標的完成情況。這五大指標可進一步細化為資源投入、人力、金錢、設備、貴重材料、直接產出、技術報告發表數量、創造力、間接產出、銷售額、利潤、成長率、潛在產出、計劃完成程度、研發貢獻能力等項目。

（4）銷售人員績效評估的內容。對銷售人員績效的評估主要圍繞人格特質（包括個人形象和個性特徵）、行為特徵（包括工作態度、業務能力、客戶關係等）和成果導向（包括銷售額、銷售量、業務完成率、毛利率等可量化指標）三個方面展開。

（5）一般員工績效評估的內容。因為不同員工的工作職責不同，所以在對不同員工進行績效評估時側重點也有所不同。但是，不管工作職責、工作性質怎樣，對員工績效的評估有一些通用的內容，這些內容包括自主性、工作態度、團隊精神、對工作的忠誠度、對公司的向心力、工作效率、專業知識和品德表現等。

7.2.2 傳統績效評估方法

本節主要介紹比較類評估方法、量表類評估方法和360度反饋法這三種傳統的績效評估方法。

1. 比較類評估方法

比較類評估方法主要包括排序法、配對比較法、強制分佈法和代表人物比較法。對這些方法的簡要概括，如表7-1所示：

表7-1　　　　　　　　　　比較類評估方法

比較類評估方法	內容
排序法	由負責工作評價的人員根據其經驗和主觀判斷，對相同職務的員工的工作狀況進行整體比較並排隊。評價人員根據員工數量的多少，可以靈活採用簡單排序法和交錯排序法
配對比較法	將員工兩兩配對並根據某一評估要素進行比較
強制分佈法	員工的績效水平一般呈正態分佈，即兩頭小，中間大。強制分佈法基於這個規律，預先確定評估等級以及各等級在被評估者總數中所占的百分比，然後按照被評估者績效的優劣程度將其列入其中的某一等級
代表人物比較法	這一方法的核心在於選取幾位員工作為標杆，將他們分別作為各個評估要素的參照對象，以他們各方面的表現為標準，對其他員工進行評估

2. 量表類評估方法

量表類評估方法主要包括尺度評價量表法、行為錨定等級評價表法和行為觀察量表法。對這些方法的簡要概括，如表7-2所示：

表7-2　　　　　　　　　　量表類評估方法

量表類評估方法	內容
尺度評價表法	按照評估內容，選擇不同的績效構成因素，給每一個因素確定不同的層級尺度，確定相應的評分標準，然後評估每一個員工

表7-2(續)

量表類評估方法	內容
行為錨定等級評價表法	也稱行為定位法、行為決定性等級量表或行為定位等級法，是一種通過對某一工作可能發生的各種典型行為進行評分度量，建立一個錨定評分表，並以此為依據對員工工作中的實際行為測評給分的評估方法
行為觀察量表法	也稱行為觀察法、行為評價法、行為觀察評價法，是從關鍵事件法發展而來的一種績效評估方法，要求評估者根據某一工作行為的發生頻率或次數來對被評估者打分

3. 360度反饋法

(1) 360度反饋法的定義。360度反饋也稱為全視角評估或多源反饋評估，是一種從多個角度獲取組織成員行為觀察資料的方法。此處的觀察者包括上級、下級、自己和同事等，有時甚至包括顧客（包括外部顧客和內部顧客）。360度反饋與傳統反饋的本質區別是信息來源的多樣性與匿名性，從而保證了反饋的準確性、客觀性和全面性。360度反饋作為一種人力資源開發與管理的方法，可以促使組織把組織成員的工作行為與組織需求和組織戰略目標結合在一起，培養組織成員做出組織所期望的工作行為。[1]

(2) 360度反饋法的實施步驟。360度反饋法的實施步驟如下：①明確反饋目的。360度反饋法的主要目的是促進員工發展，而不是對員工進行行政管理，如職位提升、工資確定等。②資質模型設計。有效的360度反饋與資質模型的有效性是分不開的。資質模型一般包含專業素養、業務能力和領導能力三個方面。在基本的資質模型框架基礎之上，模型設計人員還應該將資質要求以企業員工可以接受的語言表達出來。③問卷設計。360度反饋法一般採用問卷法收集反饋信息，通常採用等級量表的形式，有時也包括開放式問題。④評估者的選擇與溝通。在不犧牲評估質量並確保效率的前提下，針對每一個被評估者，應根據其具體情況確定參加評估的人員。⑤反饋結果統計。評估人員應當對反饋數據進行適當的處理，分析出現問題的原因，為被評估者在管理上存在的問題找出根源。⑥針對評估結果的解決方案。準確發現問題后，管理層應對評估結果進行溝通。溝通採取一對一的方式，分別為每一位被評估者設計其能力發展要求，制定適合的管理課程，有針對性地加以輔導和跟蹤，提升被評估者的管理素質，幫助他們處理好發生在身邊的各類管理問題。

7.2.3 現代績效評估方法

現代績效評估方法，本節主要介紹三種，即關鍵績效指標法、目標管理法和平衡計分卡法。

1. 關鍵績效指標法

(1) 關鍵績效指標法的定義。關鍵績效指標法（Key Performance Indicator，KPI）是對傳統績效評估理念的創新。KPI是將企業宏觀戰略目標經過層層分解而產生的具有可操作性的戰術目標，是一套衡量、反應、評估企業業務運作狀況的可量化關鍵性指

---

[1] 胡君辰，宋源．績效管理［M］．成都：四川人民出版社，2008：223．

標。通過 KPI 的牽引，公司可以使員工個人工作目標、職能部門工作目標與公司戰略發展目標達到同步。[1]

KPI 能幫助經營管理者將精力集中在對績效有最大驅動力的經營行動上，及時診斷生產經營活動中的問題並採取提高績效水平的改進措施。其核心思想是：企業 80% 的績效可通過 20% 的關鍵指標來把握和引領，所以企業應當抓住主要矛盾，重點評估預期戰略目標，以實現與企業績效關係最密切的那 20% 的關鍵績效指標。KPI 具有關鍵性、可操作性、敏感性和系統性等特點。

關鍵績效指標的要點在於：①KPI 是用於評估和管理被評估者績效的可量化的或可行為化的標準體系；②KPI 體系囊括了對組織戰略目標有增值作用的績效指標，是連接個體績效與組織戰略目標的橋樑；③通過 KPI 體系，員工與管理人員達成了承諾，從而可以改進他們在工作期望、工作表現和未來發展等方面的溝通。

（2）實施關鍵績效指標法的流程。實施關鍵績效指標法的流程主要有以下四個步驟：①分解企業戰略目標，提取關鍵成功要素。實施 KPI 評估，首先需要對企業的戰略目標進行分解，以明確各部門和個人在一定時期內應該完成的任務，找到企業戰略目標實現的關鍵點，確定支撐戰略目標的關鍵成功要素。關鍵成功要素的提取方法有標杆基準法、成功關鍵分析法和策略目標分解法。②以關鍵成功要素為基礎，設定 KPI 評估指標。KPI 指標體系一般包括三個層次，即企業級的 KPI、部門級的 KPI 和崗位級的 KPI。企業級的 KPI 是在明確了保證企業戰略目標得以實現的關鍵成功要素之後，由企業高層領導者確定的企業關鍵績效要素。部門級的 KPI 是按照以下程序建立的：在建立了企業級 KPI 與各主要業務流程的關係后，找出各流程的關鍵控製點，並建立各流程和各職能部門之間的關聯，從而在更微觀的部門層面建立流程、職能與指標之間的關聯，最終設計出部門級 KPI。職能部門的 KPI 確定后，根據員工工作說明書上列明的崗位職責以及相應崗位的工作產出特點，可以確定各崗位對部門級 KPI 所貢獻的績效要素，並在此基礎上設計各崗位的 KPI。③審核關鍵績效指標。對關鍵績效指標的審核主要是確認所建立的關鍵績效指標體系是否能夠較全面和客觀地反應被評估對象的工作績效，以及是否適用於績效評估的具體操作。④KPI 評估的實施與監控。KPI 體系的實施主要包括以下四個環節：KPI 計劃的明確與分析、KPI 跟進與監控、KPI 評價以及針對 KPI 的反饋。其中，每個環節都需要主管與員工進行持續有效的溝通，每個環節的成敗都與溝通密切相關。在 KPI 評估的實施過程中，可能會出現意想不到的問題或者暴露出 KPI 設置不合理的地方，所以評估人員需要對原有的指標和標準進行一定的調整和控製，以保證評估的科學、有效。

2. 目標管理法

（1）目標管理法的定義。目標管理（Management by Objective，MBO）是管理大師彼得·德魯克（P. Drucker）在 1954 年提出並倡導的一種科學的、優秀的管理模式，被廣泛應用於績效評估。目標管理是將企業目標分解到部門與個人，再據此進行評估的方法。目標管理的核心是強調企業群體共同參與制定具體的、可行的、能夠客觀衡

---

[1] 胡君辰，宋源. 績效管理 [M]. 成都：四川人民出版社，2008：241.

量的目標，並通過一種專門設計的過程使目標具有可操作性。這種過程一級接一級地將目標分解到企業的各個部門，即從企業整體目標分解到經營單位目標，再到部門目標，最后到個人目標；或者，從年度目標到季度目標，最后分解到月度目標。

（2）目標管理法運用於績效評估的實施步驟。①制訂公司年度目標與實施方案。企業目標體系的核心是總目標，即企業的整體目標。②組織總目標的分解，即制訂部門目標與實施方案。企業的各部門按其職能的不同，可分為直線部門和職能部門，所以部門目標也相應分為直線部門目標和職能部門目標。通常，直線部門先確定其部門目標；然后，職能部門作為后勤支援角色，再根據直線部門目標制定出自己的職能部門目標，以輔助直線部門目標的順利實現。③制訂個人目標與實施方案。目標管理應由員工來推動，目標管理範圍內的員工都應有目標。員工要根據企業與部門目標，制訂個人目標，並根據個人目標以及企業與部門的實施方案制訂自己的實施方案。

3. 平衡計分卡法

（1）平衡計分卡的定義。平衡計分卡（Balanced Scorecard，BSC）是通過財務、客戶、內部流程及學習與發展四個方面指標的相互驅動及其因果關係，來展現組織的戰略軌跡，實現績效評估、績效改進、戰略實施以及戰略修正的戰略目的。平衡計分卡表明企業員工需要什麼樣的知識、技能和系統，才能創新和建立適當的戰略優勢和效率，使企業能夠把特定的價值帶給市場，從而最終實現股東價值的最大化。平衡計分卡反應了財務和非財務衡量方法的平衡、外部和內部的平衡、結果和過程的平衡、定量和定性的平衡、長期目標和短期目標的平衡以及管理業績和經營業績的平衡等多個方面的平衡。

（2）平衡計分卡（Balanced Score Card，BSC）法的實施步驟。①明確企業戰略，定義建立平衡計分卡的經營單位。BSC只針對企業某一個戰略單元的競爭戰略的實施與執行，企業在決定建立BSC之前必須選擇一個正確的單位。②繪製戰略地圖。戰略地圖是企業需要交流戰略與實施戰略的過程和系統。戰略地圖的繪製就是從戰略出發，找到能夠達到目標的路線的過程。③建立公司的BSC。企業可根據已經設計好的戰略地圖，設定BSC的四個方面，即財務、客戶、內部營運和學習與發展的關鍵成功因素（Critical Success Factor，CSF），並針對CSF開發出相應的關鍵測評指標。④制訂戰略實施計劃。基於BSC的戰略實施計劃其實就是針對企業戰略和每一個測評指標而制訂的實施計劃。一個完整的實施計劃包括行動方案、預算與營運規程。⑤將企業的BSC與部門的BSC及個人的BSC聯繫起來。BSC可以在組織中層層推廣，從而實現兩個方面的目標：一是各部門或個人通過確立自己的一套可行的績效指標使BSC適應各個部門或崗位；二是將各部門與員工個人置於企業的總體戰略之下。

7.2.4 績效評估方法發展的新趨勢

如何選擇和使用更為適合的績效評估方法一直是眾多管理學家和實踐者不斷探索和研究的問題。他們在漫長的績效評估方法研究過程中，隨著實踐的發展和新趨勢的出現，提出了新的績效評估方法。

1. 以資質模型為基礎的績效評估

1973 年，哈佛大學的心理學家戴維·麥克里蘭（David C. McClelland）在大量深入研究的基礎上，提出了「資質」的概念。他提出的資質是指在特定工作崗位、組織環境和文化氛圍中，成績優異者所具備的任何可以客觀衡量的個人特質，主要包括知識、技能、社會角色、自我概念、人格特質和動機或需要等。現在理論界對資質的界定還沒有一個固定的說法，麥克里蘭對資質的看法是最有代表性的提法。

評估都是在特定的背景下產生，都有一定的使用範圍，基於資質的績效評估也不例外。資質是在特定情景下員工要實現高績效所應具備的知識、技能、價值觀、內驅力等可測量的特質，基於此的績效評估方法更加注重對員工不可模仿的知識、技能和內驅力等勝任力的評估。運用這種方法要求組織有完備的制度設計和較高的管理水平。目前，這種方法還處於摸索階段，加之企業總是以結果為導向，片面地強調資質對績效的決定作用，而不關注控製過程和具體目標的完成，所以此方法現在還不是非常適合中國的企業。企業應根據多種績效評估方法和工具的優缺點，合理設計和選擇能支撐企業戰略發展的績效管理方法。

2. 發展式績效評估

在績效評估實踐過程中，管理者常會遇到諸如「對難以量化的工作如何評估」、「如何讓員工在未來創造更高的績效」等問題，對此，現有的績效評估方法還難以解決。針對這樣的問題，在分析了傳統和現代多種績效評估方法優缺點的基礎上，我們提出了以「四化法」為核心的績效評估指標設計方法，並將其與當前比較前沿的「優勢理論」結合起來。這種結合能夠產生「發展員工、發展流程、發展文化」的三重「發展」效果，因此被稱為「發展式績效評估」（Developing Performance Appraisal，DPA）。[1]

「發展員工」效果的產生，是因為該方法把評估的主要指標以及考評的重點放在尋找、識別並幫助員工發展自己的優勢和專長上，而非「補短板」，只要員工的「短板」方面不至於影響其正常工作就行。

「發展流程」效果的產生，是因為該方法考慮到有時候員工沒有實現預期績效是由於組織的流程問題而非員工自身問題，所以把員工是否依照流程來工作當做評估依據，不是依據實際產生的績效結果。這樣當員工產生不良業績時，評估人員易於發現流程中存在的問題，便於對流程加以改進和優化。

「發展文化」效果的產生，是因為該方法改變了傳統的以最低標準作為績效評估指標的做法，將最高標準的「行為特徵」納入指標，以此發現員工最擅長的一面，引導員工的價值觀和行為取向。

總體而言，以資質模型為基礎的績效評估方法和發展式績效評估方法，作為績效評估方法發展的新趨勢，在理論上還不夠成熟，在實施過程中也會遇到各種問題，需要進行進一步的理論探索和實踐。

---

[1] 胡君辰，宋源．績效管理［M］．成都：四川人民出版社，2008：300－301．

7.3 績效管理的實施

績效管理作為一個循環系統，在實施過程中由績效計劃、績效實施、績效評估和績效反饋四部分組成。本節將詳細闡述這四個組成部分是如何使績效管理順利實施的。

7.3.1 績效計劃

1. 績效計劃的含義

績效計劃是績效管理的起點，是績效管理實施的關鍵和基礎。績效計劃制訂得科學、合理與否，直接影響著績效管理的整體實施效果。

績效計劃是指：在組織戰略部署和團隊目標確認的基礎上，將企業戰略目標細化和分解，績效雙方就被評估者在績效週期內的工作目標、評估標準和工作環境進行充分的溝通，並就績效目標和績效標準達成一致認識，形成關於工作目標和標準的契約的過程。對於績效計劃，一般可以從以下三個方面理解：

（1）績效計劃的制訂主體是管理者和員工，績效計劃的制訂過程是雙向溝通的過程。績效計劃一般應該由人力資源管理者、各職能部門的經理以及員工本人三方共同參與制訂。管理者應與員工進行充分溝通，鼓勵員工積極參與。員工個人參與是提高績效計劃制訂效率和績效管理有效性的重要保證。通過參與制訂計劃，員工對績效計劃有更高的認同感，使整個計劃更具有現實性和可操作性。

（2）績效計劃是關於績效週期內工作目標和標準的契約。管理者和員工對績效週期內的工作目標和標準達成一致並形成契約，能促使績效計劃順利完成。契約主要包括員工要達到的工作目標和效果、各階段的目標、結果的衡量和判斷標準、員工擁有的權利和決策權限、各項工作目標的權重以及員工為完成工作目標而必須具備的技能等。績效契約常常以績效任務書的形式出現，需經人力資源管理者、各職能部門的經理、員工三方達成一致並簽字認可才有效。

（3）績效計劃內含管理者和員工雙方的心理承諾。在管理者和員工雙向溝通的過程中，行動上的認可很重要，但更為重要的是心理上的認可。管理者與員工達成一致並形成績效契約，相當於他們對績效計劃的內容做出了公開承諾，員工會更加遵守承諾，在遇到困難時也會執行績效計劃。

2. 績效計劃的作用

（1）指向作用。績效計劃作為行動的綱領和指南，不僅為管理者的管理活動提供了依據，還為績效管理活動指明方向。績效計劃使員工對自身情況有清醒的認識，能幫助員工明確其工作目標，使其可以結合組織的總體目標和自身優勢有效地開展工作，從而確保績效體系內的其他活動也能夠按計劃有步驟地進行。

（2）操作作用。績效計劃是由人力資源管理者、各職能部門的經理、員工三方共同參與制訂的，其前提是三者意見的一致與統一。只有在意見統一的情況下，績效計劃的執行才更加得力，才能確保員工和組織目標的順利實現。

（3）彌補作用。績效計劃在面向未來時，會出現時間和空間上的不確定性和變動性。此時，管理者需要通過科學的預測，把握未來形勢的發展，制定相應的補救措施，對績效計劃進行必要的修正，最大限度地提高績效計劃的科學性。

3. 績效計劃的內容

形成績效計劃的過程是一個雙向溝通過程，管理者和員工之間要保持溝通和互動，管理者需要向員工解釋和說明組織的整體目標、分解後的部門目標、對員工的期望、員工的工作標準、完成工作的期限以及員工在工作過程中的權限與資源。同時，員工需向管理者說明自己對工作目標和如何完成工作的認識、工作中可能遇到的困難和問題以及需要組織給予的支持和幫助等。

在相互溝通之後，管理人員與員工應當就員工在本績效週期內的工作目標和職責、各項工作目標的權重、實際的工作結果、衡量和評判的標準、獲得工作結果信息的途徑、所擁有的決策權限和資源、應對目標完成過程中遇到的困難和障礙的方法、管理人員和員工對工作進展情況的溝通方式、管理人員能提供的支持和幫助以及員工需要學習的新技能等達成共識，並在此基礎上形成績效計劃的內容。

4. 績效計劃的步驟

（1）準備階段。在準備階段，管理者要做好以下兩方面的工作：①信息的準備。管理者和員工要對組織目標、組織戰略、年度經營計劃和實現目標的路徑有清晰的認識，這是對組織信息的準備；部門或團隊的管理者要將本單位的績效任務和相關信息，如本單位工作計劃等，向其成員詳細說明，這是對部門或團隊信息的準備；對員工個人信息的準備，主要是指對員工所在職位的工作分析和上一個績效週期的評估結果。②溝通方式的選擇。管理者要結合企業的文化氛圍、員工特點以及所要達到的工作目標等因素進行溝通方式的選擇，具體有召開全體員工大會、團隊會議、單獨交談等方式，應根據具體情況加以選擇。

（2）溝通階段。溝通階段是整個績效計劃實施的核心階段。在這個階段，管理者和員工應充分溝通交流，對員工在此績效週期內的工作目標和計劃達成共識。首先，要營造無壓抑和無打擾的良好溝通環境和氣氛。其次，應明確溝通的原則，即雙方是平等的。管理者要多聽取員工的意見，讓員工發揮主動性。管理者負責宏觀上的協調配合，與員工共同制訂科學的目標和計劃。最後，應合理設計溝通過程，管理者應在回顧有關信息的基礎上確定關鍵績效指標，討論確定管理人員所能提供的幫助。

（3）制訂階段。管理者經過周密準備並與員工充分溝通後，在此階段應初步制訂出績效計劃。最後，管理者和員工要對雙方協商達成的績效計劃簽字確認，形成績效契約。但管理者還要保證計劃的靈活性，當情況發生變化時，要及時調整整個計劃或其中的部分內容。

7.3.2 績效實施

1. 績效實施的含義

績效實施是緊跟在績效計劃之後的環節，具體是指：員工根據已經制訂好的績效計劃開展工作；管理者對員工的工作進行指導和監督，對發現的問題及時協助解決，

並根據實際工作進展情況對績效計劃進行適當調整。簡而言之，績效實施就是指已制定好的績效目標的實施過程。對此，一般可以從以下三個方面來理解：

（1）績效實施是一個動態變化的過程。績效實施是對企業的運作和管理，是整個績效管理過程中持續時間最長的活動。績效計劃不會自然實現，管理者既要適應環境變化的需要，及時調整績效計劃的方向和進度，變更工作目標和任務，又要適應計劃推進的需要，適時調整計劃實施各階段所關注的重點工作。績效實施本身就是一個不斷改進績效計劃的動態變化過程。

（2）績效實施的核心是持續溝通式的績效輔導。績效輔導為管理者和員工提供他們各自需要的各種信息，幫助他們從意識、態度和行為上對績效實施做好充分的準備，是將績效計劃順利推向實施的關鍵。

（3）績效實施結果為績效評估提供依據。績效實施過程中，記錄和收集的績效信息，能夠為績效評估提供充分的客觀事實，也能為績效的改進和提高提供有力的依據。

2. 績效實施的作用

績效實施作為績效管理的中間環節，是績效計劃的補充和輔助，同時也是績效評估的基礎，在整個績效管理過程中起著重要的作用。

（1）績效實施是績效計劃實現的保證。績效實施是績效計劃的落實和執行，包括從績效計劃形成到目標實現為止的全部活動，實施過程順利與否將直接影響績效管理的成敗。

（2）績效實施可以幫助管理者對績效計劃進行調整。在績效實施過程中，管理者一般要對績效計劃進行兩方面的調整：一方面是由於某些不可抗力因素阻礙了績效計劃的實施，管理者需要全面考慮客觀情況，按實際情況調整績效計劃；另一方面是出現了有利於計劃順利進行的因素，管理者需根據客觀情況提高原計劃的目標。

（3）績效實施是績效管理的主要環節。績效實施是績效管理承上啟下的重要環節。承上是指對績效計劃做出調整，使績效計劃更符合客觀情況、更加科學合理和具有可操作性；啟下是指為績效評估提供績效信息，作為績效評估的依據。

3. 績效實施的過程

（1）績效信息、數據的收集與分析。績效實施過程的第一步是對績效信息和數據的收集與分析。績效信息、數據的收集與分析是一個有組織地、系統地收集有關員工工作活動和組織績效信息的過程。

收集信息的目的是為了分析問題和解決問題。對績效信息的收集與分析有以下作用：一是可以提供一份以事實為依據的有關員工工作情況的績效記錄，作為績效評估和相關決策的依據；二是可以通過信息的收集與分析，及時發現問題，解決問題；三是可以通過對員工行為、態度的信息掌握，為有針對性的培訓和再教育提供依據；四是可以保留翔實的員工績效表現信息，為解決勞動爭議提供事實依據。

通常收集的績效信息主要包括：①工作目標或任務完成情況；②客戶積極和消極的反饋信息；③工作績效發生異常的信息；④員工績效溝通的記錄。

獲得績效信息的方法主要有三種：一是觀察法，即管理者直接觀察員工在工作中的表現，並記錄相關數據和信息的方法；二是工作記錄法，即通過對日常工作記錄中

體現出來的員工工作目標完成情況進行分析來獲取信息的方法；三是他人反饋法，即從員工提供工作服務的對象或與員工發生業務關係的對象那裡獲取員工績效信息的方法。

在進行績效信息數據的收集過程中，要注意以下四點：①有目的地收集有價值的信息，不要面面俱到收集過多信息；②收集的信息要圍繞績效行為和結果的事實，而不是基於主觀判斷和推測；③員工參與收集信息，但最好採用結構化方式，將個人對信息的篩選降低到最小；④盡可能地採用科學、先進的方法收集信息，並應用績效管理信息系統。

（2）持續溝通式的績效輔導。績效輔導是指在管理者進行管理和員工接受管理的過程中，通過雙向溝通，使員工瞭解管理者希望他們做什麼、怎麼做以及應取得怎樣的結果，同時也使管理者掌握工作的進度、員工的工作表現、存在的困惑和障礙等，以實現信息資源的傳遞和共享。

績效輔導是建立在持續溝通基礎之上的管理者和員工的協作關係，可有效地避免誤解和對抗，從而提高整個組織的執行能力。

績效輔導的方式可分為正式的和非正式的輔導方式兩種。正式的輔導方式是在事先計劃好的正式情景下按一定規則進行的輔導，包括書面報告、正式會談和小組會議三種常用方式。非正式的輔導是在沒有事先計劃好的情況下開展的，如非正式的會議、閒聊或喝咖啡時進行的交談等。

在進行績效輔導時，管理者要注意給員工充分的信任，給其獨立工作的機會，將傳授和啟發相結合，讓員工自己思考和探索解決問題的方法而非直接告訴他該怎麼做。對員工的輔導應是經常性的，而不是只在出現問題后才進行輔導。當員工有出色的工作表現時，管理者也應對其進行輔導，給予肯定和鼓勵。輔導是以提高員工自身能力為目標的，不能僅停留在解決一些具體的問題上。

7.3.3 績效評估

績效評估，是績效管理的重點組成部分。上兩節已就績效評估的含義、績效評估的內容和方法作了詳細介紹，本節將就績效評估的類型和績效評估的過程作重點介紹。

1. 績效評估的類型

績效評估根據其主體的不同，可分為：①上級評估，一般是指直線經理和人力資源管理人員的評估；②自我評估，即員工對自己的工作績效做出評估；③同級評估，即由被評估者的同級同事進行評估；④下級評估，即下級對管理者技能的評判，但此方法的使用應當慎重；⑤客戶評估，就是由消費者、供應商等外部客戶和企業內部得到服務與支持的內部客戶進行績效評價。

此外，績效評估按照其他不同的劃分標準，還可劃分為不同的類型，如表7-3所示：

表7-3　　　　　　　　　　　績效評估的類型

劃分標準	類型
按評估時間劃分	定期評估（日常、月度、季度和年度評估）、不定期評估
按評估性質劃分	定性評估、定量評估
按評估目的劃分	選拔性評估、晉升性評估、培訓與開發性評估、評定職稱性評估、獎懲性評估
按評估主體劃分	上級評估、專業機構人員評估、下級評估、自我評估、相互評估、外部評估、專門小組評估
按評估對象劃分	普通員工評估、管理人員評估
按評估形式劃分	口頭評估、書面評估、直接評估、間接評估、個別評估、集體評估
按評估方法劃分	絕對標準評估、相對標準評估、描述性評估
按評估內容劃分	工作業績評估、工作態度和行為評估、工作能力評估、個人成長評估

2. 績效評估的過程

績效評估包括以下四個環節：①確立評估目標、選擇評估對象；②建立評估的參照系統，確定評估主體、評估標準和評估方法；③收集相關信息；④形成價值判斷。也可進一步細化，將績效評估的過程分為確立目標、建立系統、整理數據、分析判斷和結果輸出五個步驟，如圖7-1所示：

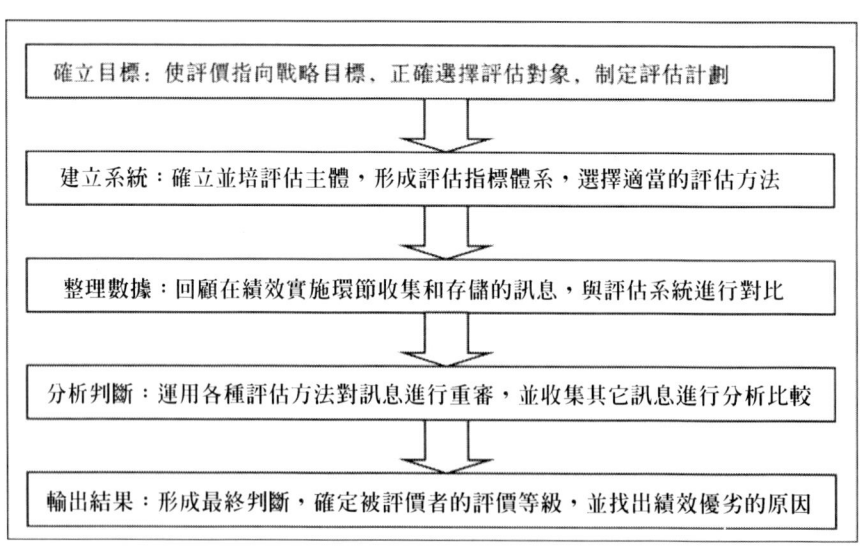

```
確立目標：使評價指向戰略目標，正確選擇評估對象，制定評估計劃
          ↓
建立系統：確立並培評估主體，形成評估指標體系，選擇適當的評估方法
          ↓
整理數據：回顧在績效實施環節收集和存儲的訊息，與評估系統進行對比
          ↓
分析判斷：運用各種評估方法對訊息進行重審，並收集其它訊息進行分析比較
          ↓
輸出結果：形成最終判斷，確定被評價者的評價等級，並找出績效優劣的原因
```

圖7-1　績效評估過程及步驟

績效評估是績效管理實施的重要環節，但卻常因為最高管理層不重視、績效評估系統設計不科學、管理者或評估主體缺乏技能、缺乏公開的反饋機制、對評估結果不

加運用等原因而導致績效評估失敗。在實施過程中,管理者要對這些問題加以重視,以順利完成績效評估。

7.3.4 績效反饋

績效反饋是績效管理的最后一個環節,是指管理者和員工一起回顧討論評估的結果,並將評估的結果反饋給被評估者,為其指明改進工作和努力的方向。

1. 績效反饋的含義

所謂績效反饋,是通過正式面談的方式,由評估者向被評估者告知績效評估結果,被評估者則根據績效評估結果對自己的工作進行檢視與改進。本質上,績效反饋是信息溝通的一種方式,其最重要的實現手段是評估者和被評估者雙方的有效溝通,即評估者就被評估者在評估週期內的績效情況與被評估者進行面談,在肯定其成績的同時,也找出其工作中的不足,並與被評估者一起討論改進意見。若被評估者對評估結果有異議,也可向高層提出申訴。

2. 績效反饋的作用

有效的績效反饋對績效管理起著至關重要的作用。其具體作用如下:

(1) 在評估者和被評估者之間架起一座溝通的橋樑,使績效評估公開化,確保績效評估的公平和公正。績效反饋賦予被評估者知情權和發言權,有效降低了績效評估過程中由於評估者主觀意識等不公正因素帶來的負面效應,找到兩者的平衡點,對整個績效管理體系的完善起到了積極的作用。

(2) 績效反饋是提高績效的保證。通過溝通,被評估者瞭解到自己工作中的不足,評估者對此提出改進建議並與被評估者達成共識,使其不斷完善日后工作,最終達到提高績效的目的。

(3) 績效反饋可以消除目標衝突,有利於增強企業的核心競爭力。績效反饋有助於協調個體目標和組織目標之間的不和諧,可以促使個體目標朝著組織目標的方向發展,實現組織目標和個體目標的一致。

3. 績效反饋的內容

績效反饋工作主要包括以下幾個方面的內容:①向員工反饋其在評估週期內的工作績效狀況,並聽取員工對評估結果的看法;②與員工分析評估結果,對績效優良者給予肯定和鼓勵,與績效不良者一起分析問題和原因,制訂改進和培訓計劃;③根據績效評估結果告知獎懲結果;④表明組織的要求和期望,瞭解員工對下一個績效週期的打算和計劃,並提供可能的幫助和建議。

在績效反饋實施過程中,很多內容是混合進行的,但也不可能做到面面俱到,需要主管人員靈活掌握,隨機應變。

4. 績效反饋的方式

績效面談是績效反饋的一種正式溝通方法,是績效反饋的主要形式。所謂績效面談,就是管理者就上一績效週期中員工的表現和績效評估結果與員工進行正式的、面對面的談話,彼此交換信息、意見,進行情感上的交流,互相磋商以解決問題。

正確的績效面談是保證績效反饋順利進行的基礎,是績效反饋發揮作用的保障。

通過績效面談，可以讓被評估者瞭解自身績效，強化優勢，改進不足，同時也將企業的期望、目標和價值觀傳遞給了被評估者，形成了價值創造的傳導和放大。

績效面談有組織層面和管理層面兩個層次的目的，如表7-4所示：

表7-4　　　　　　　　　　　　績效面談的目的

兩個層面	績效面談目的
組織層面	1. 降低員工的流動率 2. 找出員工的長處及短處 3. 找出人力資源規劃的參考資料 4. 改善公司內部的溝通情形
管理層面	1. 評估者和被評估者達成一致的觀點 2. 肯定員工的成就，指出員工的改進方向 3. 制訂績效改進計劃及下一個週期的績效目標和計劃

績效面談開始之前，從管理者到員工都要做好準備。管理者和員工對此應做好以下準備工作（表7-5）：

表7-5　　　　　　　　　　　　績效面談的準備

績效面談的主體	績效面談準備的內容
管理者	1. 收集下屬過去的工作表現資料，準備好面談資料 2. 把握好面談的進程和進度，制訂詳細的面談計劃，其內容包括：如何面談、採用的面談方式、先談什麼、後談什麼 3. 在雙方協調的基礎上，選擇適宜的時間 4. 選擇適宜的面談地點，應選擇具有隱蔽性、舒適安靜、不受干擾的場所，並且要安排好與員工的空間距離和位置 5. 面談前通知員工做好準備
員工	1. 安排好個人的工作，留出專門的績效面談時間 2. 整理好績效面談中需要的信息資料，如證明個人績效的資料，自我評估表等 3. 就個人的疑問做好相關準備 4. 草擬績效改進計劃和下一績效週期的績效計劃

績效反饋成功與否主要取決於績效面談，管理者應根據不同員工的特點採取不同的績效面談策略並做好以下幾個方面的工作：①雙方彼此信賴。管理者要營造一個平和的氛圍，讓員工意識到績效評估是有助於其個人發展的，而不是挑毛病，避免他們產生戒備、抵觸甚至反抗的情緒。②平等協商。面談雙方是平等協商的關係，就績效評估的結果，被評估者也有發言權，可以自由暢談。在此基礎上，雙方一起找出問題的真正原因，對症下藥，落實績效改善計劃。③傾聽並鼓勵被評估者說話。對沉默內向的員工，管理者要耐心啟發，用非訓導性的問題或徵詢意見的方式，促使其做出反應；對於情緒衝動的員工，管理者要精心傾聽，與其共同分析問題，客觀、冷靜、建設性地提出問題的解決辦法。④不將評估與工資、晉升混為一談。績效面談應聚焦於工作表現，強調未來發展，不能將業績評估與工資、晉升直接混為一談，以防止引發矛盾和衝突。⑤優缺點並重，對事不對人。管理者要讓員工客觀、全面、清楚地瞭解

其主管和組織對他們的看法和期望，將優缺點同時反饋，引導他們發現自己的工作表現與績效目標之間的差距，明確以後績效改進的方向。⑥以積極的方式結束面談。績效面談的內容側重於工作改善。管理者對績效表現較差的員工，要用積極的方式鼓勵員工，激發他們克服缺點的熱情，促使他們滿懷希望地投入到新一輪的工作中。

7.4 績效評估結果的應用

績效管理實施成功與否，關鍵在於績效評估的實施，而績效評估實施成功與否，關鍵又在於績效評估結果的應用，兩者環環相扣，互為因果。本節圍繞績效評估與激勵管理、績效改進和有效績效管理系統的建立三個方面作簡要闡述。

7.4.1 績效評估與激勵管理

績效評估結果的用途表現在可以為人力資源管理和其他管理決策提供大量有用的信息，在人力資源規劃、招聘與選拔、改進工作績效、薪酬的分配與調整、職務調整和員工培訓與開發等方面，尤其離不開績效評估結果的應用。本小節重點闡述績效評估與激勵管理。

1. 激勵原理與績效評估

激勵就是激發人的行為動機的心理過程。當人們有某種需要，但受到條件限制不能滿足時，心理會產生緊張與不安，心理狀態會失去平衡。人們為恢復心理平衡，就會產生一種內在驅動力——動機。人們一旦有了動機就要選擇和尋找能滿足自己需要的目標，進而產生實現目標的行為。當需要得到滿足，人們的心理狀態就會恢復平衡，但隨后又產生新的需要，從而導致新的行為，如此不斷往復。

特定的激勵會激發人們做出一定程度的努力，由此會產生相應的工作績效。績效對員工而言只是一個結果。通過績效獲取所期望的獎酬，是員工的目標所在，而幫助員工改善行為，提高績效是組織的目標所在。管理者對員工的工作績效作出評價並給予獎酬，可使員工更加滿意，使激勵效果更加明顯。

2. 績效評估在員工激勵中的應用

（1）績效加薪。績效加薪是將基本薪酬的增加與員工在某種績效評價體系中所獲得的評價等級聯繫在一起的一種基本薪酬增加方式。企業通常在年度績效評價結束時，根據員工的績效評價結果以及事先確定下來的績效加薪規則，決定員工次年可以得到的基本薪酬。

（2）決定可變薪酬。可變薪酬就是與員工的工作成果掛勾，隨其實際工作績效的變化而上下浮動的薪酬。員工績效評估的結果是決定員工可變薪酬的主要依據。大量研究表明，以獎勵為主要方式的可變薪酬制度有助於提高員工的績效，廣為企業採用。

3. 績效評估在建立企業公平激勵機制中的作用

（1）區分員工績效差異。企業績效評估是通過一系列量化的指標來進行的，組織目標經過層層分解就細化為每一個人必須完成的指標。管理人員在進行績效評估時，

要根據每一個人完成指標的情況，計算其實際績效與預定指標的差距，確定其績效級別后再進行激勵。

（2）區分員工工作態度差異。在績效評估過程中，管理者不僅要關注每個員工的工作業績和工作貢獻的差異，還要考慮其工作態度的差異。員工的工作態度將影響整個企業的奮鬥力、凝聚力和競爭力，同時還會影響個人潛力的發揮。

（3）區分個人待遇差異。科學合理的績效評估，不僅能夠幫助管理者確定員工的工資級別，同時對發放獎金的決策也能提供參考。

7.4.2 績效改進

績效改進作為績效評估的后續工作，也是績效管理的一個重要環節。績效改進是依據上一輪評估週期的績效評估情況，對員工新一輪的績效目標和評價標準進行修正的過程。[1] 首先，管理者和員工應當對上一輪的評估結果和評估資料進行全面分析和深入研究，對達標的和未達標的績效指標都要進行深層次的原因探討，可以運用統計學中的因果分析來考量員工慣常行為模式與其績效成果之間的內在聯繫，並以此為切入點找到提高該員工績效的關鍵性行動措施。然後，結合企業新的年度發展計劃和經營戰略目標，管理者和員工應共同確定新一輪績效評估週期的績效評估目標和工作改進要點，對原有的工作說明書和員工績效計劃進行修訂，從而使績效管理形成一個「往復不斷、不斷遞進」的良性循環的運作系統。績效改進的流程，一般包括六個環節，如表7-6所示：

表7-6　　　　　　　　　　績效改進的流程

績效改進的流程	內容
績效診斷與分析	通過分析評估結果，找出關鍵問題和不良績效員工。針對關鍵的績效問題，考慮企業的現有資源和績效責任主體，綜合考慮各種因素，大致確定績效改進的方向和重點，為績效改進方案的制訂做好準備
組建績效改進部門	條件允許的企業應組建專門的績效改進部門來具體負責績效改進工作。績效改進部門的人員結構、人員數量、組建方式等，應根據績效改進的需求來確定
選擇績效改進方法	根據企業的實際需要和內外部環境條件，選擇具體的績效改進方法，如波多里奇卓越績效標準、六西格瑪管理和ISO管理體系等標準化方法
選擇和實施績效改進方案	實踐表明，績效問題往往是多重原因造成的，需要同時實施幾種改進措施
變革管理	績效改進方案成功的關鍵是對變革過程的管理，在設計改進方案時需要考慮執行過程中可能遇到的障礙，並先想好對策。一般說來，領導者的支持、充分的宣傳和溝通、嚴密的步驟是保證改進成功的重要因素
績效改進結果評估	結果評估就是對績效改進結果進行評價，據此確定是否實現了減少績效差距的目標，並將評估結果反饋給組織進行觀察和分析，從而開始新循環的過程

---

[1] 莫寰，張延平，王滿四．人力資源管理：原理、技巧與應用［M］．北京：清華大學出版社，2007：292．

7.4.3 有效績效管理系統的建立

績效管理是一個系統，有效的績效管理系統可以幫助組織、管理者和員工取得成功，並促使管理者和員工不斷提高工作績效以實現組織的戰略目標。績效管理系統的構成，如圖7-2所示：

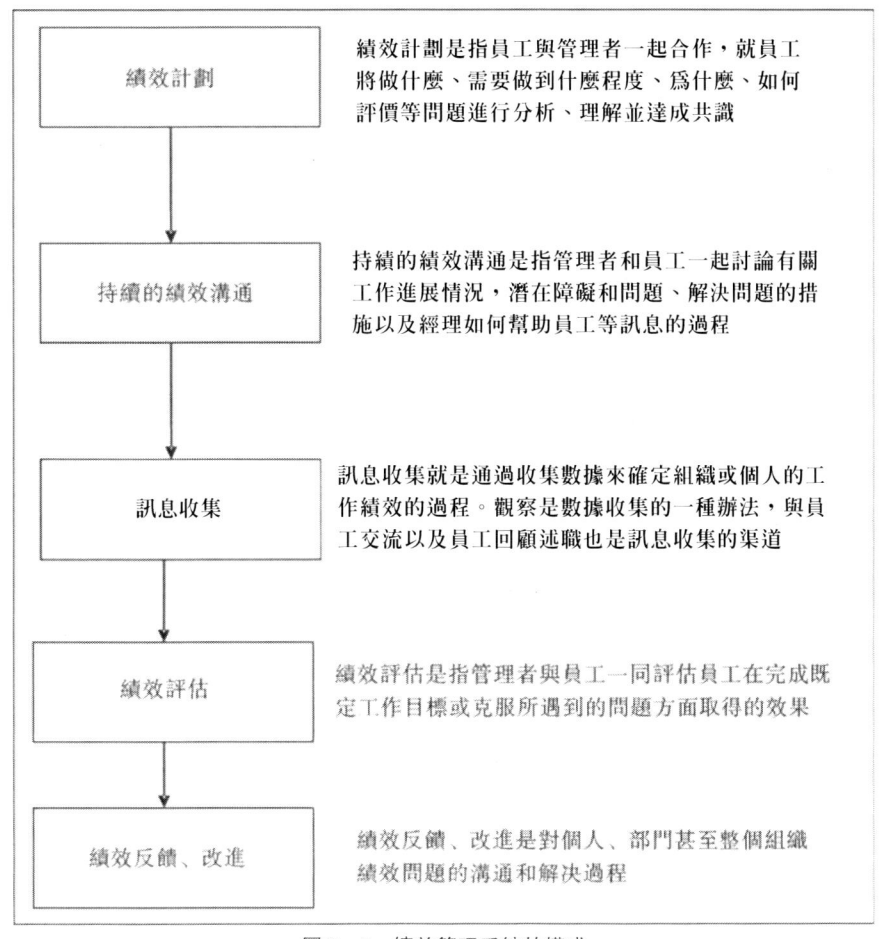

績效計劃	績效計劃是指員工與管理者一起合作，就員工將做什麼、需要做到什麼程度、為什麼、如何評價等問題進行分析、理解並達成共識
持續的績效溝通	持續的績效溝通是指管理者和員工一起討論有關工作進展情況、潛在障礙和問題、解決問題的措施以及經理如何幫助員工等訊息的過程
訊息收集	訊息收集就是通過收集數據來確定組織或個人的工作績效的過程。觀察是數據收集的一種辦法，與員工交流以及員工回顧述職也是訊息收集的渠道
績效評估	績效評估是指管理者與員工一同評估員工在完成既定工作目標或克服所遇到的問題方面取得的效果
績效反饋、改進	績效反饋、改進是對個人、部門甚至整個組織績效問題的溝通和解決過程

圖7-2　績效管理系統的構成

有效的績效管理系統應該具有符合實際、敏感性、可靠性、可接受性和實用性等特徵。符合實際是指在評估過程中要把工作標準與組織目標聯繫起來，要把通過工作分析得到的工作指標與評估範圍聯繫起來，要明確工作的數量和質量要求；敏感性是指績效管理系統區分員工工作效率高低的能力；可靠性是指不同的評估者判斷評價的一致性，即不同的評估者對同一員工進行的獨立評估應大體一致；可接受性是指包括員工績效評估在內的所有人力資源管理方案都應取得與該方案有關人員的支持或接受，才能確保這些方案得以真正實施；實用性是指績效評估系統要易於被管理者和員工理

解、使用。

經營績效是公司管理的重心,建立一套行之有效的績效管理系統,對實現公司戰略目標、提高經營業績是非常重要的。隨著管理實踐的不斷推進,以戰略為導向的績效管理系統已逐漸被企業接受和使用。建立以戰略為導向的績效管理系統的整體思路是:首先,應梳理公司的戰略定位,明確戰略目標;其次,應梳理公司的主要業務流程、部門職能、關鍵崗位職責,明確績效管理的基本策略和管理框架;再次,應運用平衡記分卡將戰略目標分解到各部門並與目標管理子系統相銜接,再根據主要業務流程和職能職責選取關鍵崗位的KPI,並設計標準和權重,生成績效評估表和目標任務書;最後,應通過培訓讓各級經理掌握相關的績效管理方法,然後和各級經理簽訂目標任務書進行實際運用。

在建立有效的績效管理系統過程中,要注意的問題有如下幾點:①通過平衡工作完成過程中的行為與完成工作的結果,來制定績效指標和標準;②將績效評估結果與薪酬聯繫起來,同時又要讓員工瞭解績效管理系統和薪酬系統的區別,保證績效管理系統的可靠性;③新的績效管理系統的實施需要切合企業文化,管理者和員工在界定那些難以衡量的工作方面以及如何進行績效溝通方面需要指導,指定專門的績效管理技術指導者將有助於解決這些問題;④不要輕易改變績效管理系統,避免轉變過程帶來的震盪,實在有必要進行轉變時,也應當在相關專業人員的指導下完成漸進式的轉變;⑤主管人員需要掌握教導、激勵、解釋、傾聽、提問和說服等一系列技能,促使績效管理順利進行;⑥組織內部要通過各種各樣的方式向員工公開有關績效管理的事宜,做到透明化和公開化,以推動績效管理的實施;⑦績效管理系統要與員工的職業生涯規劃緊密相連,提供員工職業生涯規劃的一些基本成分,為員工指明發展的方向;⑧績效管理是主管人員和員工雙方的責任,員工需要在績效管理系統中扮演積極的角色;⑨應引入一些以客戶為中心或強調團隊精神的績效指標,建立組織中融洽合作的氣氛,促進績效的提高;⑩應進行階段性的績效回顧和溝通,隨時進行績效改進。

績效管理是一個包括績效計劃、績效實施、績效評估和績效反饋等環節的循環的、動態的系統。有效績效管理系統的建立,就是要做到各環節的有效整合。績效計劃屬於前饋控制階段,績效實施屬於過程控制階段,績效評估和績效面談屬於反饋控制階段,最後是進行績效改進的階段。只有將各環節整合好了,有效的績效管理系統才能建立起來。

本章小結

績效管理是管理者對員工在企業中的行為狀態和行為結果進行定期考查和評估,並與員工就所要實現的績效目標進行相互溝通、達成共識的一種正式的系統化行為。

績效管理對比績效評估,是一個完整的管理過程,側重信息溝通和績效提高,而績效評估是績效管理過程中的局部環節,側重於事後評估,要注意兩者的區別與聯繫。

績效管理在實施過程中包括績效計劃、績效追蹤、績效評估和績效反饋四個環節。

每個環節都至關重要且相互影響，任何一個環節出現問題，都不利於績效管理的順利實施。

績效評估的結果為人力資源管理的其他功能提供重要支持。比如，績效管理可以為人力資源規劃提供高效度的人力資源信息；績效管理能提高員工招聘、選拔的有效性；績效評估結果有助於建立公平的激勵機制；績效評估影響著組織的其他人力資源政策，是組織進行人力資源政策調整的基礎。

在具體構建績效管理體系時，管理人員要注意績效管理體系應以企業戰略為導向，並在具體構建績效指標體系時體現出績效評估的層次性和業績評估指標的動態性。在實際評估時，管理者應注意評估方法的選擇是否與企業的實際情況相匹配。

復習思考題

1. 什麼是績效？什麼是績效管理？
2. 績效評估與績效管理的聯繫與區別是什麼？
3. 績效管理實施的具體步驟是什麼？
4. 績效評估的傳統方法和現代方法都有哪些？
5. 績效評估結果在實際運用中要注意什麼？

案例分析

從花旗銀行看績效管理[1]

為了有效地實施公司戰略，花旗銀行推行了獨具特色的績效管理體系——實行業績考核和素質測評雙維度考核，以「九宮格」為核心實施人才管理戰略和發展規劃。

業績考核

除了使用平衡計分卡，花旗銀行業績考核的另一個顯著特點是，十分注重績效管理的系統性，注重與員工的溝通。花旗銀行的績效管理是典型的閉環管理過程，即按照績效計劃—績效輔導—績效考核—績效結果運用的流程展開。每年年初，各個業務部門的經理都要與員工討論個人目標，並以書面形式要求員工本人簽字確認。每年6月份進行年中評估，各級主管與下屬員工就績效表現展開廣泛溝通，相互交流意見，並對員工進行輔導與指點。每年年底，人力資源部會同直接主管對員工當年的表現以目標完成情況為依據展開評估，根據考核結果決定獎金和晉升。

花旗銀行對員工的業績考核採用了關鍵業績指標（KPI）技術，考核指標包括九個關鍵要素，即對整體結果的貢獻、對客戶的效率、個人業務和技術熟練程度、執行程

---

[1] 鄧麗娟、樊蓓嬌. 從花旗銀行看績效管理[J]. 農村金融研究，2008（9）：35-37.

度、領導力、對內對外關係、全球效力和社會責任,全面考察員工工作表現。

績效考核標準分為三個等級,分別為:「優秀的績效」、「完全達標的績效」和「起貢獻作用的績效」。「優秀的績效」,解釋為持續地超出操作上、技術上、專業上的績效要求;持續地超出管理任務的要求;表現出優秀的領導力;在與各方包括下屬建立和維持建設性工作關係方面取得成功等,工作的所有方面都已完全達標,甚至還有一些超標。「完全達標的績效」,解釋為工作的所有方面都已完全達標;持續地達到甚至有時超出在操作上、技術上以及專業上的績效要求;持續地達到甚至有時超出管理任務的要求;表現出高效的領導力;能夠建立和優化工作關係;偶爾被指派額外的工作等。「起貢獻作用的績效」,表示有些工作達標了,有些工作沒有達標,解釋為沒有達到某些操作上、技術上以及專業上的績效標準;偶爾表現出微弱的領導力;所取得的成果很難建立或很難保持較好的工作關係;需要占用經理大量的時間和注意力。「起貢獻作用的績效」其實就是通常績效評估的「績效不良」,但出於鼓勵員工改進工作的考慮,把「不良」稱為「起到了貢獻」,這也是花旗正面激勵的企業文化的體現。

對於每一個績效等級,花旗銀行在操作、技術、專業、領導力、工作關係等方面都有不同的界定,並且都突出了不同績效等級的員工在這些方面的行為特徵。有了這些清楚的定義,可以降低考核者在評價時的隨意性。

素質測評

業績考核主要是評價員工過去的工作表現,為了更好地瞭解員工的發展潛力,挖掘花旗銀行未來的棟梁之才,花旗銀行還開發了員工素質測評系統。員工素質模型的建立,一方面可以有效地甄別出高潛質的員工,指出員工能力上的優勢與不足,為員工的培訓、晉升以及職業發展規劃提供依據;另一方面,員工素質模型提供了一套標桿參照體系,引導員工向更高的績效水平努力。

花旗銀行對員工潛能方面的評價因素包括基本素質(如分析能力、忠誠度、承受壓力的能力、可信度、決策能力等)、發展潛力、業務拓展能力等方面,對管理人員的評價還應包括管理和控制能力等方面的內容。

素質考核結果也有三個級別:「轉變」、「成長」和「熟練」。

轉變的潛能,即具有調動到另外一個不同層級的工作崗位上工作的能力和意願,比如從部門經理到分行行長。具備轉變潛能的員工通常具有廣泛而深入的操作和專業技能,具有在下一個更高級別工作所需要的執行能力和領導技能,能活學活用新的技能和知識,渴望獲得較高的挑戰和更多的機會,具有超前的商業眼光,朝著整體業務目標努力,而不是只關心自己管理範圍內的業務是否成功。

成長的潛能,即具有調動到同一層級更具複雜性的工作崗位上工作的能力和意願,如從培訓經理到人力資源經理。具備成長潛能的員工在操作、技術以及專業上的技能都高於現在的級別所需,執行和領導技能超出現在的級別所需,常常學習和運用新的技能和知識,渴望在同一級別上有更大的挑戰,具有承擔更多工作的願望,具有超前的商業眼光,在關注整體業務目標的前提下,關注自己業務的成功。

熟練的潛能,即能夠適應不斷變化的工作要求,能夠不斷深化經驗和專業知識。但是不會轉移業務領域或者到一個更高的層次,也就是說永遠在這個崗位上做下去。

具備熟練潛能的員工具有現在級別所需的技能、執行和領導技能，常常學習和運用新技能，對目前工作中的成長感到滿意，希望能夠在目前的工作崗位做得更出色，具有目前工作崗位所需的商業眼光，在關注整體業務目標的前提下關注自己業務的成功。

「九宮格」與人才盤點

「九宮格」圖將業績考核與素質測評結合在一起，是花旗銀行對員工進行人才盤點的最關鍵工具。所謂「九宮格」，是根據績效和潛能兩種考核結果，將員工分別放在九宮格圖中不同的格子裡。橫軸是績效的三個等級，縱軸是潛能的三個等級，績效的三個等級和潛能的三個等級相互對照，將所有員工按不同績效和潛能等級分為九類（如表1）。

表1　　　　　　　　　　　　花旗銀行績效等級模型

潛能＼績效	績效優秀	績效達標	績效貢獻
轉變型	1. 表示當前具備轉變到更高層次的能力，放在第1格的人通常會在六個月內被提升到高一級職位	3. 表示該員工將來有能力進行轉變，應該在目前的工作崗位上做得更加出色，這類員工有可能往第1格轉移	6. 上年度輪流到新的工作崗位，並且在以前被放在第1格和第2格的員工也被暫時放在此格，因為他們在新的崗位上還沒表現出他應該表現的績效，具備轉變的能力
成長型	2. 表示有能力在目前的層級承擔更大的工作職責	5. 有可能在目前的層級承擔更多的職責，但是應該努力達到優秀的績效，在上一年度輪流到新的工作崗位，並且以前被評在第1格、第2格內的員工通常也會被放入此格	8. 他們可能在某些工作方面表現良好，其他方面表現不佳或很差，應該努力在當前的層級達到完全達標的級別
熟練型	4. 表示有能力在同一層級的相似工作崗位上高效地工作，工作老練，同時具有掌握新技能的能力，有可能會被安排到別處做其他方面的工作	7. 表示需要向更優秀的績效努力	9. 一般情況下，在未來的三到六個月內他會被迫換一個地方工作或被淘汰

績效優秀，潛能屬於轉變型的員工在第1格，表示該員工當前具備轉變到更高層次的能力，通常會在六個月內被提升到高一級職位。績效優秀，潛能屬於成長型的員工在第2格，表示有能力在目前的層級承擔更大的工作職責。績效完全達標，具備轉變潛能的員工在第3格，表示該員工將來有能力進行轉變，應該在目前的工作崗位上做得更加出色，這類員工有可能往第1格轉移。績效優秀，潛能屬熟練型的員工在第4格，表示該員工有能力在同一層級的相似工作崗位上高效地工作，工作老練，同時具有掌握新技能的能力，有可能會被安排到別處做其他方面的工作。績效完全達標的成長型潛能的員工在第5格，有可能在目前的層級承擔更多的職責，但是應該努力達到

優秀的績效，在上一年度輪流到新的工作崗位，並且在以前被評在第 1 格、第 2 格內的員工通常也會被放入此格。第 6 格內是績效屬於貢獻，潛能屬於轉變型的員工。上年度輪流到新的工作崗位，並且以前在第 1 格和第 2 格的員工也被暫時放在此格，因為他們在新的崗位上還沒表現出他應該表現的績效，但具備業績進一步提升的能力。績效完全達標的熟練型潛能的員工在第 7 格，表示需要向更優秀的績效努力。第 8 格內為貢獻績效的成長型員工，他們可能在某些工作方面表現良好，其他方面表現不佳或很差，應該努力在當前的層級達到完全達標的級別。員工一旦被放入第 9 格，也就是說他屬於貢獻的績效等級，熟練型的潛能等級，一般情況下，在未來的三到六個月內他會被迫換一個地方工作或被淘汰。

使用「九宮格」進行人才盤點，可以一目了然地掌握員工績效表現和發展潛質的情況，為花旗銀行高級管理人員的「接班人計劃」提供信息支持。管理者可以很清楚地看出哪些員工的表現突出，哪些員工的表現欠佳，誰可以得到提高和成長，誰具有勝任更高職位的潛能。對員工而言，可得到更有效的反饋，並在此基礎上主動規劃職業未來。

啟示

花旗銀行的績效管理體現了參與和承諾，從績效計劃的制訂、年中的績效輔導到年底的績效反饋，都是由主管與下屬共同參與完成的，體現了花旗銀行「以人為本」的企業價值觀。所以績效管理重在讓管理者和員工親自參與，讓管理者和員工從心裡上接受它，並身體力行地執行它，達到預期效果；要讓員工明白工作就是要按標準執行，要把任務具體化，並在工作中做好記錄，做到科學規範，有源可溯；要讓員工瞭解工作的意義，以及完成任務目標之後可以得到的回報；管理者要經常不斷地與員工溝通，讓員工瞭解管理者的目標，避免出現員工工作結果與管理者的目標相差甚遠，從而通過共同的參與和承諾，實現組織目標。

績效管理不僅在於考核員工，更是通過一種系統的方式以取得、記錄與分析員工在過去的一個績效週期中工作上的表現，以及工作進度狀況，通過評估與反饋來指導員工提升工作業績（以後的工作怎麼辦？怎樣不斷地從低目標向高目標邁進？怎樣促使員工績效水平提高），並進而發掘員工未來發展的潛力，以協助員工開拓更寬廣的職業生涯發展空間。通過績效管理，使員工目標與花旗銀行目標協同一致，通過提升員工績效水平，使花旗銀行整體績效不斷得到改善和發展，實現花旗銀行與員工的共同發展。

參考文獻

[1] 莫寰，張延平，王滿四. 人力資源管理：原理、技巧與應用 [M]. 北京：清華大學出版社，2007.

[2] 付亞和，許玉林. 績效管理 [M]. 上海：復旦大學出版社，2008.

[3] 胡君辰，宋源. 績效管理 [M]. 成都：四川人民出版社，2008.

8 薪酬管理

引導案例

合理的薪酬制度使企業煥發生機

A公司是一家生產電信產品的公司。在成立初期，為了調動全體員工的工作積極性，以盡快發展壯大公司規模，該公司制定了一整套比較科學的薪酬管理體系，並且取得了較好的效果。短短幾年時間，公司的業務增長了一倍。隨著公司規模的擴大，公司的員工也增加了很多，但是公司領導明顯感覺到，大家的工作積極性越來越低，員工流失率也在逐漸上升。

通過對公司內部管理的深入瞭解，人力資源經理發現問題出在公司的薪酬體系上。這幾年來，公司在迅速地發展壯大，但是公司的薪酬制度卻沒有隨著公司業務量的增加和勞動力市場的變化而進行相應的調整。隨著公司業務量的不斷增加，整個公司的經營業績卻在走下坡路，客戶的滿意度也在逐漸下降，員工的工作熱情也不再高漲。一些核心技術人員和部門管理人員先後離職。由於員工的流動性比較大，員工的工作積極性逐漸喪失，公司經營進入了瓶頸期。

針對這些現象，人力資源經理診斷出公司的薪酬體系有如下不合理之處：首先，在內部一致的問題上，薪酬設計不合理，比如市場營銷部經理的工資與后勤部經理的工資處於同一水平上，導致缺乏內部公平性；其次，在外部競爭力問題上，公司的技術人員、銷售人員的工資在人力資源市場中屬於偏低的水平，導致核心員工大量流失。找到問題的原因後，人力資源部門展開了對原有薪酬制度的調整，通過崗位分析和薪酬調查，重新制定了與公司規模和人員架構相匹配的薪酬管理體系，充分激發了員工的工作積極性，公司在市場上的競爭力也在逐步恢復，公司又重新煥發出生機。

在現代企業管理中，像A公司這樣的案例比比皆是，薪酬制度不同，員工的工作態度和工作效率也完全不同。那麼什麼是薪酬？如何設計科學、高效的薪酬管理體系？如何使企業薪酬在市場中既具有外部競爭性，又能夠保持企業內部的公平性？這些都是本章將要解決的問題。

學習目標

1. 瞭解薪酬管理的相關概念、構成及功能。
2. 熟悉薪酬管理的相關理論。
3. 掌握薪酬設計的技術方法。
4. 熟悉薪酬管理體系設計的基本步驟。
5. 明確薪酬制度的基本內容及其實施要點。

8.1 薪酬管理概述

8.1.1 薪酬的概念與作用

1. 薪酬的概念

一般來講，薪酬是指員工因向組織提供勞動或勞務而得到的報酬，是員工因完成工作而得到的內在和外在的獎勵。[1] 具體來講，內在薪酬是員工所獲得的非貨幣薪酬，是指員工將工作本身當做一種消費品，在工作中獲得的一種心理收入，一般包括員工因晉升、讚美、受尊重等而產生的對工作的責任感、成就感、勝任感等，體現了員工的個人價值感。外在薪酬是指企業針對員工所做的貢獻而支付給員工的各種有價值的報酬，包括工資（薪水）、福利、獎金、津貼、股票期權以及各種以間接貨幣形式支付的福利等。外在薪酬可劃分為直接薪酬和間接薪酬。

（1）非貨幣性薪酬，又稱為內在薪酬或非財務性薪酬，是一種由管理層控製的激勵性薪酬，與員工的工作業績有直接的關係。非貨幣性薪酬一般包括安全舒適的工作環境、良好的工作氛圍和工作關係、引人注目的頭銜、主管的讚美和肯定、企業的認可和尊重等。

（2）直接薪酬，又稱為貨幣性薪酬，是指直接以現金形式支付的薪酬，與員工的工作技能和績效有直接的關係。直接薪酬一般包括基本工資、加班補貼、假日補貼、績效獎金、利潤分紅、股票期權等。

（3）間接薪酬，又稱為福利性薪酬，是在員工退休後或者在一些不可預測的事件（如失業、疾病）發生時，組織為員工提供的經濟保障。間接薪酬多以實物或服務形式支付，很少以現金形式支付，與員工的職位或工作年限有關。一般情況下，間接薪酬不屬於激勵性報酬，但是當管理人員用它來激勵員工以取得高績效時，它就轉換成了一種激勵性薪酬。間接薪酬一般包括法定福利（包括失業保險、社會保險等）、非固定福利（包括補充的退休金計劃、健康保障計劃、帶薪休假、額外津貼等）。

---

[1] 莫寰，張延平，王滿四. 人力資源管理：原理技巧與應用 [M]. 北京：清華大學出版社，2007：319.

2. 薪酬的構成

薪酬構成分為基本薪酬、可變薪酬和間接薪酬（福利與服務）三部分。

（1）基本薪酬，又稱為基本薪金，是指組織根據員工的職位價值、承擔或完成的工作以及員工所具備的技能或能力而向員工支付的穩定性報酬。它是按勞分配原則的重要體現，是員工薪酬總額的主要組成部分，也是其他報酬形式的計算基礎。基本薪酬可按照職位薪酬制或技能薪酬制來確定。職位薪酬制主要以工作本身的難易程度、風險大小、重要程度以及最終的貢獻度作為確定基本薪酬的依據。技能薪酬制主要以員工自身擁有的完成任務的技能和能力作為確定基本薪酬的依據。與可變薪酬和間接薪酬相比，基本薪酬有例行性、剛性、基準性三大特點。

（2）可變薪酬，又稱為浮動薪酬或獎金，是組織根據員工是否達到事先設定的目標而向員工支付的金額上下浮動的報酬。這個目標既可以是組織為員工設定的個人目標，也可以是員工所屬團隊乃至整個組織的目標。可變薪酬是在基本薪酬的基礎上，按一定的比率或者額度來確定的，具有很強的激勵作用，與員工的績效考核緊密相關。可變薪酬又可分為短期和長期兩種形式。短期可變薪酬數額比較小，所需完成的目標是短期的、具體的；長期可變薪酬數額比較大，主要用於激勵組織的高層管理人員或核心技術人員，以實現組織的中長期目標，所需完成的目標是長期的、與企業戰略相關的。

（3）間接薪酬，是指員工作為組織的成員或因在組織中擔任職務而獲得的各種福利和服務，是組織為員工提供的與工作和生活息息相關的物質和服務補償。間接薪酬除法定福利、保險福利外，還包括養老金計劃、帶薪休假、集體設施服務、健康和急救服務、諮詢服務和娛樂設施等。間接薪酬一般採用實物或延期支付的形式，與員工的技能、績效、工作年限關係不大。

3. 薪酬的影響因素

薪酬是勞動力市場的價格信號，是社會成員的主要生活來源。薪酬對於組織本身來說，是一種成本、一種激勵手段，是組織為了實現利益最大化而進行的一種投資，反應了一個組織對外的競爭力和對內的合理性。因此，組織在進行薪酬設計時必須慎重考慮影響薪酬的內外因素。其中，外部因素是指與客觀環境有關的因素，包括生活費用水平、企業盈利能力、勞動力市場的薪酬水平、勞動力的供需狀況、產品的需求彈性、不同的國家或地域、潛在的可替代物以及工會的介入等；內部因素是指與員工個人密切相關的因素，包括員工自身的技能水平、付出勞動的多少、職位的高低、工作時間的差別、工作的危險程度、福利和優惠、資歷情況、工種的稀缺程度以及是否為特殊工種等。

8.1.2 薪酬管理的概念和作用

1. 薪酬管理的概念

薪酬管理是指為了實現組織的目標，激發員工的工作熱情，通過對薪酬水平和結構進行管理，將員工的薪酬與組織目標有效結合起來的一系列管理活動。管理者要做好薪酬管理工作，就必須深入分析影響薪酬管理的各項因素，掌握薪酬管理的一般原

理和技術方法，適時地、動態地對薪酬結構進行調整。

薪酬管理是人力資源管理的一個重要組成部分，它與企業其他部門的各種經營、管理活動密切配合，為組織願景和目標的實現發揮了巨大的激勵作用。薪酬管理在人力資源管理中的重要地位表現在以下幾方面（見圖8-1）：

（1）薪酬管理與職位設計。二者的關係非常密切。管理者要根據職位設計和崗位分析的結果來進行薪酬設計。職級設計得過窄或過寬必然導致薪酬等級的設計不合理。

（2）薪酬管理與員工招聘。企業的薪酬管理制度會傳遞企業的經濟實力、業績水平、價值導向等信息，可以為應聘者提供必要的信息支持。另外，合理的薪酬制度可以減輕員工招聘的工作量，如針對高級管理人員和技術人員的高薪酬可以迅速吸引大批合格的求職者，減少招聘宣傳工作，從而降低招聘成本。

（3）薪酬管理與培訓開發。薪酬具有激勵的功能，合理的薪酬管理會營造一種積極向上的氛圍，員工會主動要求參加培訓，進行再學習，不斷提高自身的技能和素質，從而增強整個組織的競爭力。

（4）薪酬管理與績效管理。可變薪酬作為薪酬的重要組成部分，其確定的依據就是員工的績效考核結果。合理的薪酬制度會與績效管理形成相輔相成的協調關係，提升員工的工作熱情，進而提高整個組織的工作績效。

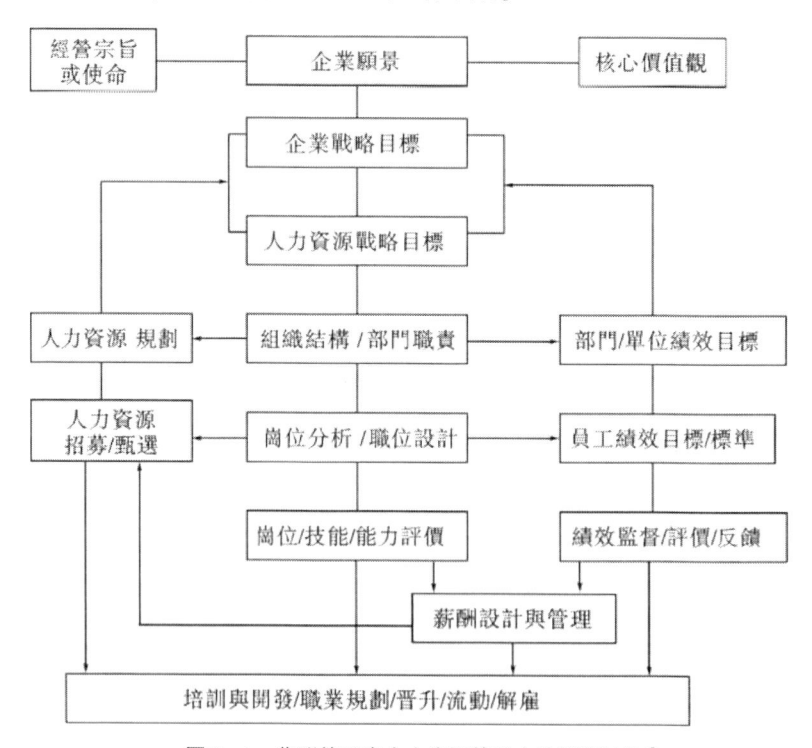

圖8-1　薪酬管理在人力資源管理中的重要地位[1]

---

[1] 於桂蘭，苗宏慧．人力資源管理［M］．北京：清華大學出版社，2008：351．

2. 薪酬管理的基本內容

薪酬管理是否有效取決於管理者在管理過程中的一系列重要設計和選擇，這些重要的設計和選擇就組成了薪酬管理的整個過程。

薪酬管理的基本內容包括薪酬水平管理、薪酬結構管理、薪酬體系管理、薪酬關係管理、薪酬形式管理以及薪酬政策和薪酬制度管理。

（1）薪酬水平管理。薪酬水平是指企業各職位、各部門以及整個行業的平均薪酬水平，它決定著企業薪酬的外部競爭力。因此，企業薪酬水平的高低會對員工的吸引和保留產生很大的影響。

（2）薪酬結構管理。薪酬結構是指整體薪酬由哪些部分構成，各個構成部分又以什麼樣的比例結合在一起。比如，薪酬分為基本薪酬、可變薪酬和間接薪酬，它們各自又由不同的小模塊構成。不同的企業，其基本薪酬和可變薪酬所佔的比例不同，員工所感受到的激勵性和風險性也不同。

（3）薪酬體系管理。薪酬體系的設計，即確定員工的基本薪酬以什麼為基礎。目前，國際通行的薪酬體系主要有：①職位（崗位）薪酬體系。這種薪酬體系是以員工所從事工作的相對價值為基礎來確定員工的基本薪酬水平。②技能（能力）薪酬體系。這種薪酬體系是以員工自身掌握的技能水平或具備的勝任能力為基礎來確定員工的基本薪酬水平。

（4）薪酬關係管理。薪酬關係涉及企業的內部一致性問題。薪酬關係是指企業內部不同崗位或職位的薪酬水平所形成的相互比較關係，反應了企業對於職位重要性和職位價值的看法。在企業總體薪酬不變的情況下，員工很看重企業內部的薪酬關係，薪酬關係合理與否會影響員工的流動率和工作熱情。

（5）薪酬形式管理。薪酬形式是指計量勞動和支付薪酬的方式。薪酬的不同組成部分有其特定的計量勞動和支付薪酬的方式。基本薪酬多以計時、計件方式來計量勞動，支付的金額相對固定；可變薪酬多以績效來衡量員工的勞動，按照基本薪酬的一定比率支付；間接薪酬只與員工是否是本企業員工有關，通常不以貨幣形式支付。

（6）薪酬政策和薪酬制度管理。薪酬政策是企業管理者針對薪酬管理的目標，在實施薪酬管理的過程中對任務和手段的選擇和組合，是企業針對員工薪酬所採取的方針政策。基於特定的企業戰略目標和人力資源戰略目標，企業需要適時地在方針政策方面進行選擇和組合。薪酬制度是對既定薪酬政策加以具體化、操作化的規範性文件。

3. 薪酬管理的作用

薪酬管理在企業人力資源管理中的職能決定了它的重要作用。以下將從社會、企業、員工三個不同的角度來分析薪酬管理的作用。

對社會而言，薪酬主要有以下作用：①薪酬管理決定著人力資源的合理配置和使用。一般地，資源可以分為物質資源、財力資源和人力資源三大類。其中，具有能動作用的人力資源的配置和使用至關重要。如何使人力資源得到最充分的利用、發揮出它的最大效能，成為了現代企業管理的一個核心問題。在市場經濟條件下，薪酬作為實現人力資源合理配置的基本手段，在人力資源合理配置和使用中起著非常重要的作用。薪酬管理就是運用了薪酬這一重要參數來制定各項政策，通過人力資源的流動和

市場競爭,在供求平衡中形成一定的薪酬水平和薪酬級差,以此引導人力資源向合理的方向流動。這樣,組織的人力資源在崗位調換的過程中不僅實現了薪酬最大化,還達到了人崗匹配的最佳狀態,從而有利於組織目標的實現。②薪酬管理直接關係到社會的穩定。薪酬是社會成員消費資料的主要來源。從經濟學的角度來看,薪酬一旦支付就意味著勞動者退出生產領域,進入消費領域。具有消費性的薪酬,既要維持員工的日常生活,又要確保實現價值的再生產。薪酬制定得過低,無法維持勞動者的基本生活水平,會使其生活受到危害;薪酬制定得過高,就會增加成本,造成物價上漲,降低產品在國際市場上的競爭力;當薪酬的增長速度超過勞動生產率的增長速度時,還會產生嚴重的成本推動型通貨膨脹,造成一時的虛假繁榮,引發「泡沫經濟」,破壞經濟結構;過高的薪酬標準還會導致勞動力需求緊縮,引起大面積失業,失業隊伍的擴大會給社會造成不安。因此,合理進行薪酬管理,既可以保證勞動者實現價值再創造,又在一定程度上抑制了成本推動型通貨膨脹的發生,從而能夠促進社會和諧、持續地發展。

　　對企業而言,薪酬管理具有以下重要作用:①創造企業價值。現代企業的競爭在很大程度上是高素質人力資源的競爭,企業的薪酬越具有吸引力,那麼招募到的高素質人力資源的數量就會越多,質量就會越好,企業就會創造更大的價值。②協調配置資源。企業的管理者可以利用薪酬槓桿調節員工與員工、員工與企業的關係,引導員工向著實現企業戰略的方向努力,達到有效整合企業內部資源的目的。③提高勞動效率。薪酬管理是一種很強的激勵手段,薪酬中的可變部分與員工的績效直接掛鉤,有效的薪酬管理可以調動員工的積極性,提高員工工作的數量和質量。④控製經營成本。對企業而言,薪酬始終是一種經營成本,薪酬過高,會增加企業的成本,使企業產品喪失競爭力;薪酬過低,又會使企業在人力資源市場上失去競爭力,招募不到高素質人才。因此,企業在薪酬管理的過程中,要注意成本和收益的平衡,這樣才能使企業穩定地發展下去。⑤塑造企業文化。薪酬管理會對員工的工作行為、工作態度甚至價值觀產生很強的導向作用。科學和富有激勵性的薪酬管理能幫助企業塑造良好的企業文化氛圍,或者對已經存在的好的企業文化起到正強化作用。隨著人力資源管理的發展,近年來很多企業已經開始以薪酬制度的變革來帶動企業的文化變革。⑥推動企業變革。隨著全球經濟一體化進程的進一步加快,許多企業為了能更適應市場,更好地滿足顧客的各種需求,都在重新設計戰略、再造流程、重組結構、變革文化、建設團隊。然而這一切的變化都離不開薪酬管理的推動,薪酬管理可以引導企業員工以最快的速度適應新的企業氛圍和企業文化,接受新的企業價值觀和行為,並且能激勵員工達到新的績效目標,最終有效推動企業的整體變革。

　　對員工而言,薪酬管理具有以下作用:①經濟保障作用。薪酬作為員工生活收入的主要來源,對員工的工作和生活具有維持和保障作用,這是其他任何收入都無法替代的。員工付出體力和腦力勞動後,必須得到足夠的補償,才可以實現連續的再生產。員工薪酬水平的高低會對其家庭的生活水平和生活方式產生直接的影響。②內心激勵作用。薪酬除了能滿足員工的基本生活需求之外,也是成功、地位、自我價值實現的象徵。不同的薪酬水平反應了員工的社會地位及工作能力,高薪酬會對員工產生較強

的激勵作用，使員工產生更大的滿足感、榮譽感，從而激發員工的工作熱情。

8.1.3 薪酬管理的基本理論

眾多學者在研究薪酬管理的過程中，採取的角度往往不同。本節將從經濟學視角、心理學視角和管理學視角重點介紹幾種與薪酬管理密切相關的理論。

1. 經濟學視角

在經濟學中，薪酬被視為員工在人力資源市場上的價格。因此，經濟學中的相關薪酬理論主要傾向於通過供求均衡以及市場價格來進行企業薪酬管理。下面將介紹一些經濟學中主要的薪酬理論。

（1）最低工資理論。其代表人物是英國古典經濟學家威廉·配第（William Petty），他提出了最低工資的觀點。最低工資理論認為：工資和其他任何商品一樣都有一個自然的價值水平，即最低生活資料的價值，工資的自然價值水平即維持工人生存所需的最低生活資料的價值。如果工資低於該水平，工人將無法維繫生計，不能為資本家持續累積財富；相反，如果工資高於該水平，資本家的利益將受損。該理論認為最低工資是市場競爭的結果，不以資本家的意志為轉移。最低工資理論后來成為政府宏觀調控工資和企業微觀管理工資的主要依據之一，許多國家相繼制定了最低工資保障法律。但是，對工資報酬實行最低限價是以價格管制的形式強制執行的，並且政府還用法律手段強制規定了高於市場均衡價格的工資標準，這就破壞了人力資源市場自身運行的機制。

（2）邊際生產力工資理論。其代表人物是美國經濟學家約翰·貝茨·克拉克（John Bates Clark）。克拉克的《財富的分配》一書的出版標誌著邊際生產力工資理論的確立。該理論的主要觀點是：邊際生產力是最后追加的那個工人的勞動生產力。按照邊際生產率遞減的規律，當勞動力的邊際收入等於勞動力的邊際成本時的雇用量為企業的最佳雇用量。其中，邊際收入指新增一名工人引起的總收入增加的部分；邊際成本指新增一名工人引起的總成本增加的部分。該理論論證了工資水平與勞動生產率之間的關係，被認為是現代企業薪酬調查的基礎理論之一。其不足之處在於企業的勞動生產率受很多因素的影響，企業在確定薪酬支付水平時，還要考慮與邊際生產力相關的各因素的變動。

（3）供求均衡工資理論。其代表人物是英國經濟學家阿爾弗雷德·馬歇爾（Alfred Marshall），他提出了供求均衡工資理論。該理論從人力資源的供需兩方面來說明工資的市場決定機制，認為工資是勞動生產要素的均衡價格，即人力資源的供給與需求達到平衡時的價格。均衡工資理論是在邊際生產理論和生產成本理論的基礎上形成的。均衡工資理論比較切合企業的實際，但是它的假設前提是人力資源市場上的買賣雙方處於完全競爭狀態，不涉及雇主和工會等外界力量的影響。隨著經濟的發展，這一前提受到了挑戰。

（4）工資差別理論。其代表人物是英國經濟學家亞當·斯密（Adam Smith）、約瑟夫·斯蒂格利茨（Joseph E. Stiglitz）、西奧多·舒爾茨（Theodore Schultz）以及加里·貝克爾（Grays Becker）。亞當·斯密認為造成不同職業和工人之間工資差別的原因主要有

兩大類：一類是不同的「職業性質」，如勞動者的心理感受、工作的難易程度、安全程度、所承擔責任的大小、成功的可能性大小；另一類是工資政策。約瑟夫·斯蒂格利茨區分了六種不同的工資差別，即信息不完全差別、工作性質引起的補償差別、生產率差別、勞動力流動引起的工資差別、歧視引起的差別和工會的影響造成的差別。西奧多·舒爾茨以及加里·貝克爾主要是從人力資本角度來研究工資差別的，人力資本的形成主要依靠人力資本投資，具體的投資形式包括各級正規教育、職業技術培訓和健康保健等。從個人角度看，其人力資本含量越高，勞動生產率就越高，所創造的邊際產品的價值就越大，所得報酬就應該越多。工資差別理論為崗位工資制提供了理論依據。亞當·斯密探討了宏觀工資政策與工資差別之間的關係，指出政府的不適當工資政策會扭曲勞動力市場上的供求關係。人力資本理論成為了技能工資、資歷工資等工資形式的理論基礎，較為科學地解釋了技術工人與非技術工人之間的收入差距問題。

此外，站在經濟學角度研究薪酬管理的理論還有早期工資決定理論、工資基金理論、分享經濟理論、效率工資理論、集體談判工資理論等。

2. 心理學視角

(1) 雙因素理論。美國心理學家弗里德里克·赫茨伯格（Frederick Herzberg）於1959年在《工作的激勵因素》一書中提出了「雙因素」理論。他將影響員工滿意的因素分為保健因素和激勵因素。保健因素是指員工感到不滿意的因素，它的反面是沒有不滿意。激勵因素是指員工感到滿意的因素，它的反面是沒有滿意。對於管理者來說，改善保健因素後，人們沒有不滿意感了，但不一定感到滿意。因此，管理者要想真正激勵員工，就必須發揮激勵因素的作用，增加員工對工作的滿意感。對於薪酬管理來講，基本薪酬等是保健因素，管理者應該從工作本身來尋找有效的激勵因素，將「雙因素」理論熟練運用於管理過程中。

(2) 強化理論。美國心理學家和行為科學家伯爾赫斯·弗雷德里克·斯金納（Burrhus Frederic Skinner）等人提出了強化理論。所謂的強化是指對一種行為的肯定或否定的后果（報酬和懲罰）。它至少在一定程度上會決定這種行為在今后是否會重複發生。強化包括正強化、負強化和自然消退三種類型。正強化用於加強所期望的個人行為；負強化用於減少不期望發生的行為；自然消退用於對原先可接受的某種行為強化的撤銷。管理者要充分利用這三種強化方式，以便在組織中形成一種引導或影響人行為的特殊管理環境。

(3) 公平理論。美國心理學家亞當斯（J. S. Adams）提出了公平理論，認為決定員工對工資收入認可的往往不是絕對收入，而是相對收入和員工本身對公平的認識。員工首先會考慮自身收入與付出的比率，然后將該比率與他人的比率進行對比，若兩者相同，則感到公平；若兩者不相同，則感到不公平。公平理論中的比較思路對薪酬體系設計具有重要的影響。員工與組織內部同事進行比較產生公平感的思想體現了薪酬設計的「內部一致性」原理；員工與組織外部類似員工進行比較產生公平感的思想體現了薪酬設計的「外部競爭性」原理；員工要求組織的薪酬政策公開、透明，以獲得公平感，體現了薪酬設計的「管理可行性」原理。

此外，在心理學中，與薪酬管理有關的理論還有馬斯洛（Abraham H. Maslow）的

需求層次理論、弗魯姆（Victor H. Vroom）的期望理論等。

3. 管理學視角

從管理學的角度研究薪酬管理，研究者更為關注的是企業薪酬管理對企業戰略目標的支持，即所謂的戰略薪酬管理。將薪酬上升到企業的戰略層面，分析應通過什麼樣的薪酬政策和薪酬管理體系來支持企業的競爭戰略，並最終有效地幫助企業獲得競爭優勢，這是戰略薪酬體系設計的主要內容。人力資源部門需要根據企業的戰略目標來確立本部門的戰略規劃，並且在人力資源部門戰略目標的基礎上，設計企業需要的薪酬體系，有效地引導和改變員工的行為和態度，使之與組織戰略相一致，最終促使企業形成競爭對手無法模仿的競爭優勢。

8.2 薪酬管理體系設計的技術方法

8.2.1 崗位評估

崗位評估是指根據各個崗位工作中所包括的技能要求、努力程度要求、崗位職責要求和工作環境等因素來決定各種工作之間的相對價值。[1] 崗位評估主要是用書面的形式來解釋具體工作崗位對員工的要求，其結果可以作為評定員工薪酬等級和分配薪酬的依據。

崗位評估在等級薪酬管理中起著非常重要的作用，具體表現在：首先，管理人員通過崗位評估可以科學系統地確定崗位的價值，設計崗位等級結構以及確定薪酬等級。其次，崗位評估使薪酬分配制度化、技術化。崗位評估是按照崗位的相對重要性，用統一的標準度量不同的崗位，然後以一定的標誌分類、確定等級。崗位評估的制度化、技術化保證了薪酬結構的規範化、科學化。最後，崗位評估可以協調不同崗位之間的關係，體現同工同酬的原則。通過崗位評估，管理人員可以確定不同崗位的價值差異，使員工充分瞭解薪酬差異的原因所在，避免員工產生不公平感。

崗位評估系統的核心是建立一個由一系列評估指標組成的崗位評估指標體系。評估指標有很多種，各企業可以根據自身的情況進行選取，以所選指標的維度盡可能覆蓋崗位價值的主要方面為原則。下面介紹幾種在國際上比較流行的崗位評估指標：①反映崗位重要性或影響性的指標，主要通過規模、績效、職位高低來反應。②反應崗位的責任範圍和程度的指標，主要通過崗位責任、責任範圍、責任層級、所擔風險來反應。③反應崗位監督難易的指標，主要通過所監督的員工規模和員工層級來反應。④反應崗位內外部工作關係的指標，主要通過被評估崗位所需組織支持和協調的程度來反應。⑤反應任職者技能要求的指標，主要通過學歷水平、工作經驗、員工的潛在能力來反應。⑥反應工作強度和工作壓力的指標，主要通過工作負荷度、工作複雜程度、工作複合度以及工作壓力來反應。⑦反應工作環境和工作條件的指標，主要通過工作時間、工作地點等來反應。

---

[1] 姚凱. 企業薪酬系統設計與制定 [M]. 成都：四川人民出版社，2008：150.

下面介紹幾種具體的崗位評估的方法。

1. 崗位排序法

崗位排序法是一種根據崗位的相對價值或它們對組織的貢獻度來由高到低進行排序的方法。其評估步驟為：①選擇需要評估的崗位，通過工作說明書獲取崗位信息；②選擇評估指標，如學歷、技能、對組織的貢獻度等；③根據評估指標，定性評估崗位的相對價值或對組織的貢獻度，對崗位由高到低進行排序；④按照排序的結果來確定薪酬等級。

崗位排序法簡單、快捷、費用低，比較容易被員工接受，適合規模小、結構簡單的企業。其不足之處在於：無複雜的量化技術，定性評估，主觀性強；無法精確地度量兩個崗位價值差異的大小。

2. 崗位歸類法

崗位歸類法是事先建立崗位等級標準，並給出明確的分類定義，然後將被評估崗位與設定的標準進行比較，將崗位歸入相應類別的評估方法。其評估步驟為：①進行工作分析，以充分瞭解企業所有崗位的職責、環境、勞動強度、任職資格等內容；②將企業所有職業進行分類，即根據企業特點、崗位性質、管理部門等進行分類，通常先分大類，再在大類下細分小類；③選擇評估指標，如崗位職責、工作複雜度、工作強度等；④將評估結果與確定的標準進行比較，以便將各崗位歸入相應的類別中；⑤將歸類后的崗位與對應的工資標準結合，設計薪酬等級。

崗位歸類法簡單明瞭，容易被員工接受，比較適合崗位多的企業；並且由於各崗位的崗位信息差別較大，當新增加崗位時，管理人員借助此方法比較容易對新增的崗位進行定位。其不足之處在於：定性歸類，主觀性強，容易引起不公平感，並且崗位類別的劃分有一定的難度。

3. 因素分析法

因素分析法是一種對關鍵工作崗位及其工作因素劃分維度以進行定量比較的崗位評估方法。它的主要做法是通過確定有代表性的工作崗位及其工作因素的相對價值，並賦予確定的薪酬金額，將其他崗位與之逐一比較且賦予相應的薪酬，最後將各要素的薪酬加總，得到該崗位的最終薪酬（見表8-1）。其評估步驟為：①對各個崗位的價值進行因素分解，選擇共同的因素作為標準因素，如技能、責任等；②選擇企業所有崗位中最具有代表性的關鍵工作崗位；③依次按照所選標準因素，對各關鍵性工作崗位進行評價，並賦予其相應的薪酬金額；④將其他工作崗位按照標準因素逐一與各關鍵性工作崗位進行比較，確定其相應的薪酬水平，最後加總各工作因素對應的薪酬，得到各工作崗位的薪酬總額。

表8-1　　　　　　　　　　　　因素分析法

小時工資率（元/小時）	知識技能	工作強度	風險責任	工作環境
1.00	崗位1	崗位M	崗位3	崗位2
2.00		崗位3		
3.00	崗位2		崗位2	崗位3

表8-1(續)

小時工資率（元/小時）	知識技能	工作強度	風險責任	工作環境
4.00	崗位 M	崗位 1		崗位 1
5.00	崗位 2	崗位 M		
6.00	崗位 3		崗位 1	崗位 M

如表8-1所示，崗位的標準因素包括知識技能、工作強度、風險責任和工作環境。崗位1、崗位2、崗位3是具有代表性的關鍵工作崗位，對其進行崗位評價確定崗位1的薪酬總額為15元（1+4+6+4=15），崗位2、崗位3的薪酬總額都為12元。現在對崗位M確定薪酬，將崗位M與三個關鍵性崗位進行逐一比較，確定其在因素分析法量表中的位置，最后可知崗位M的薪酬總額為16元（4+1+5+6=16）。

因素分析法比較精確、可量化、可靠性強。但其開發難度大、成本高，一般員工難以理解，不易推廣。

4. 點數評分法

點數評分法又稱為要素記點法，是對崗位的構成因素進行分解，接著按照事先設計出來的結構化量表對每種崗位的報酬要素進行估值的崗位評估方法（見表8-2、表8-3、表8-4）。該方法有三大要點，即報酬要素、可以量化的要素等級、反應各要素相對重要性的權數。點數評分法可以按照以下步驟進行：①對企業中有代表性的基本崗位進行工作分析；②將那些受組織重視、有助於組織實現戰略目標的要素確定為報酬要素；③制定量表，對已確定的報酬要素，制定一個量表以反應每個要素內部的不同等級；④根據重要性確定報酬要素的權數；⑤對待評估崗位進行評分，再將各報酬要素所評分數求和，得到總工作分值。

表8-2　　　　　　　　×企業技術崗位報酬要素的權重分配

報酬要素	合計分數	所占權重
風險責任	400	40%
知識技能	300	30%
努力程度	200	20%
工作環境	100	10%
合計	1000	100%

表8-3　　　　　　　　知識技能要素等級細分

序號	子因素	等級數量	最高分數
1	最低學歷要求	4	30
2	知識多樣性	5	35
3	工作複雜性	5	45

表8-3(續)

序號	子因素	等級數量	最高分數
4	熟練期	5	45
5	工作經驗	7	40
6	文化知識	5	50
7	綜合能力	4	55

表8-4　　　　　　　　　　知識技能因素4：熟練期

因素定義	具備工作所需專業知識的一般勞動力，需要多長時間能勝任本職工作	
等級	時間	分數
1	3個月以內	9
2	3~6個月	16
3	6~12個月	27
4	1~2年	33
5	2年以上	45

如表8-2、表8-3、表8-4所示，知識技能這一報酬因素的合計分數為300，其中熟練期有5個等級，若某一員工的熟練期為3年，則其熟練期這一指標的分值為45分。其他因素可據此類推，最後加總各因素的分值就可得到總工作分值。

點數評分法在發達國家比較常用，雖然不是很成熟，但是它建立了一套規範的崗位評價程序和標準，可以系統地評估崗位價值，減少了主觀性。

5. 海氏評價法

海氏評價法也稱為黑點法，是由美國薪酬設計專家愛德華·海在點數評價法的基礎上進一步研究出來的。該方法實際上將報酬因素進一步抽象為具有普遍適用性的三大因素，即智能水平、解決問題的能力和風險水平，將待評估崗位按這三大因素進行分解、評估，最終將三大海氏因素所得分數進行加總來計算該崗位的總成績。智能水平是指為了使績效達到可接受水平，員工所必須具備的專業知識和實際操作技能，具體包括專業理論知識、管理訣竅和人際技能。解決問題的能力是指智力水平的具體運用，以智能水平利用率來衡量，主要包括環境因素和問題難度。風險水平包括工作崗位承擔者的行動自由度、行為后果影響以及崗位職責的大小。海氏評價法的具體評估步驟為：①確定待評估崗位，按照海氏評估法分解得到各個報酬因素；②獲取專業的海氏評估法關於智能水平、解決問題的能力和風險水平的崗位評價指導圖表；③對照各個崗位評價指導圖表得到各個報酬因素應該得到的分數，最後將三大海氏因素的分數加總，就得到了各崗位的總點數。

海氏評價法有效地解決了不同職能部門的不同職務之間相對價值的相互比較和量化難題，被企業界廣泛接受。

綜合以上介紹的幾種方法，崗位排序法和崗位歸類法是整體性、非量化的評估方

法，適用於不同崗位之間的比較評估；因素分析法、點數評分法和海氏評價法是針對崗位要素的、量化的評估方法，適用於在崗位間按照既定的標準進行比較評估。

8.2.2 薪酬調查

1. 薪酬調查的概念及目的

薪酬調查就是指企業通過搜集信息來判斷其他企業所支付薪酬狀況的系統過程。這種調查能夠向實施調查的企業提供市場上有關企業向員工支付薪酬的水平和其薪酬結構等方面的信息。[1]

從調查方式來看，薪酬調查分為正式調查和非正式調查。從調查的組織者來看，正式調查又可以分為商業性薪酬調查、專業性薪酬調查和政府薪酬調查。

一般來講，企業進行薪酬調查希望達到以下幾個目標：

（1）適時調整薪酬水平，保持企業薪酬的對外競爭力。大多數企業都會根據消費水平、企業績效等來定期調整本企業的薪酬水平。因此，企業需要進行薪酬調查來瞭解人力資源市場或競爭對手的薪酬變化情況，並及時做出薪酬調整，吸引和保留優秀員工。

（2）控製用人成本，為企業制定市場戰略服務。企業薪酬過高會增加生產成本，使產品失去競爭力；薪酬過低又會導致優秀人力資源流失。因此，企業通常要通過薪酬調查來分析競爭對手的用人成本，以合理確定自己的薪酬水平，提高產品或服務在市場上的競爭力。

（3）重新制定薪酬結構，以適應環境的變化。隨著競爭環境的不斷變化以及薪酬管理實踐的不斷發展，越來越多的企業開始將以職位為基礎的薪酬體系轉變為以人為基礎的薪酬體系。企業在重新制定薪酬結構時，為了充分適應外部競爭環境和提高自身的競爭力，將會更加依賴薪酬調查的結果。

2. 薪酬調查的實施步驟

企業不論規模大小、在制定薪酬結構時，都要進行或簡或繁的薪酬調查。薪酬調查一般分為三個階段，即前期準備階段、中期實施階段和后期分析階段。其主要工作程序如圖8-2所示。

（1）確定調查目的。在開始薪酬調查之前，企業需要確定調查的目的何在，為什麼服務，如為企業整體薪酬水平的調整服務、為瞭解競爭對手服務等。這是整個薪酬調查的基礎，企業只有先確定好了調查目的，才有可能進行后續的調查分析程序。

（2）劃定調查範圍。根據設定好的調查目標，企業需要劃定調查範圍，包括確定要調查的企業和崗位、調查時間、要搜集的信息等。企業只有確定了調查範圍才可以有針對性地選擇調查渠道和方式。

（3）選擇調查渠道。企業需要根據所選企業或崗位信息的獲取難易程度，來選擇不同的調查渠道。常用的薪酬調查渠道包括企業之間相互調查、委託專業機構調查、查詢社會公開信息三種形式。

---

[1] 姚凱. 企業薪酬系統設計與制定 [M]. 成都：四川人民出版社，2008：135.

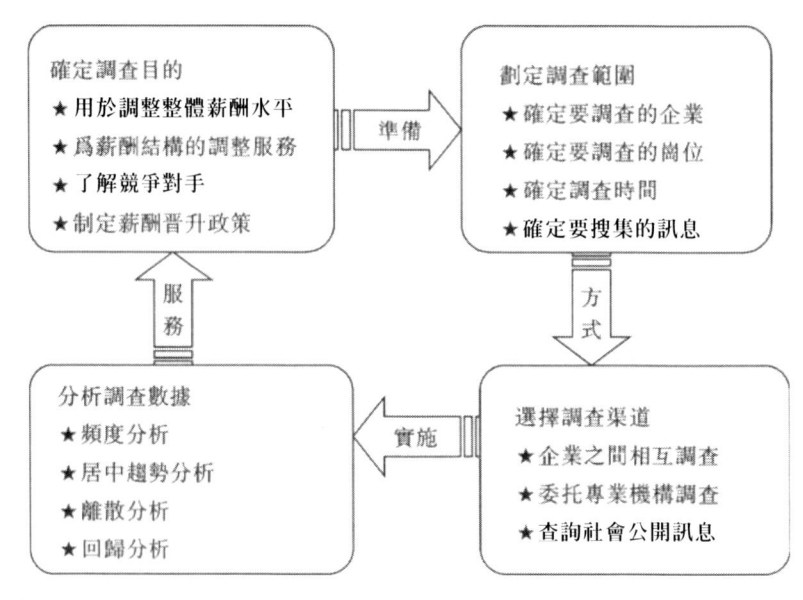

```
┌─────────────────────┐           ┌─────────────────────┐
│ 確定調查目的         │           │ 劃定調查範圍         │
│ ★用於調整整體薪酬水平│    準備   │ ★確定要調查的企業    │
│ ★爲薪酬結構的調整服務│──────▶   │ ★確定要調查的崗位    │
│ ★了解競爭對手        │           │ ★確定調查時間        │
│ ★制定薪酬晉升政策    │           │ ★確定要搜集的訊息    │
└─────────────────────┘           └─────────────────────┘
         ▲                                    │
         │ 服務                           方式 │
         │                                    ▼
┌─────────────────────┐           ┌─────────────────────┐
│ 分析調查數據         │           │ 選擇調查渠道         │
│ ★頻度分析            │    實施   │ ★企業之間相互調查    │
│ ★居中趨勢分析        │◀──────   │ ★委托專業機構調查    │
│ ★離散分析            │           │ ★查詢社會公開訊息    │
│ ★回歸分析            │           │                     │
└─────────────────────┘           └─────────────────────┘
```

圖 8-2　薪酬調查的基本程序

（4）分析調查數據。在數據搜集完畢之后，通過一定的技術方法剔除無效數據或無效問卷之后，調查人員需要對各類數據進行統計分析，以獲得調查結果或預測趨勢。

8.3　薪酬管理體系設計的流程

8.3.1　薪酬管理體系設計的基本原則

近年來，隨著薪酬制度設計技術與手段的不斷發展，管理者們越來越注重薪酬系統的工具化和實用性，忽略了薪酬管理的基本理念和對薪酬管理的整體認識。優秀的管理者應該用戰略的眼光看待薪酬管理問題，用正確、先進的薪酬理念來設計薪酬系統，實現理論與實踐的完美結合，最終為組織目標的實現服務。下面重點介紹薪酬管理體系設計必須遵循的五項基本原則。

1. 公平原則

公平是薪酬管理體系設計的基礎，是一種基本的組織文化理念。對管理者來說，公平是用以激勵員工的資源，只有在員工認為薪酬系統是公平的前提下，他們才會產生認同感和滿意度，薪酬才能產生激勵作用。對企業來講，企業要想能夠吸引、激勵和留住優秀的員工，必須力爭薪酬公平，真正做到同工同酬。近年來，依據崗位和個人貢獻以及業績水平來設計薪酬管理體系已經成為一種必然的趨勢。

2. 競爭原則

要想使企業的薪酬標準在人力資源市場上具有競爭力，獲得和留住優秀員工，企

業就必須制定一套具有競爭力的薪酬管理體系。若企業薪酬水平偏低，優秀員工就容易流失，無法穩定人心。在進行薪酬管理體系設計時，除了保持有競爭力的薪酬水平以及使員工樹立正確的薪酬價值觀外，企業還應該針對員工自身的需求來建立靈活的薪酬結構，以增強企業的吸引力。

3. 激勵原則

根據赫茲伯格的雙因素理論，薪酬可分為兩類，一類是保健因素，如基本薪酬、福利等；另一類是激勵因素，如獎金、年金等。改善保健因素後，人們沒有不滿意感，但不一定感到滿意。真正具有激勵作用的是那些可以激發員工工作熱情的激勵因素。企業在制定薪酬管理體系時，可以採用彈性薪酬、菜單式福利、培訓和進修以及團隊獎勵等措施來達到激勵的目的。

4. 經濟原則

經濟原則強調企業在設計薪酬管理體系時必須充分考慮自身發展的特點和支付能力。它包括兩個方面的含義：一是企業的銷售利潤在扣除了所有必要的成本之後，可以支付員工的薪酬，可以進行利潤的合理累積，並促進企業的可持續發展；二是經濟原則要求企業合理配置人力資源，只有當企業的人力資源數量需求與數量配置保持一致，員工的學歷、技能等與崗位需求相當時，資源利用才具有經濟性。

5. 多方參與原則

為了確保薪酬制度的科學性、公平性，提高員工的可接受度和認可度，在薪酬管理體系的設計過程中應盡量體現多方參與的原則，使各個層級的員工代表參與其中。這樣既可以保證薪酬管理體系具有現實基礎，又便於該體系在企業中順利地推廣。

6. 合法原則

企業在設計薪酬管理體系時，要充分瞭解並遵守國家現行的法律法規和相關政策等，做到依法管理。

8.3.2 薪酬管理體系設計的策略選擇

企業的薪酬系統是為實現企業的戰略目標服務的，必須在企業發展戰略的指導下運行。企業的薪酬戰略包括薪酬水平策略、薪酬構成策略和薪酬結構策略三個方面的內容。

1. 薪酬水平策略

薪酬水平策略主要是指企業相對於當地市場薪酬行情和競爭對手薪酬水平的自身薪酬水平策略。企業可以選擇的薪酬水平策略有以下四種：

（1）市場領先策略。選擇這種薪酬策略的企業，其薪酬水平在同行業的所有競爭對手中是處於領先地位的。一般說來，企業的支付水平在一定程度上取決於企業的支付能力、企業所處的發展階段和企業所屬行業的性質。市場領先策略一般適用於以下情況：①當市場處於擴張期時，企業面對大量的市場機會和巨大的發展空間，急需大批高素質人才；②當企業自身處於發展的高速成長期時，薪酬支付能力比較強；③企業在其所屬行業中處於領導或壟斷地位。

（2）市場跟隨策略。採用這種策略的企業，一般都在市場中建立或找準了自己的

標桿企業。通過對標桿企業的充分瞭解，採用市場跟隨策略的企業會使自己的經營模式、管理模式向標桿企業看齊，薪酬水平的設定當然也不例外。

（3）成本導向策略。成本導向策略又稱為落後薪酬水平策略，即企業只考慮自身生產、管理、經營的成本，不考慮市場價格水平以及競爭對手的薪酬水平。這類企業的薪酬水平一般比較低。採用這種薪酬水平策略的企業其組織戰略一般是低成本戰略，注重的是產品在市場上的價格競爭。

（4）混合薪酬策略。混合薪酬策略就是在企業中針對不同部門、不同崗位、不同人才，採用不同的薪酬策略。此策略注重薪酬體系的靈活性和多樣性。

2. 薪酬構成策略

薪酬構成主要是指企業總體薪酬所包含的基本薪酬和可變薪酬的比例。企業可以選擇的薪酬構成策略模式有以下四種：

（1）高彈性薪酬策略模式。高彈性，就是變動幅度比較大。這是一種激勵性很強的薪酬模式，可變薪酬（浮動薪酬）是薪酬的主要組成部分，基本薪酬處於次要地位，所占比例很小甚至為零。在這種模式下，員工薪酬的多少很大程度上取決於其工作績效的好壞，績效好時，員工的薪酬就高；當績效很差時，員工基本上就得不到什麼報酬。在這種情況下，薪酬的波動性比較大，員工會缺乏安全感。

（2）高穩定薪酬策略模式。高穩定，就意味著薪酬的變動幅度不大。這是一種穩定性很強的薪酬模式，基本薪酬是薪酬的主要組成部分，可變薪酬處於次要地位，所占比例很少甚至為零。在這種模式下，員工的薪酬與工作績效幾乎沒有關聯，員工收入非常穩定，一般不會受其他因素的影響，即員工不用努力就可以拿到全額薪酬。這種模式會給員工帶來很強的安全感，但也容易導致員工的偷懶行為。

（3）調和型薪酬策略模式。調和型薪酬策略模式是一種兼具激勵性和穩定性的薪酬策略，其基本薪酬和可變薪酬各占一定的比例。企業可以通過調整兩種薪酬的比例來變換薪酬策略，可以以激勵為主，也可以以穩定為主，視企業的整體戰略而定。在這種模式下，員工既能感覺到激勵性，又不會喪失安全感，但前提是企業必須設計科學的薪酬管理體系，不然變換薪酬策略會引起不必要的混亂。

（4）混合型薪酬策略模式。混合型，就是企業可以同時採用不同的策略來進行薪酬管理。在混合型薪酬策略模式下，企業應針對不同部門、不同崗位、不同人員的特性，選擇適合的薪酬構成策略來激發員工的工作熱情。

3. 薪酬結構策略

薪酬結構是指在同一組織內部，不同工作崗位或不同工作技能員工的薪酬水平的排列形式。它強調薪酬水平等級的多少、不同薪酬水平之間級差的大小以及決定薪酬級差的標準。薪酬結構的設計要科學合理，這樣才能保證薪酬的內部公平性和外部競爭性。企業可以選擇的薪酬結構策略有以下兩種：

（1）偏向平等的薪酬結構模式。這種模式下的薪酬結構是扁平化的結構，其薪酬等級少，每一等級所涉及的任務職責的範圍比較寬。在這種偏向平等的薪酬結構模式中，相鄰等級之間以及最高薪酬和最低薪酬之間的差距較大，但是同一等級涉及的人數比較多，員工擁有更大的決策自主權。該模式的設計理念在於：所有員工都在自己

所處的等級上感到被公平的對待，越平等就越能提高員工的滿意度，越能增強員工的團隊合作意識，越能提高企業的整體效率。如近年來被越來越多企業所接受的寬帶薪酬模式，就是偏向平等的薪酬結構模式。

（2）偏向等級化的薪酬結構模式。這種模式下的薪酬結構是高聳化的結構，薪酬等級較多，相鄰等級的級差較小。多重的薪酬等級要求對每一個等級的薪酬所對應的工作進行詳細的工作描述，明確其職責。該模式承認員工之間在技能、責任和對組織的貢獻方面存在差異，認為頻繁的職位晉升可以帶來較強的激勵作用。

8.3.3　薪酬管理體系設計的基本流程

薪酬管理是一個系統的管理過程，為保證薪酬制度的科學性、合理性，薪酬管理體系的設計應該遵循一套完整而正規的流程。薪酬管理體系設計的具體流程如圖 8-3 所示。

```
制定企業的薪酬原則及策略
      ↓
崗位設置與崗位分析
      ↓
   崗位評價
      ↓
薪酬調查與薪酬定位
      ↓
  薪酬結構設計
      ↓
  工資分等與定薪
      ↓
薪酬系統的實施及修正
```

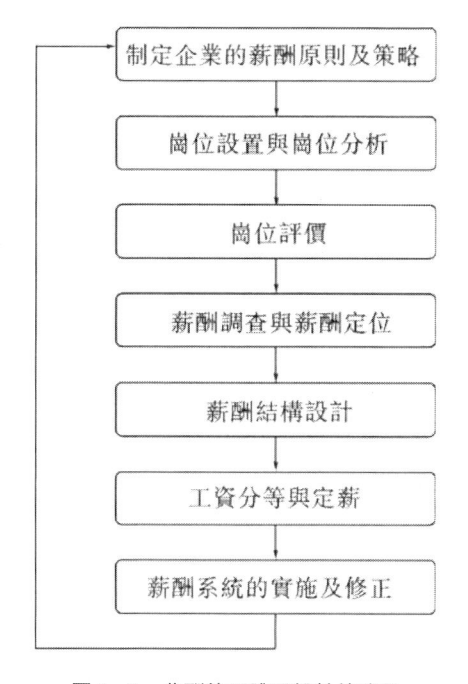

圖 8-3　薪酬管理體系設計的流程

1. 制定企業的薪酬原則及策略

企業必須在其發展戰略的基礎上制定企業的薪酬原則和策略，並在此基礎上建立一套「對內具有公平性，對外具有競爭力」的薪酬體系。企業戰略表明企業的目標和願景，薪酬設計應該以此為標準，以支持公司的經營戰略，幫助企業贏得和保持競爭優勢。

2. 崗位設置與崗位分析

崗位設置和崗位分析是確定薪酬的基礎。崗位設置是企業使其內部各種職務崗位

達到最佳配置的規範做法。工作分析主要是對組織中各項工作職務的特徵、規範、要求、流程以及對完成此工作的員工的素質、知識、技能要求進行描述的過程，它的結果是產生工作說明書，為整個人力資源管理提供有價值的基礎信息。進行薪酬設計的管理人員要充分結合企業的經營目標，在崗位設置和崗位分析的基礎上，明確部門職能和職位關係，編寫清晰的工作說明書。

3. 崗位評價

崗位評價是為設定組織內部薪酬等級而對不同崗位進行比較、評估的過程，以便科學地建立薪酬等級結構。崗位評價包括兩個步驟：一是搜集與工作有關的信息；二是將所搜集到的信息進行評估、比較，以衡量工作崗位的相對價值及其在組織中的等級地位。崗位評價重在體現內部公平性，它有兩個目的：一是根據各個崗位的相對價值劃分崗位的等級；二是為進行薪酬調查建立統一的評價標準，消除由崗位、工作內容等因素引起的崗位難度差異，使員工的薪酬具有可比性，確保工資制度的公平、明晰。

4. 薪酬調查與薪酬定位

薪酬調查是採集、分析競爭對手薪酬水平的系統過程，旨在解決外部競爭力問題。企業在確定自身的薪酬水平時，需要參考人力資源市場的價格水平。條件允許的話，這項工作可以交給專門的諮詢公司。薪酬調查的對象應該選取有競爭力的同行企業，重點調查其員工流向和來源。完整的薪酬調查報告應該包括三個方面的內容：首先是基本情況概述，如被調查企業的常規數據、調查方式和過程等；其次是薪酬調查的數據，要包括上年度的薪酬增長狀況、不同薪酬結構的對比、薪酬水平、獎金和福利狀況、長期激勵措施以及未來薪酬走勢分析等內容；最後是福利與人力資源實務，如薪酬管理、績效管理、招聘和留任、員工培訓和發展、福利管理等。在分析同行業的薪酬數據之後，企業需要根據自身情況進行薪酬定位。企業的薪酬水平會直接影響企業在勞動力市場上和產品市場上的競爭力，既要滿足員工自身不斷發展的需求，又要滿足企業的人工成本控制要求。

5. 薪酬結構設計

薪酬結構是指在同一組織內部不同職位的薪酬水平的排列形式，強調組織結構中各項職位的相對價值與其對應薪酬之間的關係，包括薪酬水平等級的多少、不同薪酬水平之間級差的大小、決定薪酬級差的標準。管理人員在進行薪酬結構設計時要考慮職位等級、個人技能和資歷、個人績效三個因素。確定職位工資，需要對職位進行評估；確定技能工資，需要對員工資歷進行評估；確定績效工資，需要對工作表現進行評估。在此基礎上，管理人員還要結合企業的整體盈利水平和支付能力來確定企業的整體薪酬水平。企業在成本控制的前提下，通過薪酬結構優化，可以提高薪酬的可變性、差異性、時效性以及現金流使用的彈性。

6. 工資分等與定薪

在設計完薪酬結構之後，薪酬系統的框架就基本成型了。接下來，管理人員就要根據薪酬結構來進行工資分等和定薪。工資分等與定薪就是將薪酬分成若干等級，按照一定的順序進行排列，再將金額相近的薪級歸為一組，最後給每一個組別定薪。

7. 薪酬系統的實施及修正

薪酬管理體系設計完成之後，就可以在組織內部形成薪酬體系並進行推廣實施。在薪酬系統的制定和實施過程中，及時的溝通、必要的培訓和宣傳是保證薪酬管理體系設計成功的因素之一。薪酬是對人力資源成本和員工需求進行權衡的結果。隨著企業內外部環境的不斷變化，企業有必要在薪酬系統實施的過程中，定期對員工的薪酬需求和滿意度進行調查，在保持相對穩定的前提下，對薪酬進行定期調整。

8.4 薪酬制度

建立薪酬制度是指將企業的薪酬政策制度化、規範化。企業的薪酬制度是企業的一項基本制度，是企業人力資源管理體系的重要組成部分。

8.4.1 薪酬制度的基本類型

從目前來看，企業的薪酬制度大致可以分為基於員工的薪酬制度、基於工作的薪酬制度、基於績效的薪酬制度和基於能力的薪酬制度四種類型。

1. 基於員工的薪酬制度

這種薪酬制度是以單個勞動者為單位，根據勞動者的潛在勞動或勞動者本身所具有的能力來決定每個勞動者的工資標準。基於員工的薪酬制度一般包括年功序列制、技術等級工資制等。

年功序列制是基於員工的薪酬制度的典型代表，它主張工齡越長，薪酬就越高。該模式的理論設計依據是：員工的工齡越長，熟練程度越高，對企業的貢獻就越大。總體來講，年功序列制的薪酬主要由工齡、學歷等因素決定，薪酬與勞動的數量和質量是一種間接的關係。在年功序列制下，薪酬起點較低，等級之間的級差較大，薪酬機械地隨工齡的增長而定期增加。

技術等級工資制屬於能力工資的一種形式，是按照員工所達到的技能等級來確定工資等級，並按照確定的工資等級標準來支付薪酬的制度。員工獲得薪酬或加薪的主要依據是與工作相關的技能，而不是其承擔的具體工作或職位的價值。這種薪酬制度更適合技能等級比較容易界定的操作人員、技術人員等。

2. 基於工作的薪酬制度

這種薪酬制度根據工作崗位的相對價值和重要性來確定工資等級，薪酬主要由崗位責任、勞動強度、工作環境等因素決定。基於工作的薪酬制度主要有崗位薪酬制和職務薪酬制兩種形式。

在崗位薪酬制下，管理者首先應對崗位本身的價值做出客觀評價，然後根據崗位評估結果確定其薪酬等級。崗位對應的薪酬等級與擔任崗位職責的員工無關，只與崗位本身有關，對崗不對人，其薪酬構成以崗位薪酬為主要組成部分。在實際操作中，崗位薪酬制度有多種形式，如崗位等級薪酬制、崗位薪點薪酬制、崗位效益薪酬制等。

職務薪酬制是按照員工所擔任的職務來確定其薪酬水平的，不同職務有不同的薪

酬標準，同一職務內又可劃分為若干等級，對每個員工都在其特定職務範圍內評定薪酬。這種薪酬制度適用於高級管理人員或專業技術人員。其不足之處在於員工只能在規定的職務範圍內升職，一旦調離，就只能領取新的職務薪酬，與原有的薪酬水平和員工的資歷無關。

3. 基於績效的薪酬制度

這種制度主要以員工的績效考核結果為依據來確定員工的薪酬，一般採用底薪加提成的方式，主要有計件工資制和佣金制等形式。績效薪酬部分按照考核方法的不同，可以分為以下幾種形式，如表8-5所示：

表8-5　　　　　　　　　　　績效薪酬的主要形式[1]

績效類型	考核對象	績效種類
成就薪酬	員工個人行為	成就工資、成就獎金（月度、季度、年度獎金）
個人激勵薪酬	員工的實際工作結果	個人激勵薪酬、長期激勵薪酬（普通員工）、長期激勵薪酬（管理者）
群體激勵薪酬	員工的實際工作結果	收益分享計劃、團隊獎金計劃、部門激勵薪酬
公司激勵薪酬	員工的實際工作結果	利潤分享、股票期權計劃
特殊績效薪酬	特殊貢獻	特別績效認可計劃、建議/提案獎

4. 基於能力的薪酬制度

在人力資源管理中，能力是一種勝任力和勝任素質，它指員工所具備的能夠使自己達到某種特定績效標準的能力或所表現出的有利於績效提升的行為。基於能力的薪酬制度主要有技能薪酬制、職能薪酬制、能力資格制三種形式。

技能薪酬制就是按照員工所達到的技術能力來確定薪酬標準的制度，適用於技能等級比較容易界定的操作人員、技術人員等。職能薪酬制是根據員工履行職務能力的差別來確定薪酬標準的制度。能力資格制是以員工所擁有的技術資格、智力、資歷等來確定薪酬標準的制度，適用於生產設備技術含量很高，對員工基本素質要求很高的高新技術產業。

8.4.2　薪酬制度建設的基本原則及基本模式

1. 薪酬制度建設的基本原則

企業的薪酬制度需要按照科學、合理的程序進行設計，合理的薪酬制度是薪酬公平的保證。企業的薪酬制度應該體現出與企業發展戰略的高度一致性，最終促進企業戰略目標的實現。

企業在進行薪酬制度建設時，所要遵循的基本原則與薪酬管理體系設計的基本原則大致相同，包括公平原則、競爭原則、激勵原則、經濟原則、多方參與原則以及戰略支持原則。

---

[1] 於桂蘭，苗宏惠. 人力資源管理[M]. 北京：清華大學出版社，2008：360.

此外，企業在進行薪酬設計時，還要注意以下幾點：①薪酬制度要以明確一致的原則作為指導，要有助於實現組織戰略目標。企業應建立統一的、可說明的薪酬制度規範。②薪酬制度的建立要遵循多方參與原則，充分體現民主性、參與性。③管理者要為員工創造機會均等、公平競爭的條件，增強員工的工作積極性。

2. 薪酬制度建設的基本模式

如何設計一套科學合理的薪酬制度？一套科學合理的薪酬制度有哪些基本模式？對此，不同的企業有不同的做法。企業可以根據自身的規模、財力、人力，選擇適合自身的薪酬制度模式。以下簡單介紹一些常用的薪酬制度建設模式。

(1) 基於支付依據的薪酬制度建設模式。該模式的基本程序如下：①通過崗位評價確定內部支付依據，通過薪酬調查確定外部支付依據；②確定薪酬等級以及相鄰等級之間的級差；③將薪酬制度化；④實施與反饋。

(2) 基於企業戰略的薪酬制度建設模式。該模式的基本程序如下：①充分瞭解企業的發展戰略，並找出相關報酬因素；②通過崗位評價和薪酬調查來確定與組織戰略相對應的支付依據；③確定薪酬等級以及相鄰等級之間的級差；④將薪酬制度化；⑤實施與反饋。

(3) 基於市場的薪酬制度建設模式。該模式的基本程序如下：①通過崗位評估確定崗位價值順序；②通過薪酬調查來確定市場工資率；③由 ①、② 確定企業的收入政策曲線，該曲線受市場工資率和企業薪酬戰略的影響；④確定薪酬等級以及相鄰等級之間的級差；⑤將薪酬制度化；⑥實施與反饋。

企業建立薪酬制度的方法還有很多種，企業要充分瞭解自身的薪酬管理目標，選擇適宜的薪酬制度建設模式，建立科學合理的薪酬制度。

8.4.3 薪酬制度的實施及反饋

1. 薪酬制度的實施

薪酬制度在實施的過程中要保證公開、公正、公平，讓員工充分感受到同工同酬，以提高員工滿意度。要確保薪酬制度的公平性，需要注意以下兩個方面：一是堅持多方參與原則，讓員工參與薪酬制度的建立。這樣在薪酬制度的實施階段就會減少很多阻力。二是在支付薪酬時，企業應當向員工提供薪酬清單，讓員工充分瞭解薪酬的構成，瞭解哪些行為是企業提倡的，哪些行為是要受到處罰的。這樣做能促使員工將以後工作的重心向企業所期望的方向傾斜。

薪酬制度在正式實施前，一般都有一段試行期。採用試行的方式可以避免一定的風險，通過試行，人力資源部門既可以及時發現可能出現的錯誤，在全面實施之前進行修訂和調整，也可以測試運行的成本。試行的時間要合理，時間過長會增加試行的成本，並推遲薪酬制度全面推行的時間；時間過短又達不到糾錯的目的，還會增加制度正式實施的風險。

薪酬制度在全面實施的過程中要兼顧強制性與靈活性。所謂強制性是指薪酬制度已經確定，所有成員都必須統一遵守，未經允許，任何人不得擅自更改制度的內容和形式，企業要以多方的協調一致來保證企業整體戰略目標的實現。所謂靈活性是指在

薪酬制度實施的過程，一旦企業的發展戰略、內外部環境、競爭對手的威脅等發生變化，人力資源管理部門要盡快與有關部門進行商討，根據實際情況對薪酬制度進行必要的調整。

薪酬制度的實施主要包括以下幾個步驟：①落實薪酬制度實施的組織和人員。企業在實施薪酬制度之前要挑選有關人員組成專門的實施團隊，負責整個實施過程的推進和統籌，同時負責與高層管理者、人力資源部門、財務部門等相關部門進行溝通，及時反饋有關信息。②資金保障。任何一個制度的推行，都需要有一定的物資和資金作為基礎。在薪酬制度的實施過程中，薪酬項目專家組可以提前申請一部分必要的經費和補貼。③宣傳工作。在薪酬制度實施前和實施過程中，向員工宣傳是一項必不可少的程序。通過宣傳，人力資源管理者可讓員工充分瞭解薪酬制度的合理性，以求得讚同和支持，減少實施過程中的摩擦和阻力。④實施過程的監控。在薪酬制度的實施過程中，薪酬項目專家和薪酬制度的制定者要對薪酬制度的實施過程進行全程監控，以便及時糾正偏差和解決問題。

2. 薪酬制度的反饋

薪酬實施后，企業還要進行薪酬制度反饋信息的處理工作，主要是通過對反饋信息的整理和分析，充分瞭解薪酬制度的實施效果，及時發現一些疏漏和問題，並進行調整和修正。

一般而言，反饋信息主要分為外部反饋信息和內部反饋信息兩種，外部反饋信息主要包括社會輿論反響、相關主管部門的反應等。外部反饋信息的收集和處理工作有兩個重點：一是關注業內或競爭對手對新制度實行的看法；二是測試新制度是否違反國家的相關規定。內部反饋信息包括普通員工的反饋信息和高層管理人員的反饋信息。普通員工的反饋信息主要包括員工對新制度是否感到公平，員工的滿意度是否有所提高等信息。企業應當建立暢通的信息反饋系統，全面聽取員工的各種意見和建議，以達到完善薪酬制度的目的。高層管理人員的反饋信息主要集中在成本控制和是否提高了工作效率兩個方面，如企業的薪酬水平是否兼具經濟性和競爭性，員工的工作熱情是否高漲，企業的生產效率是否得到提高以及對員工的激勵措施是否有效等。

本章小結

薪酬管理是人力資源管理的一項重要職能。企業薪酬管理的目標是為了保證其薪酬對內彰顯公平性、對外具有競爭性，吸引並留住核心員工。企業通過對員工進行薪酬激勵，可以增強員工的工作積極性、提高員工的工作效率，達到降低成本、增加產出的良性狀態，最終有助於企業戰略目標的實現。

本章詳細介紹了薪酬、薪酬管理的概念及構成；從社會、企業、員工的角度分析了薪酬管理的重要作用；從經濟學視角、心理學視角、管理學視角介紹了影響薪酬管理的重要理論；從整體的角度介紹了薪酬管理與人力資源其他職能之間的密切聯繫，即它們是相輔相成、相互促進的。薪酬管理體系的設計是一個系統工程，管理者需要

以崗位評價、薪酬調查和績效考核為基礎，遵照薪酬設計的基本原則，選擇合適的策略，依次進行設計、實施和反饋工作。企業的薪酬制度是將企業的薪酬體系制度化、規範化的結果。本章詳細介紹了薪酬制度的基本概念、構成和原則，分析了幾種薪酬制度的基本模式，最後討論了薪酬制度的實施和反饋。

復習思考題

1. 什麼是薪酬？它由哪些部分構成？它的作用有哪些？
2. 為什麼薪酬的外部競爭力十分重要？決定企業薪酬外部競爭力的主要因素有哪些？
3. 什麼是薪酬管理？其重要作用有哪些？
4. 試論述幾種重要的薪酬管理理論？
5. 薪酬體系設計的技術方法有哪些？試闡述其內容？
6. 舉例說明點數評分法的主要內容？
7. 企業在進行薪酬體系設計時有哪些可供選擇的策略模式？試簡述其特點？
8. 薪酬制度設計有哪些基本模式？

案例分析

瑞天公司薪酬管理的困惑

1. 瑞天公司基本情況介紹

成都瑞天公司是一家信託投資公司，成立於2000年。在成立的最初幾年時間裡，由於整個金融行業景氣度比較高，公司獲得了較快的發展，員工人數從幾十人發展到近五百人，員工的收入水平也保持了快速增長。但近兩年來，受國際經濟形勢和國家宏觀調控政策影響，金融行業的競爭越來越激烈，相關企業的經營形勢也日漸嚴峻。

目前，最令公司董事會頭疼的是公司全面利潤分享計劃面臨危機。該計劃是前些年瑞天公司在營業額和利潤額猛增時制訂的，因為當時公司員工都傾向於獎金分紅而不願意以福利等其他形式作為替代。於是公司將福利保持在較低水平，基本上只有按國家規定必須繳納的社會保險和帶薪年休假，也沒設置什麼津補貼項。在薪酬分配方面，公司薪酬計劃提供的基本工資比當地類似崗位的工資水平低30%，但每季度分配的獎金多為基本工資的60%甚至更高，這樣總體工資水平就比外部至少高出10%。較高的薪酬水平使得瑞天公司成為一家很受歡迎的企業，應聘者眾多。然而，由於上年度企業經營效益快速下滑，按利潤計算的可分配獎金估計還不到歷史平均水平的一半。在不久前的總經理辦公會上，公司總裁周名宣布，企業打算小幅降低獎金水平，範圍包括公司所有員工，以幫助公司渡過難關。

2. 公司經營管理層的年薪制

在瑞天公司，經營管理層（公司總裁、副總裁、部門經理）的薪酬實行年薪制，由基本薪金、獎勵薪金和超值薪金三部分組成。

基本薪金按月發放，標準根據職務級別由高到低分別為15萬元/年、12萬元/年、8萬元/年。獎勵薪金以基本薪金的80%為基數，結合公司年度考核情況確定，即：獎勵薪金＝基本薪金×60%×年度考核分數/100，年度考核分數最高為130分，若考核分數低於60分，獎勵薪金為0。超值年薪根據公司當年利潤和營業額指標完成的超額情況確定，以實現利潤的超額部分為基數，分檔計提後再乘以營業額超額百分比即得到超值年薪總額，並按照副總裁為總裁標準的55%～75%，部門經理為總裁標準的25%～35%進行分配。如表1所示。

表1　　　　　　　　　　　　　　　超額利潤分配表

超額利潤範圍	超額利潤計提比例
0%＜超額利潤率≤0.5%部分	16%
0.5%＜超額利潤率≤2%部分	12%
2%＜超額利潤率≤4%部分	6%
超額利潤率＞4%部分	1%

公司實行年薪制三年來，每年總裁的年薪都在100萬元以上，而公司部門經理的年薪大約30萬元，這種狀況引起了一些部門經理的不滿。

3. 公司的薪酬結構

瑞天公司員工的主要收入是基本工資加獎金。公司根據各部門的不同情況，以及工作的難度和重要性將職位分為A、B、C、D、E五個序列，每個序列又分別規定了工資最高額與最低額。其中，A序列的工作最為單純，B、C、D、E序列的工作要求和複雜程度依次遞增，其對應的職位價值也同樣增加。在工資序列變動幅度上，A序列的最高工資標準處於B系列中間偏上的位置，且比C序列的最低標準還要稍微高一點。這使得從事簡單工作領取A序列工資的人，工資水平可以從序列中較低位置慢慢上升，當其工資超過B序列最低額度時，有機會向B序列晉升。即使不能晉升，也可以在A序列中繼續提升，直至最高水平。各部門的管理人員可以對照工資限度，努力向價值高的工作挑戰。

不同序列的工資標準差別不大。職能部門員工（如人力資源專員、財會人員、網絡維護員等）屬於B序列，他們的月平均工資一般在2000～3000元，而操作類崗位員工（如保安、接待員、收發員、保管員等）屬於A序列，他們的月平均工資大概為1500～2400元。根據人力部門掌握的情況，幾乎所有A序列的員工都對自己的收入表示基本滿意，而B序列員工中至少有4成對收入很不滿意。對此，有人也找出了所謂的理由：操作類崗位的員工工作環境比較差，工作更加辛苦；而職能部門員工在行政大樓辦公，不僅工作環境好，而且比較「清閒」。

公司薪酬制度規定，員工獎金按所在崗位的重要性分級，並根據員工工作表現支付。但實際上，如果員工沒出現什麼重大工作失誤，就基本上可以全額獲得獎金；只有違反了企業的規章制度，或出現了工作錯誤，才會視情節扣除部分獎金。所以，一般情況下員工都能足額獲得月度獎金，且同一部門內崗位相同或相似的員工無論是表現出色還是業績平平，領取的獎金的差別都不大。

4. 公司的降薪舉措

公司打算實行大面積的小幅降薪，主要針對獎金收入部分。消息一經傳出，馬上遭到了員工的強烈反對，員工認為自己的工作比以前更加辛苦，而且物價水平還在持續上漲，公司不應該降低薪酬標準。

在年終召開的公司董事會上，公司總裁周名說：「今天我們要評議一下今年年度分紅的事。公司現有薪酬制度對工資預算和人事費用控制的概念不強，沒能處理好累積和分配的關係，使得過去幾年員工工資增長與公司利潤增長沒有很好地匹配。大家都知道，去年公司出現了虧損，經營上面臨著巨大困難，很多員工缺乏進一步作出努力和投入來推動公司繼續前進的動力，不能理解自身的薪酬待遇和企業經營狀況之間休戚相關的聯繫。因此，我們明年應該調整薪酬分配方案，引入工資預算和人事費用的思想，使員工的工資報酬能與企業的經濟效益實現同步變化，建立公司與員工的命運共同體和利益共同體。今年的年終獎，經營管理層就不發了，我帶頭。明年按照調整後的薪酬制度，結合公司的盈利情況，該分多少分多少，一分錢都不會少。」周名的話剛講完，就引來一片唏噓聲，與會的各位董事和公司高管明顯對不發年終獎的提議持反對意見。

5. 職業發展的「天花板」

為了迎接公司十周年慶典，近來許多部門都運用下班時間緊張排練晚會節目。但自從聽說公司打算降低獎金水平的消息后，小張便無心參加部門排練了。小張畢業於國家「211工程」重點院校，學的是會計專業。在最初進入瑞天公司的三年裡，小張十分滿意這份工作，因為這裡不僅收入較高，而且財務部部長對他也很器重，經常分配給他一些具有挑戰性的工作。由於小張有良好的教育背景，加上自身十分努力和勤奮，很快就顯現出了自己的工作能力，得到了同事們的認可。但漸漸地，小張的干勁越來越小了，因為他發現，那些比自己早來幾年的同事雖然業務水平不如自己，但收入卻比自己高。雖然規定薪酬水平可以在序列中提升，但公司並未制定相關薪酬調整實施細則，也沒有具體操作過，這一規定還停留在理論層面。要想實質性地提高收入水平，目前比較現實的途徑就是升任業務主管乃至部門負責人，但想要晉升的人極多，沒個五六年是很難晉職的。小張開始為自己的前途擔憂了。

思考與討論：

1. 瑞天公司採用的低工資、高分紅薪酬分配模式是否可取？
2. 如何看待公司內部高層管理者與普通員工實行不同的工資制度？
3. 瑞天公司實行的年薪制有哪些不合理的地方？
4. 為什麼很多職能部門的員工對公司的薪酬分配表示不滿？
5. A 序列的最高工資標準處於 B 系列中間偏上的位置，且比 C 序列的最低標準還

要稍微高一點，這種設計是否科學合理？
6. 公司取消管理層的年終獎是否合理？
7. 如何看待個人收入與企業整體效益之間的關係？
8. 如何評價新的薪酬改革思路？
9. 可以從哪些方面進行改進以解決小張的困惑？
10. 職業發展與薪酬之間有什麼關係？

參考文獻

[1] 莫寰，張延平，王滿四. 人力資源管理：原理技巧與應用 [M]. 北京：清華大學出版社，2007.

[2] 於桂蘭，苗宏惠. 人力資源管理 [M]. 北京：清華大學出版社，2008.

[3] 姚凱. 企業薪酬系統設計與制定 [M]. 成都：四川人民出版社，2008.

參考答案

第 1 章參考答案

1. 人力資源是在一定時間與空間範圍內，可以被用來產生經濟效益和實現發展目標的體力、智力和心力等人力因素的總和，具體表現為體質、智力、知識、經驗和技能等方面的總和。

2. 人力資本是為獲得未來長期收益而通過投資獲得的，最終表現為人的知識、技能、經驗和技術熟練程度等。這種人力資本投資比物質資本投資在提高生產力的過程中有更高的收益，具有收益遞增的特性，是社會進步的決定性因素。

人力資本是人力資源投入和動員的結果，即人力資源資本化的結果。對於人力資源來說，人力資源資本化是提高人力資源存量的過程，亦即通過對人力資源進行管理和開發，強化人力資源的質量，提高人力資源的能動性，減少出工不出力的人力資源隱性流失現象，實現與人相關的資本最大化的過程。

3. 人力資源資本化是將人力資源的相關投資性支出，通過一定規則轉化為人力資本的過程，在實踐中表現為，企業通過有效的人力資源管理手段將靜態的、潛在的人力資源「激活」，使之成為能夠直接投入生產的資本，從而形成組織的競爭優勢。一般情況下企業可以通過員工培訓和薪酬設計將人力資源「激活」，即將人力資源資本化。

4. 人力資源計量分析主要包括人力資源成本計量分析與人力資源價值分析兩部分。成本計量分析的方法可按照計量基礎分為歷史成本法、重置成本法、機會成本法和增支成本法。人力資源價值分析的方法又可以按照兩個維度進行分類，即按照是否能以貨幣準確計量分為貨幣計量方法和非貨幣計量方法，以及按照個人和群體之別分為個體價值計量和群體價值計量。

5. 人力資源資本化的途徑主要有教育、培訓、衛生保健、勞動力遷移等方式。

教育投資的成本支出一般分為直接投資成本與間接投資成本兩個部分。直接投資成本主要指學費、雜費、書本費、交通費、房租等；間接成本主要是學生在校期間因接受教育而放棄了直接從事其他經濟活動的收入。教育產出要受教育者智能增長的影響。它體現在學校畢業生的特定素質和知識含量中，這種特定素質和知識含量可以提高生產效率，是一種未來的收益。

培訓投資的成本分為一般培訓支出和特殊培訓支出，具體指各種有關培訓的支出總額。其收益表現為未來企業生產率、營業額和利潤的提高以及個人收入和知識技能的增長。

衛生保健投資的成本主要由耗費在保健與疾病預防、醫療以及環境改良等方面的一切費用所構成。其收益主要體現為健康人力資本存量的增加、壽命的延長、壽命期內「無病工作時間」的增加以及單位時間工作效率的提高。

勞動力遷移成本主要有因為遷移而支付的各種費用，包括搜尋就業信息的費用，放棄原來的職業所損失的收入，流動所耗費的時間、精力和開支以及在陌生環境中的心理成本等。其收益包括物質方面的收入和精神方面的收入，如工資、福利的提高，社會地位的上升等。

另外還有其他的人力資源資本化方式，如教化投資與情緒資本。

第 2 章參考答案

1. 工作分析的作用如下：優化組織結構及工作流程；工作分析的結果可以為人力資源戰略和規劃提供可靠的依據；工作分析能幫助管理者在人力資源招聘時，選拔出符合工作需要和職務要求的合格人員；工作分析為人力資源培訓與開發提供了不可缺少的客觀依據；工作分析對工作職責和任職資格等要求做了較為詳細的描述，為確定員工的工作績效評價指標和標準提供了依據；通過工作分析和職務評價，可以優化組織內部的薪酬結構，以保證各崗位的公平性和公正性；有利於員工的健康和安全。

2. 工作分析的主要方法包括：①訪談法。其優點是雙向交流，瞭解較為深入，可發現新的重要工作信息；缺點是受被訪談者主觀因素的影響較大，對實施工作分析的人員要求較高，並且此方法往往要結合其他方法使用，一般不單獨使用。②觀察法。此方法需要充裕的時間和準備，適用於要求大量標準化、工作內容簡單明瞭的工作，尤其適合於重複性的工作。③問卷法。其優點是適用於大量標準化、週期短、以體力活動為主的工作，易於發現細節問題；缺點是不適於週期長、非標準化的工作，不適於各種戶外工作，不適於中、高級管理人員等偏向腦力活動的工作。④工作日誌法。其優點是不僅可以瞭解每項工作，還可以瞭解此項工作花費的時間；缺點是對被調查者要求高，必須積極主動，對被調查者很難連續的進行記錄。

3. 工作分析的實施過程包括以下環節工作分析前的準備、工作信息的收集、工作信息的分析以及形成工作分析結果。

4. 工作說明書的主要內容包括：工作描述和職務規範。

5. 對工作信息進行定性的和定量的評價，以及客觀的和主觀的評價；對工作描述的信度和效度進行評價。

6. 工作分析在實際運用中可能存在員工恐懼的問題、動態環境問題、崗位員工較少的問題以及工作分析契約問題等，可針對具體問題採取不同的方法加以解決。

第3章參考答案

1. 人力資源戰略的意義體現在以下幾個方面：①人力資源戰略是企業戰略的核心；②企業績效的提高依賴於人力資源戰略；③有助於人力資源的開發與管理，能提升企業的人力資本；④能指導企業的管理工作；⑤有助於企業適應環境的變化。

人力資源戰略實施的最終目標有兩個，即人力資源戰略的內化目標和人力資源戰略的外化目標。其中，人力資源戰略的內化目標主要是指提高生產率、提高利潤、確保自上而下地提高適應能力和確立競爭優勢；人力資源戰略的外化目標主要體現在市場方面，包括資金市場目標和物資市場目標。對於企業股東而言，要向所投資的企業要求相應的回報。因此，人力資源戰略需要服務於相應的財務目標，即提高資金的回報率和增加市場佔有率。

2. 人力資源戰略制定的方法主要有：①理性規劃法；②戰略形成的相互作用法；③人力資源戰略的決定法；④人力資源戰略的參考點方法；⑤信息收集法。

3. 人力資源戰略實施流程分為環境分析、戰略能力評估、決策分析三個階段。

雇主品牌中的4P要素分別指People，Product，Position和Promotion。

4. 人力資源計分卡的指標體系主要從財務角度、客戶角度、內部流程角度、學習/成長角度這四個層面展開。

第4章參考答案

1. 所謂人力資源規劃，是指人力資源規劃主體在組織戰略的指引下，在組織內部現有的資源能力條件下，按照組織戰略規劃的要求，客觀、充分、科學地分析實現組織願景和組織目標所需要的人力資源的數量、質量、種類和結構，同時分析組織的外部和內部環境對所需人力資源的供給情況，預測組織人力資源的供給與需求，並盡可能地平衡人力資源的供給與需求，從而引導組織的人力資源管理活動更好地與組織的整體活動相協調，保證人力資源管理目標與組織目標具有一致性，從而促進組織戰略的實現。

人力資源規劃有兩個層次，即總體規劃與各項業務規劃。人力資源總體規劃是有關計劃期內人力資源開發利用的總目標、總政策、實施步驟及總預算的安排。人力資源的各項業務規劃包括人員補充計劃、人員分配計劃、人員接替和提升計劃、培訓計劃、薪酬激勵計劃、勞動關係計劃、退休解聘計劃等。這些業務規劃是總體規劃的展開和具體化。

2. 人力資源規劃的作用主要體現在六個方面：①人力資源規劃的戰略作用；②人力資源規劃的先導作用；③人力資源規劃的保障作用；④人力資源規劃的控製作用；⑤人力資源規劃的激勵作用；⑥人力資源規劃的協調作用。

3. 人力資源規劃的流程可分為五個步驟：組織發展戰略和外部環境分析、現有人力資源存量分析、人力資源供需預測、人力資源規劃的制定以及人力資源規劃的評估與控製。

4. 人力資源需求預測的方法主要有兩種，即定性分析方法和定量分析方法。其中定性分析方法包括現狀規劃法、經驗預測法、德爾菲法、因素描述法等；定量預測方法有趨勢預測法、趨勢外推法、工作負荷法、計算機模擬法等。人力資源供給預測又分為內部人力資源供給預測和外部人力資源供給預測。內部人力資源供給預測的方法有馬爾科夫模型、技能清單、現狀核查法、替換圖法等；外部人力資源供給預測方法主要介紹了市場調查預測法、相關因素預測法、統計預測法。

5. 要有效地實施人力資源規劃，就要採取合理的實施方式，在實施人力資源規劃時進行有效的控製和監督，並且要知道如何避免人力資源規劃中出現的問題。

6. 對人力資源規劃的評價可以從以下方面進行：與組織戰略的一致性、人力資源規劃的可行性、具體的可操作性和效果的可衡量性。其中，與組織戰略的一致性又可由目標的一致性和與組織文化的整合性來衡量；人力資源規劃的可行性可由編製的人力資源供需清單是否符合組織的實際和與其他規劃的相容性來衡量。人力資源規劃實施的可操作性的衡量標準有：①人力資源規劃的內容和程序是否完全；②人力資源規劃的實施細則和控製體系是否詳盡；③人力資源信息系統是否具備。

第5章參考答案

1. 企業進行人員招聘時，應遵循的原則及其指導意義如下：①公開原則。企業可以給予社會上的人力資源一個公平競爭的機會，達到廣招賢士的目的；此外，這樣還可以讓社會對招聘活動進行監督。②公平原則。這樣可以做到「不拘一格選人才」，並防止「拉關係」、「走后門」、「裙帶關係」、貪污受賄和徇私舞弊等現象的發生。③競爭原則。在招聘人員時，激烈地競爭有助於企業挑選出優秀的人力資源。④擇優原則。招聘方首先制定擇優的標準，再採取科學的技術與方法對應聘者進行篩選，最終為企業或組織引進崗位最合適的人員。⑤人—崗匹配原則。企業應根據工作崗位的需要去招聘合適的人員，做到量才錄用、人盡其才、用其所長、職得其人，這樣才能最大限度地發揮和挖掘員工的潛能。⑥效率原則。負責招聘者應根據不同的招聘要求，靈活地選用適當的招聘形式，盡可能用最低的招聘成本錄用高質量的員工。⑦先內后外原則。當企業或組織內出現崗位空缺時，原有的內部員工有競爭上崗的優先權，其后，才考慮招聘外部員工。⑧雙向選擇原則。只有讓招聘者與應聘者雙方相互認可與選擇，才能使招聘工作成功。⑨寧缺毋濫原則。如果在招聘工作中招聘了一些不合適的人選，可能會給企業或組織帶來很大的損失，如歷史成本、重置成本以及崗位試錯費等。⑩全面原則。負責招聘者在招聘過程中要對應聘者從品德、知識、能力、智力、個性、心理、過去的工作經驗和業績等進行全面細緻的考試、考核和考察。⑪守法原則。負責招聘者在招聘過程中，必須遵守國家法令、法規和政策，尤其要注意性別、種族和

宗教等方面的問題。

2. 人員招聘的渠道有內部招聘和外部招聘兩種。

內部招聘的優點是：①可提高被提升者的士氣；②組織能準確地判斷員工能力；③可降低招募風險和成本；④獎勵高績效，調動員工的工作積極性；⑤成功的概率高，成本低；⑥組織僅僅需要在基本水平上雇用。

內部招聘的缺點是：①易出現思維和行為定勢，缺乏創新性；②導致未被提升的人員士氣低落；③導致「近親繁殖」；④選擇範圍有限；⑤需要有效的培訓和評估系統；⑥可能會因操作不公或心理因素導致內部矛盾。

外部招聘的優點是：①引入新鮮血液，拓寬企業視野；②方便快捷，降低培訓費用；③可在一定程度上平息和緩和內部競爭者之間的緊張關係；④降低徇私的可能性；⑤激勵老員工保持競爭力，發展技能。

外部招聘的缺點是：①可能引來窺探者；②可能未選到適應該職務或企業需要的人；③影響內部未被選拔的申請者的士氣；④新員工需較長的培訓和適應階段；⑤新員工可能不適應企業文化；⑥增加與招募和甄選相關的難度和風險。

3. 人員甄選的測試方法有筆試、面試、測試、工作樣本和管理評價中心等。

（1）筆試。這種方法可以有效地測量應聘者的基本知識、專業知識、管理知識、相關知識、綜合分析能力和文字表達能力等素質及能力要素。

（2）面試。通過面試，招聘者與應聘者雙方可以雙向溝通，相互瞭解各自需要的信息。比如，招聘者在面試過程中可以瞭解應聘者的語言表達能力、反應能力、個人修養、求職動機、邏輯思維能力等。

（3）測試。常見的測試包括智力測試、特殊能力測試、一般能力傾向測試、人格測試、職業興趣測試、價值觀測試、筆跡測試等。招聘者可以通過這些方法對應聘者的智力、潛能、氣質、性格、態度、興趣等心理特徵進行測度，從而選擇與工作崗位相匹配的人選。

（4）工作樣本。此法可以直接測量應聘者的工作績效，能夠很好地體現招聘的公平性。

（5）管理評價中心。此測試方法運用情景模擬，採用多種測評技術，觀察和分析候選人在模擬的各種情景下的心理、行為、表現以及工作績效，以測評候選人的管理技術、管理能力和潛能等素質。

4. 面試的實施過程包括以下階段：①面試前的準備；②構建面試氣氛；③正式面試；④結束面試；⑤面試評價。

提高面試效果的途徑有：

（1）面試前的準備，包括：①設計好面試的程序、方法，準備好面試問題清單；②緊緊圍繞面試的目的，提問時圍繞主題，著重瞭解工作崗位所要求的知識、技術、能力和其他特性；③確保面試前向面試官或面試小組成員提供所需的資料，使他們在面試前有充足的時間掌握有關情況；④選擇合適的地點作為面試場所。

（2）面試中的技巧，包括：①面試時間應合理安排，一個應聘者的面試時間最多不超過半小時，並使每位應聘者的受試時間基本相同；②注意非語言行為的影響；

③盡量讓應聘者多講，並要求應聘者回答一些與崗位有關的開放性問題；④保持良好的雙向溝通渠道；⑤面試的氣氛要保持和諧，緩解考生的緊張情緒；⑥小組面試與一對一面試能幫助招聘者更全面、更從容地掌握信息，然而面試小組的人數也不宜過多，3~5人一組為宜，以免給應聘者造成緊張感。

5. 招聘的實施過程包括以下步驟：①招聘計劃。招聘者應根據企業的工作崗位需求，做出招聘決策。②人員招募。招聘者應根據招聘計劃，選擇招募渠道，運用適當有效的招募方法。③人員甄選。招聘者要運用科學的甄選技術方法對應聘者進行篩選。④人員錄用。招聘者要對甄選結果進行匯總，做出錄用決策，並通知相關人。⑤招聘效果。招聘者要運用科學的評估方法對招聘工作進行評估。

6. 信度是指一系列測試所得結果的穩定性與一致性的高低。效度是指招聘真正測評到了的品質與想要測評的品質的符合程度。

測試信度的高低程度，是用以同一種測試方法對同一組應聘者在不同時間進行幾次測評所得結果的相關係數來表示的。信度的取值範圍是 -1~1。可信的測評，其信度系數值大多在0.85以上。

在招聘甄選過程中，有效的招聘測試，其結果應該能夠正確地反應出應聘者將來的實際工作績效，即招聘甄選的結果與應聘者被錄用後的實際工作績效是密切相關的。這兩者之間的系數稱為效度系數，系數值的取值範圍為 -1~1。其系數值越大，說明招聘測試越有效。

7. 評估招聘活動的方法有：①招聘成本效益評估，是指對招聘中的費用進行調查、核實，並對照其預算進行評價的過程。該評估法主要對招聘成本、成本效用和招聘收益與成本之比進行評價。②錄用人員評估，是指根據招聘計劃對實際錄用人員的數量和質量進行評價的過程。錄用人員數量的評估主要從錄用比率、應聘比率和招聘完成比率三個方面進行評價。

8. ①明確銷售部經理的崗位職責。②根據銷售部經理的崗位職責描述，選擇適當的管理評價中心測試方法。③公文筐測驗法可測試應聘者掌握和分析資料、處理各種信息以及做出決策的工作活動；無領導小組討論可測試應聘者的人際關係技巧、群體接受度、領導能力以及個人影響力；管理游戲可讓應聘者模擬主持一個銷售工作動員會，從而考察他的領導能力和綜合協調與控製力等。

無領導小組討論的設計方案如下：①布置一個合適的場所（如小會議室）；②讓小組成員6~8人進入，從下列題中，選擇一個題目進行討論，並將討論結果記錄下來；③時間應控製在60分鐘以內。

題目：①一個銷售部經理最重要的職能是什麼？②怎樣才能提高銷售部職員的工作積極性？③如果你是一名銷售部經理，準備運用哪些激勵手段？說明其原因。

第6章參考答案

1. 培訓與開發的主要區別是：①培訓側重於當前的工作，開發側重於將來的工作；

②培訓的範圍主要是個人和崗位的需求，開發則針對企業全局；③培訓的參與方式為強制，而開發屬於自願；④培訓的重點為特定的技能和行為，而開發的重點為潛能。

2. E-learning 與以前的培訓方式的主要不同點在於：①E-learning 更多地借助於計算機網絡資源；②E-learning 對員工進行有針對性的培訓，體現個性化；③E-learning 的培訓時間更為機動；④E-learning 需要受訓員工自己控製培訓效果。

3. 傳授知識和技能的培訓方法有：①講授法，又稱為課堂演講法；②研討法；③視聽法；④案例分析法；⑤在職培訓；⑥工作輪換。

4. 培訓需求分析是培訓工作的第一步，主要包括組織需求分析、任務需求分析、員工需求分析三個層次。每個層次分析的內容又分別如下：①組織需求分析的內容包括對組織戰略、組織資源、管理人員和員工支持度、組織環境等因素的分析；②任務需求分析的內容包括對員工所具備的知識、技能、態度、行為等因素的分析；③人員需求分析的內容包括對員工知識結構、員工專業、員工年齡結構、員工個性與員工能力等因素的分析。

5. 培訓效果評價指標有：

(1) 反應層指標，包括培訓組織評價、培訓方法與方式、培訓師、培訓教材、課程內容等。

(2) 學習層指標，包括知識掌握情況和技能掌握情況。

(3) 行為層指標，包括行為變化和態度變化。

(4) 結果層指標，包括組織績效、外部客戶滿意度和內部員工滿意度。

第 7 章參考答案

1. 績效是指員工符合組織目標的結果，同時也要考慮員工在產生結果的過程中的行為。績效管理是管理者對員工在企業中的行為狀態和行為結果進行定期考查和評估，同時與員工就所要實現的目標互相溝通、達成共識的一種正式的系統化行為。

2. 兩者的聯繫是：績效評估是績效管理的一個不可或缺的組成部分，為績效管理的改善提供資料，幫助提高績效管理的水平和有效性，使企業獲得理想的績效水平。有效的績效評估有賴於整個績效管理活動的成功開展，而成功的績效管理也需要有效的績效評估來支撐。隨著管理理念向人性化方向轉變，績效評估也會向績效管理轉變。

兩者的區別是：人性觀不同、內容不同、管理者和員工參與方式不同、目的不同、效果不同、側重點不同。

3. 績效管理作為一個循環系統，在實施過程中由績效計劃、績效實施、績效評估和績效反饋四部分組成，每個環節都至關重要並相互影響，任何一個環節出現問題，績效管理都不能順利實施。績效計劃是績效管理的起點，是績效管理實施的關鍵和基礎所在。績效計劃制定得科學合理與否，直接影響著績效管理的整體實施效果。績效實施，是緊跟績效計劃之後的環節，是指員工根據已經制定好的績效計劃開展工作，管理者對員工的工作進行指導和監督，對發現的問題及時協助解決，並根據實際工作

的進展情況對績效計劃進行適當調整的一個過程。績效評估作為績效管理的重要組成部分，是指評估主體依據工作目標或績效指標，採用科學的評估方法，評定被評估者的工作任務完成情況、工作職責履行程度及其發展情況，判斷其是否達到績效指標的要求，並將評估結果反饋給被評估者，以此作為人力資源決策的依據。績效反饋是績效管理的最后一個環節，是由管理者和員工一起回顧討論績效評估的結果，將績效評估結果反饋給被評估者，為其指明改進工作和未來努力的方向，這樣績效管理才有意義。

4. 績效評估的傳統方法分為比較類評估方法、量表類評估方法和360度反饋法。其中，比較類評估方法有排序法、配對比較法、強制分佈法和代表人物比較法；而量表類評估方法有尺度評價表法、行為錨定等級評價表法和行為觀察量表法。隨著績效管理的不斷發展和成熟，在績效評估中應用的現代方法也越來越多，常用的主要有關鍵績效指標法、目標管理法和平衡計分卡。

5. 績效管理實施成功的關鍵在於績效評估結果的運用。績效評估的結果為人力資源管理的其他功能提供重要支持，比如：①為人力資源規劃提供高效度的人力資源信息；②提高員工招聘選拔的有效性；③績效評估結果有助於建立公平的激勵機制，影響著組織的其他人事政策，是組織其他人事政策調整的基礎。

績效評估結果的運用，要注意與激勵管理相結合，注意進行績效改進，並促進績效管理系統的有效建立。

第8章參考答案

1. 薪酬是指員工為其組織工作而獲得的所有有價值的回報，是員工因完成任務而獲得的內在和外在的獎勵。

薪酬分為基本薪酬、可變薪酬和間接薪酬（福利與服務）三部分。

基本薪酬具有保障作用；可變薪酬具有激勵作用；間接薪酬具有補償作用。

2. 薪酬是勞動力市場的價格信號，是社會成員的主要生活來源、彰顯著一個國家、一個地區的公平性和進步程度。具有外部競爭力的薪酬可以吸引優秀員工，實現利潤最大化，同時反應出組織的穩定性和競爭力。

決定企業薪酬外部競爭力的主要因素是與客觀環境有關的因素，包括生活水平、企業盈利能力、勞動力市場的薪酬水平、勞動力的供需狀況、產品的需求彈性、不同的國家或地域、潛在的可替代物以及工會的介入等。

3. 薪酬管理是指為了實現組織的目標，激發員工的工作熱情，通過對薪酬水平和結構進行管理，將員工的薪酬與組織目標有效結合起來的一系列管理活動。

對社會而言，薪酬主要有以下作用：①薪酬管理決定著人力資源的合理配置和使用；②薪酬管理直接關係到社會的穩定。

對企業而言，薪酬管理具有以下重要作用：①創造企業價值；②協調配置資源；③提高勞動效率；④控製經營成本；⑤塑造企業文化；⑥推動企業變革。

對員工而言，薪酬管理具有以下作用：①經濟保障作用；②內心激勵作用。

4.（1）最低工資理論。最低工資理論認為工資和其他任何商品一樣都有一個自然的價值水平，即相當於最低生活資料的價值，工資的自然價值水平即維持工人生存所需的最低生活資料的價值。該理論認為最低工資是市場競爭的結果，不以資本家的意志為轉移。最低工資理論成為了政府宏觀調控工資和企業微觀管理工資的主要依據之一，許多國家相繼制定了最低工資保障法律。但是國家對工資報酬實行最低限價是以價格管制的形式進行的，並用法律手段強制規定了高於市場均衡價格的工資標準，由此破壞了勞動力市場自身運行的機制。

（2）強化理論。所謂強化是指對一種行為的肯定或否定的后果（報酬和懲罰），它至少在一定程度上會決定這種行為在今后是否會重複發生。強化包括正強化、負強化和自然消退三種類型。正強化用於加強所期望的個人行為；負強化用於減少不期望發生的行為；自然消退用於對原來可接受的某種行為強化的撤銷。管理者要充分利用這三種強化方式在組織中形成一種引導或影響人行為的特殊管理環境。

（3）戰略薪酬理論。該理論將薪酬上升到企業的戰略層面，分析企業應通過什麼樣的薪酬政策和薪酬管理體系來支持企業的競爭戰略，最終有效地幫助企業獲得競爭優勢。人力資源部門首先需要根據企業的戰略目標來確立本部門的戰略規劃，然後在人力資源部門戰略規劃的基礎上，設計企業需要的薪酬體系，有效地引導和改變員工的行為和態度，使之與組織戰略相一致，最終形成其他企業無法模仿的競爭優勢。

5.薪酬體系設計包括崗位評估和薪酬調查兩方面的工作。

崗位評估的方法有以下幾種：①崗位排序法。崗位排序法是對崗位按照其相對價值或對組織貢獻度的高低進行排序，再據此對崗位進行評估的方法。②崗位歸類法。崗位歸類法是事先建立崗位等級標準，並給出明確的分類定義，然後將被評估崗位與設定的標準進行比較，將崗位歸到相應的類別中。③因素分析法。因素分析法是通過對關鍵工作崗位及其工作因素劃分維度，以進行定量比較的崗位評估方法。④點數評分法。點數評分法又稱為要素記點法，是對崗位的構成因素進行分解，接著按照事先設計出來的結構化量表對每種崗位報酬要素進行估值。⑤海氏評價法。海氏評價法也稱為「黑點法」。該方法將報酬因素抽象為智能水平、解決問題的能力和風險水平三大因素，再對照各個崗位的評價指導圖表得到各個報酬因素應該得到的分數，最后將三大海氏因素的分數加總就得到了每種崗位的總點數。

薪酬調查的步驟如下：①確定調查目的；②劃定調查範圍；③選擇調查渠道；④分析調查數據。

6.點數評分法又稱為要素記點法，是通過對崗位的構成因素進行分解，再按照事先設計出來的結構化量表對每種崗位報酬要素進行估值的崗位評估方法。該方法有三大要點，即報酬要素、可量化的要素等級和反應各要素相對重要性的權數。其評估步驟為：①對企業中有代表性的基本崗位進行工作分析；②將那些受組織重視、能幫助組織實現戰略目標的要素確定為報酬要素；③制定量表，即對已確定的報酬要素，制定一個量表去反應每個要素內部的不同等級；④根據重要性確定要素權數；⑤對待評估崗位進行評分，再將各報酬要素所評分數求和，得到總工作分值（適當舉例為宜）。

7. 薪酬管理體系設計的策略模式主要分為薪酬水平策略、薪酬構成策略和薪酬結構策略三個方面。

薪酬水平策略包括：①市場領先策略。選擇這種薪酬策略的企業，其薪酬水平在同行業的所有競爭對手中是處於領先地位的。②市場跟隨策略。採用市場跟隨策略的企業使自己的經營模式、管理模式向標杆企業看齊。③成本導向策略。採用此策略的企業會盡量削減成本，並注重產品的價格競爭。④混合薪酬策略。採用此種策略的企業注重薪酬體系的靈活性和多樣性。

薪酬構成策略包括：①高彈性薪酬策略模式。在這種模式下，員工薪酬的多少在很大程度上取決於其工作績效的好壞，績效好時，員工薪酬就高；當績效很差時，員工基本上就得不到什麼報酬。在這種情況下，薪酬的波動性比較大，員工會缺乏安全感。②高穩定薪酬策略模式。在這種模式下，員工的薪酬與工作績效幾乎沒有關聯，員工收入非常穩定，一般不會受其他因素的影響，不用努力就可以拿到全額薪酬。③調和型薪酬策略模式。在這種模式下，員工既能感覺到激勵性，又不會喪失安全感，但前提是企業必須要設計科學的薪酬管理體系，不然變換薪酬策略會引起不必要的混亂。④混合型薪酬策略模式。在這種模式下，企業針對不同部門、不同崗位、不同人員的特性，選擇適合的薪酬構成策略來激發工作熱情。

薪酬結構策略包括：①偏向平等的薪酬結構模式。該模式的設計理念在於，所有員工都在自己所處的等級上感到被公平的對待，越平等就越能提高員工的滿意度，增強員工的團隊合作意識，提高企業的整體效率。②偏向等級化的薪酬結構模式。這種薪酬結構承認不同的員工在技能、責任和對組織的貢獻方面存在差異，認為頻繁的職位晉升可以帶來較強的激勵作用。

8. （1）基於支付依據的薪酬制度建設模式。該模式的基本程序如下：①通過崗位評價確定內部支付依據，通過薪酬調查確定外部支付依據；②確定薪酬等級以及相鄰等級之間的級差；③將薪酬制度化；④實施與反饋。

（2）基於企業戰略的薪酬制度建設模式。該模式的基本程序如下：①充分瞭解企業的發展戰略，並找出相關報酬因素；②通過崗位評價和薪酬調查來確定與組織戰略相對應的支付依據；③確定薪酬等級以及相鄰等級之間的級差；④將薪酬制度化；⑤實施與反饋。

（3）基於市場的薪酬制度建設模式。該模式的基本程序如下：①通過崗位評估確定崗位價值順序；②通過薪酬調查來確定市場工資率；③由①、②確定企業的收入政策曲線，該曲線受市場工資率和企業薪酬戰略的影響；④確定薪酬等級以及相鄰等級之間的級差；⑤將薪酬制度化；⑥實施與反饋。

國家圖書館出版品預行編目(CIP)資料

人力資源管理 / 侯荔江主編. -- 第二版.
-- 臺北市：崧博出版：財經錢線文化發行, 2018.10
　面；　公分
ISBN 978-957-735-578-2(平裝)
1.人力資源管理
494.3　　　　107017091

書　名：人力資源管理
作　者：侯荔江 主編
發行人：黃振庭
出版者：崧博出版事業有限公司
發行者：財經錢線文化事業有限公司
E-mail：sonbookservice@gmail.com
粉絲頁　　　　　網　址
地　址：台北市中正區延平南路六十一號五樓一室
8F.-815, No.61, Sec. 1, Chongqing S. Rd., Zhongzheng Dist., Taipei City 100, Taiwan (R.O.C.)
電　話：(02)2370-3310　傳　真：(02) 2370-3210
總經銷：紅螞蟻圖書有限公司
地　址：台北市內湖區舊宗路二段 121 巷 19 號
電　話：02-2795-3656　傳　真：02-2795-4100　網址：
印　刷：京峯彩色印刷有限公司（京峰數位）

　　本書版權為西南財經大學出版社所有授權崧博出版事業有限公司獨家發行電子書及繁體書繁體版。若有其他相關權利及授權需求請與本公司聯繫。

定價：400元
發行日期：2018 年 10 月第二版
◎ 本書以POD印製發行